电网企业生产人员**技能提升**培训教材

配电网调控

国网江苏省电力有限公司
国网江苏省电力有限公司技能培训中心
组编

内 容 提 要

为进一步促进电力从业人员职业能力的提升，国网江苏省电力有限公司和国网江苏省电力有限公司技能培训中心组织编写《电网企业生产人员技能提升培训教材》，以满足电力行业人才培养和教育培训的实际需求。

本分册为《配电网调控》，内容分为七章，包括配电网调控管理、配电自动化调度管理、配电网调度二次理论与新技术、电网操作、电网异常与故障处理、新设备接入配电网运行管理和电网调整。

本书可供从事配电网调控专业相关技能人员、管理人员学习，也可供相关专业高校相关专业师生参考学习。

图书在版编目（CIP）数据

配电网调控 / 国网江苏省电力有限公司，国网江苏省电力有限公司技能培训中心组编. —北京：中国电力出版社，2023.4（2024.4 重印）

电网企业生产人员技能提升培训教材

ISBN 978-7-5198-7234-2

Ⅰ. ①配… Ⅱ. ①国…②国… Ⅲ. ①配电系统–电力系统调度–技术培训–教材 Ⅳ. ①TM73

中国版本图书馆 CIP 数据核字（2022）第 214394 号

出版发行：中国电力出版社
地　　址：北京市东城区北京站西街 19 号（邮政编码 100005）
网　　址：http://www.cepp.sgcc.com.cn
责任编辑：罗　艳（010-63412315）　高　芬　耿　妍
责任校对：黄　蓓　马　宁
装帧设计：张俊霞
责任印制：石　雷

印　　刷：固安县铭成印刷有限公司
版　　次：2023 年 4 月第一版
印　　次：2024 年 4 月北京第二次印刷
开　　本：710 毫米×1000 毫米　16 开本
印　　张：15.5
字　　数：275 千字
印　　数：1501—2000 册
定　　价：89.00 元

本书编写组

主　　编　季　宁　杨梓俊

副主编　孙　勇　荆江平　陈金刚　施伟成

编写人员　吕朋蓬　梁改革　徐晓春　瞿海燕　孙朝辉　石爱祥

周福举　吴　林　王安春　刘旻超　张夏溦　景冠宇

张　欣　崔志伟　刘　伟　李永彬

序 Preface

技能是强国之基、立业之本。技能人才是支撑中国制造、中国创造的重要力量。党的二十大报告明确提出要深入实施人才强国战略，要加快建设国家战略人才力量，努力培养造就更多大师、战略科学家、一流科技领军人才和创新团队、青年科技人才、卓越工程师、大国工匠、高技能人才。习近平总书记也对技能人才工作多次作出重要指示，要求培养更多高素质技术技能人才、能工巧匠、大国工匠，为全面建设社会主义现代化国家提供坚强的人才保障。电力是国家能源安全和国民经济命脉的重要基础性产业，随着“双碳”目标的提出和新型电力系统建设的推进，持续加强技能人才队伍建设意义重大。

国网江苏电力始终坚持人才强企和创新驱动战略，持续深化“领头雁”人才培养品牌，创新构建五级核心人才成长路径，打造人才成长四类支撑平台，实施人才培养“三大工程”，建设两个智慧系统，打造一流人才队伍（即“54321”人才培养体系），不断拓展核心人才成长宽度、提升发展高度、加快成长速度，以核心人才成长发展引领员工队伍能力提升，形成人才脱颖而出、竞相涌现的良好氛围和发展生态。

近年来，国网江苏电力立足新发展阶段，贯彻新发展理念，紧跟电网发展趋势，紧贴生产现场实际，聚焦制约青年技能人才培养与管理体系建设的现实问题，遵循因材施教、以评促学、长效跟踪、智慧赋能、价值引领的理念，开展核心技能人才培养工作。同时，从制度办法、激励措施、平台通道等方面，为核心技能人才快速成长提供坚强保障，人才培养成效显著。

有总结才有进步，国网江苏电力根据核心技能人才培养管理的实践经验，组织行业专家编写《电网企业生产人员技能提升培训教材》（简称《教材》）。《教材》涵盖电力行业多个专业分册，以实际操作为主线，汇集了核心技能工作中的典型案例场景，具有针对性、实用性、可操作性等特点，对技能人员专业与管理的双提升具有重要指导价值。该书既可作为核心技能人才的培训教材，也可作为电力行业一般技能人员的参考资料。

本《教材》的编写与出版是一项系统工作，凝聚了全行业专家的经验和智慧，希望《教材》的出版可以推动技能人员专业能力提升，助力高素质技能人才队伍建设，筑牢公司高质量发展根基，为新型电力系统建设和电力改革创新发展提供坚强的人才保障。

编委会

2022 年 12 月

前　言 Foreword

随着电力网络建设的拓展，智能网络模式已经成为电网的主要建设形式，在智能电网环境下，配电网的调控则需要进一步升级，从而提升整个电网的调度统一，并做到在可靠的基础上优化整个网络控制，提高准确性和效率。这就需要配电网调控人员通过掌握专业的科技技术、先进的管理方法，维护配电网的安全，提升配电网的运行水平。

为进一步加强配电网调控人员专业技术水平，确保配电网各项任务的顺利开展，国网江苏省电力有限公司技能培训中心基于已开展的技能人才菁英班的经验沉淀，吸纳以往工作成果和经验，开发配套的教材，完善培训资源体系，满足培训需求，以发挥培训作用最大化，加速配电网调控专业技能菁英的成长成才。

本书共分七章，第一章，阐述配电网调控管理相关内容，第二章讨论配电自动化调度管理的要求和技术。介绍配电自动化的重要组成部分，包括主站系统软硬件架构、配电终端和通信网络，并阐述最新的主站运维管理规定，在此基础上重点讨论核心功能馈线自动化的原理和主要技术，并分析了多个实际运行中的典型案例。第三章讲解了配电网调度二次理论与新技术，第四章至第七章讲解电网操作、电网异常与故障处理、新设备接入配电网运行管理、电网调整等四个方面的实际运用操作的技能及典型案例。

本书经过充分调研，对照配电网调控专业菁英人才培养需求，紧密结合各地配电网调控典型经验进行总结分析，针对配电网调控工作中的关键点进行拓展及深化。全书按照“管理规定+理论拓展+技能强化”三步走的总体结构，引导读者层层深入。一方面紧跟配电网的快速发展，讲解配电网管理要求和前沿技术，帮助读者拓宽视野；另一方面提供了丰富的案例作为支撑，将理论与实践紧密结合，全程指导实践教学，帮助读者强化技能。

教材编写启动以后，编写组严谨工作，多次探讨，整个编写过程中，凝结编写组专家和广大电力工作者的智慧，以期能够准确表达技术规范和标准要求，为电力工作者的配电网调控工作提供参考。但电力行业不断发展，电力培训内容繁杂，书中所写的内容可能存在一定的偏差，恳请读者谅解，并衷心希望读者提出宝贵的意见。

编　者

2022 年 11 月

目　录 Contents

习题答案

第一章

配电网调控管理

第一节　配电网调控运行

学习目标

1. 掌握配电网调控管理的任务、制度及规定
2. 掌握配电网图模异动管理
3. 掌握配电网的运行管理
4. 掌握调控操作的管理
5. 掌握配电网故障处理要求

知识点

一、配电网调控管理

（一）配电网调控管理的任务

电力系统调控管理必须依法对电网运行进行组织、指挥、指导和协调，领导电力系统运行、操作与事故处理。遵循安全、优质、经济的原则，努力实现下列基本要求：

（1）负责对管辖电网范围内的设备进行运行、操作管理及配电线路运行监控。

（2）负责指挥管辖电网的事故处理，并参加地区系统的事故分析和参与制订提高系统安全运行水平的措施。

（3）审核管辖电网范围内的设备检修计划，批准设备检修申请。

（4）负责编制和执行管辖电网的各种运行方式。

（5）负责收集、整理管辖电网的运行资料，提供分析报告。参加拟订迎峰措施和网络改进方案。

（6）参与拟订降损技术措施，提高管辖电网经济运行水平。

（7）负责指挥管辖电网电压调整，配合上级调度调整主变压器功率因数。

（8）参与编制低频、低压减载方案；参与编制系统事故拉闸限电序位表；参与制订超负荷限电序位表，经政府主管部门批准后执行。

（9）负责与高压双电源客户签订有关双电源调度协议。

（10）负责管辖电网范围内的新设备命名、编号；编制管辖电网范围内的新设备启动方案，参与新设备启动。

（11）参与管辖电网的规划、工程可研及设计审查。

（12）接受上级电力管理部门、调控机构授权或委托的与电力调控相关的工作。

（13）尽最大能力保证对用户的持续供电。

（14）按照国家有关法律、法规和政策以及有关合同或者协议、按照“公平、公正、公开”的原则对电网进行调度，保护发电、供电、用电等有关方面的合法权益。

（15）保证电能质量指标符合国家规定的标准。

（16）负责所辖电网的安全、优质、经济运行，负责调管范围内设备的运行、监视、操作及电网的事故处理，参与电网事故调查分析。

（二）配电网调控管理制度

1. 配电网调控指令管理

配电网调控员在值班期间是配电网运行、操作及事故处理的指挥者和协调者，按照调度管辖范围行使调度权，对调度管辖范围内的运维人员发布调度指令。配电网调控员在发令操作时，任何单位和个人不得非法干预。

配电网调控员在值班期间受上级调度运行值班人员的指挥，并负责执行上级调度运行值班人员的指令。配电网调控员对其所发调度指令的正确性负责，调度联系对象应对其汇报内容的正确性负责。

配电网调控员对调度管辖范围内的调度联系对象是：地调调度员、发电厂值长（或电气班长）、变电运维人员、监控运行人员、输配电运检人员、经各级

供电公司批准的有关人员以及用户变电站值班人员；调度管辖范围内的用户联系对象在正式上岗前必须经过电力调度管理知识培训，考试合格后方可持证上岗值班。值班调控员与其联系对象联系调度业务或发布调度指令时，必须互报单位、姓名，并使用普通话和统一的术语，联系的内容应复诵核对无误，双方应做好记录并录音。严格执行发令、复诵、监护、汇报、录音和记录等制度。

任何单位和个人不得非法干预电网调度，不得干预调度指令的发布执行。值班调控员发布的调度指令，接令人员必须立即执行，如有无故拒绝执行或拖延执行调度指令者，一切后果均由接令者和允许不执行该调度指令的领导负责。一切调度指令，是以调度下达指令时开始至操作人员执行完毕并汇报当值调控员后，指令才算全部完成。调度管辖、调度许可（调度同意）的设备，严禁约时停送电。

如果接令人认为所接受的调度指令不正确时，应当立即向发布该调度指令的值班调控员报告并说明理由，由发令的值班调控员决定该调度指令的执行或者撤销；若发令值班调控员重复该调度指令时，接令人必须执行；如对值班调控员的指令不理解或有疑问时，必须询问清楚后再执行；若执行该调度指令将危及人身、设备或电网安全时，接令人应当拒绝执行，同时将拒绝执行的理由及改正指令内容的建议，报告发令值班调控员和本单位直接领导。

2. 调管设备管理原则

（1）凡属调度管辖、许可或同意的设备，未经值班调控员同意，各有关单位的运行、检修人员，均不得擅自进行操作或改变其运行状态。但经判断对人身或设备安全确有严重威胁时，现场操作人员可根据现场规程自行处理，并立即汇报值班调度员。

（2）当管辖范围内的设备发生事故或异常情况时，各有关运行单位运维人员应将事故和异常情况立即报告值班调控员，同时按照现场规程迅速处理；值班调控员接到报告后应及时采取防止事故扩大的措施，并对上述情况做好记录。如发生重大事故或需紧急处理的设备严重缺陷或对外正常供电有较严重影响的情况时，应及时向调控中心及公司有关领导报告。

（3）在紧急情况下，为了防止系统瓦解或事故扩大，配调值班调控员有权越级调度有关厂站的设备，但事后应尽快通知相应的调控机构。下级调控机构值班调控员发布的调度指令不得与配调越级发布的调度指令相抵触。

（4）调度管辖的设备由相应管辖调度统一进行编号命名，设备运行单位应按调度下达的命名编号做好相关的工作。

（5）对于配调调度许可设备，在操作前应经配调值班调控员许可，操作完毕后应及时汇报。属厂、站管辖设备的操作，如影响到配调管辖设备运行的，操作前应经配调值班调控员许可。

（6）调控系统运行值班人员应严格遵守保密制度，不得向无关人员泄漏生产数据、设备运行、事故及重要用户信息等情况。

（三）调度系统重大事件汇报制度

1. 调度系统重大事件分类

分为特急报告类事件、紧急报告类事件、一般报告类事件。

2. 调度系统重大事件汇报的内容

（1）发生重大事件后，调控机构值班调控员应根据综合智能告警、继电保护、安全自动装置、调度自动化信息以及频率、电压、潮流等有关情况判断故障地点及性质，迅速进行故障处置。

（2）电力系统发生故障时，各级运行值班人员应根据继电保护、安全自动装置动作情况、调度自动化信息以及频率、电压、潮流等有关情况判断故障点及性质，迅速处理故障。故障处置时，必须使用标准的调控术语，接令人须复诵无误后方可执行，双方做好记录和录音。

（3）电力系统发生故障时，各级运行值班人员应坚守岗位，认真监视管辖设备的运行情况。故障异常单位运行值班人员应迅速、准确、扼要地向值班调度员报告故障情况，并按照调度指令进行处理。非故障异常单位应加强设备运行监视，不得在故障处置期间占用调度电话向调控机构或其他相关单位询问故障情况。

（4）电力系统发生故障时，值班监控员应立即通知运维人员进行现场设备检查，并尽快检查结果汇报值班调度员。

（5）电力系统发生故障时，配调值班调度员应将故障情况迅速报告有关领导，并按电网重大事件汇报制度，及时向上级值班调度员汇报故障简况。

（6）故障处置期间，配调值班调度员命令运行单位立即拉合开关时，如情况紧急，可要求双方都不挂断电话，接令单位立即操作，立即回令。

（7）在事件处置暂告一段落后，相应调控机构应将详细情况汇报上级调控机构，内容主要包括：事件发生的时间、地点、运行方式、保护及安全自动装置动作、影响负荷情况；调度系统应对措施、系统恢复情况以及掌握的重要设备损坏情况，对社会及重要用户影响情况等。

（8）当事件后续情况更新时，如已查明故障原因或巡线结果等，相应调控机构应及时向上级调控机构汇报。

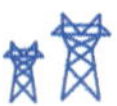

3. 调度系统重大事件汇报的时间要求

（1）在直调范围内发生特急报告类事件的调控机构调控员，须在15min内向上一级调控机构调控员进行特急报告。

（2）在直调范围内发生紧急报告类事件的调控机构调控员，须在30min内向上一级调控机构调控员进行紧急报告。

（3）在直调范围内发生一般报告类事件的调控机构调控员，须在2h内向上一级调控机构调控员进行一般报告。

（4）相应调控机构在接到下级调控机构事件报告后，应按照逐级汇报的原则，5min内将事件情况汇报至上一级调控机构。

（5）特急报告类、紧急报告类、一般报告类事件应按调管范围由发生重大事件的调控机构尽快将详细情况以书面形式报送至上一级调控机构。

（6）地县调发生电力调度通信全部中断事件应立即逐级报告省调调度员。

（7）各级调度自动化系统要具有大面积停电分级告警和告警信息逐级自动推送功能。

（四）安全事故调查规定

电力安全事故是指电力生产或者电网运行过程中发生的影响电力系统安全稳定运行或者影响电力正常供应的事故（包括热电厂发生的影响热力正常供应的事故）。

安全事故调查应坚持科学严谨、依法依规、实事求是、注重实效的原则，及时、准确地查清事故过程、原因和损失，查明事故性质，认定事故责任，总结事故教训，提出整改措施，做到“四不放过”：事故原因未查清不放过、责任人员未处理不放过、整改措施未落实不放过、有关人员未受到教育不放过。

电网事故分为以下等级：特别重大电网事故（一级电网事件）、重大电网事故（二级电网事件）、较大电网事故（三级电网事件）、一般电网事故（四级电网事件）、五级电网事件、六级电网事件、七级电网事件、八级电网事件。

二、配电网图模异动管理

配电网图模异动管理依托营销业务应用系统、设备资产精益管理系统（Precision Management System，PMS）、调度管理系统（Outage Management System，OMS）、配电管理系统（Distribution Management System，DMS）等相关系统对配电网图模异动、设备命名/编号变更、设备台账变更进行流程化管理，反映单线详图、设备台账的维护、接收、审核及发布等重要工作环节。

（一）异动内容

10（6、20）kV 线路及设备（含配电变压器、分布式电源）异动内容主要包括：

（1）电气接线变化；

（2）设备的增减/更换/迁移；

（3）设备的命名/编号变更；

（4）配电网设备台账变更。

（二）异动来源

在配电网开展以下类型工作，并涉及上述异动内容，必须办理配电网图模异动申请。

（1）配电网建设和改造。包括配电网新投运馈线/支线，新建/拆除/改造配电站房，线路及其设备的更换、改造、拆除、迁移，负荷割接等。

（2）配电网业扩工程。包括用户产权设备接入、迁移、改造，客户销户及增（减）容等。

（3）配电网检修和抢修。包括计划检修、临时检修和故障抢修等。

（三）异动流程

按照异动来源和异动内容，异动流程主要包括：

（1）配电网建设/改造/检修异动流程。配电网图模异动流程由设备管辖班组按照相关工作时限要求发起配电网图模异动申请，提交至配电网调控部门审核发布。

（2）配电网业扩工程异动流程。配电网图模异动流程由客户经理在营销业务应用系统按照相关工作时限要求发起配电网图模异动申请，提交至配电网调控部门审核发布。

（3）配电网故障抢修异动流程。应根据设备资产属性，由设备管辖单位（或客户管理单位）发起配电网图模异动流程，在故障抢修结束后规定时限内补办配电网图模异动申请，并提交至配电网调控部门审核发布。

（4）设备命名/编号变更流程。仅设备的命名/编号发生变更，电气接线方式、设备台账等均未发生变化，应根据设备资产属性，由设备管辖单位（或客户管理单位）按照相关工作时限要求发起配电网图模异动申请，提交至配电网调控部门审核发布。

（5）设备台账变更流程。仅设备的台账发生变更，电气接线方式、设备命名/编号等均未发生变化，应根据设备资产属性，由设备管辖单位（或客户管理单位）发起配电网图模异动流程，由设备管辖班组按照相关工作时限要求发起配电网图模异动申请，提交至配电网调控部门审核发布。

（6）低压配电网异动流程。低压配电网异动流程由配电运检部门发起、审核、发布。

图模异动管理应加强配电网建设改造、检（抢）修和业扩工程的协同配合，尽量减少同一线路连续异动、频繁异动。

（四）异动审核

（1）配电网方式计划人员根据现场勘察单（含施工图），通过红黑图对比审核异动图形，通过校验工具辅助审核异动模型，包括拓扑孤岛、联络关系等。

（2）配电网方式计划人员按照调度设备台账维护要求审核变更的设备台账的规范性和完整性。

（3）配电网方式计划人员对于接收到的单线详图，如审核发现以下问题的应予以退回修改：

1）图形、模型、台账、设备命名（编号）等不符合规范要求的；

2）出现开关属性（联络/分段/分界）维护不正确的；

3）出现图模异动与工作内容描述不符的。

（4）涉及配电网图模异动的检修工作，配电网调控部门应同步开展配电网图模异动申请单和配电网设备检修申请单的审批工作，未提交配电网图模异动申请单的，不得批复配电网设备检修申请单。

（五）异动确认、发布更新

（1）凡涉及调度管辖的10（6、20）kV线路和设备及单台配变异动，必须经过调度确认发布。

（2）配电网当值调控员根据配电自动化主站单线详图、简图（红图）及配电网图模异动申请单，与现场人员核对异动内容，确认异动后的电气接线图、异动申请单与现场实际异动情况相符，完成异动申请单归档、单线详图/简图红转黑操作，方可下令送电。

（3）若配电网当值调控员根据现场汇报，发现施工方案存在变更造成不能按计划进行红图转黑图操作的，配电网当值调控员应对照异动变更说明，与现场人员核对异动内容，核对无误后安排送电并做好记录。变更后的配电网图模异动申请单重新流转至配电网调控部门审核时，配电网当值调控员应对照异动变更说明和相应记录，确认异动后的电气接线图、异动申请单与异动变更说明和相应记录相符后，完成配电网图模异动申请单归档、单线详图/简图红转黑操作。

（4）故障抢修引起配电变压器及以上设备图模异动，抢修当日，配电网当值调控员根据抢修负责人汇报情况做好异动记录，设备管辖单位应在异动后 1 个工作日内向配电网调控部门提交配电网图模异动申请单，配电网当值调控员审核异动申请单与抢修异动记录相符后，完成配电网图模异动申请单归档、单线详图/简图红转黑操作。

（5）仅设备命名/编号变更时，配电网当值调控员在设备管辖班组汇报现场配电变压器及以上设备命名/编号变更完成后，完成配电网图模异动申请单归档、单线详图/简图红转黑操作。

（6）仅设备台账变更时，配电网调控部门对调度管辖设备台账审核通过后进行调度管辖设备台账更新发布。

（7）如因系统问题、网络中断等特殊情况造成异动无法正常发布、更新，配电网当值调控员经本部门分管领导同意后，方可进行送电并做好异动记录，设备管辖班组应在系统、网络恢复正常后的 1 个工作日内补办配电网图模异动申请，配电网当值调控员审核异动申请单与异动记录相符后，完成配电网图模异动申请单归档、单线详图/简图红转黑操作。

三、配电网运行管理

（一）配电网设备运行管理

1. 设备运行基本要求

凡运行中的设备发生缺陷或异常时，发现人应及时汇报管辖该设备的值班调控员或主管单位，以便尽快安排处理。

缺陷的分类原则如下：

（1）一般缺陷。设备本身及周围环境出现不正常情况，一般不威胁设备的安全运行，可列入小修计划进行处理的缺陷。

（2）重大（严重）缺陷。设备处于异常状态，可能发展为事故，但设备仍可在一定时间内继续运行，须加强监视并进行大修处理的缺陷。

（3）紧急（危急）缺陷。严重威胁设备的安全运行，不及时处理，随时有可能导致事故的发生，必须尽快消除或采取必要的安全技术措施进行处理的缺陷。

紧急（危急）缺陷消除时间不得超过 24h，重大（严重）缺陷应在 7 天内

消除，一般缺陷可结合检修计划尽早消除，但应处于可控状态。设备带缺陷运行期间，运行单位应加强监视，必要时制定相应应急措施。

设备检修试验后能否投入运行，由设备运行主管单位负责审定。如不具备送电条件，应及时汇报值班调控员，当值调控应及时汇报有关领导。

在运行设备上进行技术性能试验，应由试验单位向调控中心提出书面试验方案，并经运维检修部门审核，公司分管领导批准后方可进行。试验方案应包括：① 试验内容和目的；② 试验时间和地点；③ 试验时对系统运行方式的要求及可能对系统产生的影响；④ 试验时的运行接线图；⑤ 试验中保证安全的组织措施和技术措施；⑥ 试验中对可能出现问题的防范措施。

2. 断路器的运行

断路器发生下列情况时应立即停下处理：

（1）开关本体。

1）运行中的电气设备有异味、异常响声（漏气声、振动声、放电声）。

2）落地罐式开关和 GIS 防爆膜变形或损坏。

3）SF_6 开关气体泄漏至报警值。

4）SF_6 气体管道破裂。

（2）操动机构。

1）操动机构卡涩，运行中发生拒合、拒跳或误分误合的现象。

2）拐臂、连杆、拉杆松脱、断裂。

3）端子排爬电；接线桩头松动、发热或脱落。

4）操作回路熔丝座损坏。

5）连杆有裂纹。

6）机械指示失灵。

（3）液压机构。

1）压力异常或分合闸闭锁。

2）严重漏油、喷油、漏氮。

3. 变压器和互感器的运行

一般情况下，变压器在规定冷却条件下，可按铭牌规范运行。变压器允许的正常过负荷及事故过负荷，则按公司批准的变电站现场运行规程的规定办理。

备用中的变压器及与其相连接的电缆应定期进行充电，并由现场运维人员掌握，但充电前后需向值班调控员汇报。

变压器发生下列情况之一者应停止运行：

（1）变压器发生强烈不均匀噪声，内部有放电声或爆炸声。

（2）变压器本体或附件开裂，大量漏油无法控制，油面迅速下降到最低控制线以下。

（3）油面急剧上升，从油枕、防爆管呼吸器喷油、冒烟或喷火时。

（4）在正常冷却条件下，变压器负荷不变而上层油温不断上升，或发现油温较平时同负荷、同温度、同冷却条件下高出 10℃以上（温度计本身显示正确）时。

（5）变压器套管炸裂严重损坏、引线烧断。

运行中的电压互感器二次侧不得短路，运行中的电流互感器二次侧不得开路。电流互感器和电压互感器原则上均不得超载运行，极端情况下不得超过额定值的 1.1 倍。

4. 架空线路及电力电缆的运行

架空线路和电缆在正常运行时的允许载流量，由公司运维检修部门提供。电缆的正常工作电压，不应超过额定电压的 15%。架空线路重合闸装置应启用，全电缆线路重合闸装置应停用，混合线路重合闸装置原则上应启用。

电缆线路原则上不允许过负荷运行。当电缆或架空线路过负荷运行时，调控员在无法转移负荷的情况下应迅速通知双电源客户、负控中心控制负荷，直至采取拉闸限电。对未列入预案的客户进行限电，值班调控员需报请公司领导批准后通知营销部，由负控中心配合执行，但应根据客户性质预留合理的操作时间。

电缆停用（或备用）一个星期，应进行充电一次；超过一周不满一月时，投运前应测量绝缘电阻是否合格；超过一月不满一年，须经试验合格方能投运。

5. 中性点接地电阻的运行

中性点接地电阻的投、退应根据调度指令执行。当出现中性点接地电阻过热、冒烟等异常情况时，应立即停用。

当 10（20）kV 母线合环运行，严禁两台中性点接地电阻并列运行。线路并列操作及转带负荷时，不得影响中性点接地电阻运行。

6. 电容器及电抗器的运行

电容器运行中电流不应长时间超过电容器额定电流的 1.3 倍；电压不应长时间超过电容器额定电压的 1.1 倍。

电容器有下列情况之一者应立即停止运行：

（1）容器外壳膨胀或漏油。

（2）套管破裂或闪络放电。

（3）内部有异声。

（4）外壳温度超过 55℃，示温蜡片脱落。

（5）密集型电容器油温超过 65℃或压力释放阀动作。

电容器开关的拉开和合上的间隔时间，至少 5min。电容器开关因保护动作（欠压保护除外）跳闸，或电容器本身熔丝熔断，应查明原因进行处理后方可送电。

当电容器的温度超过现场规定时，运维人员应采取降温措施。如无效果，应将电容器停止运行。

电抗器有下列情况之一者，应立即停止运行：

（1）电抗器本身发生单相接地。

（2）电抗器接头处发红或严重过热。

（3）电抗器整体发生变形或倾斜。

（4）电抗器支持绝缘子及其附件炸裂损坏等。

7. 消弧线圈的运行

消弧线圈调整应以过补偿为基础补偿方式，在特殊情况下，因消弧线圈的容量不足，在短时间内允许停用（一般不考虑欠补偿）。

在正常运行情况下，中性点位移电压（U_W）不得超过相电压（U_X）的 15%，在特殊情况下，也不得超过 20%。

对于手动改变抽头的消弧线圈，当运行方式变化，在调整消弧线圈分接头时，应以实测的电容电流数值为依据。

应根据电网发展，每 3～5 年对系统电容电流进行一次实测，当系统结构变化较大时，应及时实测电容电流数值。电容电流实测，由运维检修部门向调度部门提出实测方案，并根据调度部门批准的方案组织实测（对安装有自动调节控制装置的，因自带测量功能，可不实测）。

自动跟踪补偿消弧线圈的运行状态，根据制造厂的技术说明及现场运行规程规定运行，手动状态时仍按过补偿方式。

（二）配电自动化设备运行管理

1. 配电自动化设备遥控操作管理

（1）配电运行方式调整需倒闸操作时，对具备遥控操作功能的配电自动化开关应优先采用遥控操作。配电自动化开关需进行倒闸操作时，如果具备遥控功能，应优先遥控操作。

（2）配电线路发生故障跳闸且重合不成时，调控值班人员应根据配电自动化主站系统给出的馈线自动化方案，经核实确认后，对相应开关进行遥控分/合操作，实现故障快速隔离及非故障范围恢复供电。

（3）当配电自动化设备进行验收投运、定期检修，需对开关设备进行遥控功能测试时，应由现场运维人员申请，调控值班人员配合对开关设备进行遥控分/合操作。

（4）调控值班人员进行遥控操作时，开关分/合是否正常必须根据开关分/合遥信变位、遥测至少两个信息确认。如果分合情况不正常或无法判断，应立即通知设备运维单位现场确认，经确认后方可进行下一步操作。

（5）具有遥控操作功能的配电设备正常遥控操作采用操作任务票或者一键顺控的形式进行操作，操作时实行“双机”监护方式，必须严格执行发令、复诵、监护、录音等制度，确保遥控操作正确。事故情况下可以接受同值调控值长操作口令进行操作。

（6）特殊情况下，经班长同意并在同值监护下可以采用“单机单人”操作方式。

2. 配电自动化设备事故异常处理

（1）集中型配电自动化设备发生事故跳闸时，配调值班员根据配电自动化主站馈线自动化功能自动检测隔离方案，确认故障点后，拉开故障段侧开关，恢复非故障段设备供电，同时通知运维单位组织故障检查并处理。

（2）就地型配电自动化设备发生事故跳闸时，配电网自动化开关按照预设逻辑跳闸和重合，隔离故障。调控员应认真分析故障信息，确认停电范围和故障可能位置，并将以上信息告知配电人员，加快寻找故障点速度。

（3）开关遥控时，遥控功能无法执行，配调值班员通知自动化运维班检查处理，若故障短时无法排除，需通知运维人员现场操作。

（4）开关遥控操作后，发现开关遥信、遥测不匹配时，即无法通过“双确认”确认开关状态时，配调值班员通知自动化运维班检查处理，并通知配电人员去现场确认。

（5）调度台配电自动化系统工作站出现不正常运行或监视到错误信息，配调值班员通知自动化运维班检查处理。

（6）自动化开关一次设备故障，现场设备运维人员应明确自动化功能是否受影响。如短时无法恢复时，应将自动化功能退出并汇报当值调度，现场与调度均做好记录，并尽快处理。

（7）配电网故障跳闸或急停检修时，配调将与检修设备相邻的各侧可能来电的开关均改为冷备用（如与变电站出线开关相邻，需将变电站出线改为检修），运维单位操作人员现场做好停电开关的闭锁工作。

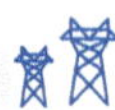

（8）调控值班人员通过遥控操作开关，进行运行方式调整或负荷转供的合环倒闸操作时，如出现开关遥控分闸失败，调控值班人员应视情况遥控拉开原合环开关或相邻开关（或变电站相关出线开关），避免长期并列运行。由配电运行人员现场操作拒分开关。

3. 线路 FA 功能运行管理要求

（1）针对集中式馈线自动化，应将 FA 功能的启/停用、模式切换纳入调度操作票统一管理，并做好 FA 功能启/停用、模式切换的权限管理。

下列情况应停用 FA 功能或切至交互模式：

1）配电网线路本身或者所属变电站开关间隔检修，应将该线路 FA 功能停用。

2）变电站 10（6、20）kV 母线检修，应将该母线上所有配电网线路 FA 功能停用。

3）线路串供母线，应将串供线路两侧 FA 功能停用，被串供母线上其他线路 FA 功能停用或切至交互模式。

4）针对投入全自动 FA 功能的线路，应加强变电站间隔及线路的日常巡视，如发生影响 FA 执行的情况，应将该线路 FA 功能由自动模式切至交互模式。

5）针对变电站已改为小电阻接地方式，但配电网线路终端不具备零序电流识别功能的，应将 FA 功能切至交互模式。如 FA 功能定位为首端故障，应首先通知运维人员现场巡线，未找到故障点不得转供负荷，避免扩大故障范围。

6）调度自动化主站、配电自动化主站重要服务器（SCADA/FES 服务器）升级改造过程中，应将 FA 功能停用或切至交互模式。

7）线路发生故障时，若 FA 不启动，应立即将该线路 FA 功能停用。全自动 FA 执行过程中，若发现控制策略错误，应立即人工干预暂停执行，并将该线路 FA 功能停用。正常运行时，如单条线路 FA 误启动或频繁启动，应立即将该线路 FA 功能停用；如多条线路 FA 误启动或频繁启动，应立即将所有线路 FA 功能停用。针对 FA 不启动、控制策略错误、FA 误启动或频繁启动，均应查明原因，并消除隐患，否则不得再次启动 FA 功能。

（2）运行方式调整、停送电操作等，应在相关线路 FA 功能停用状态下进行。启用线路 FA 功能前，应核对该线路非自动化开关置位状态并与现场保持一致，处于分位状态的自动化开关已挂分位牌，配电终端无遗留缺陷。图模异动再次启用 FA 功能的，应经主站注入法测试无误。

（3）集中式馈线自动化运行状态的切换，仅可支持“在线—离线—仿真”

或“仿真—离线—在线”切换，在线状态与仿真状态之间不能直接切换。调度工作站仅可支持“在线—离线”或“离线—在线”切换，运维工作站仅可支持“离线—仿真”或“仿真—离线”切换。

四、调控操作管理

电力系统的调度操作，根据调度管辖范围划分，应按照“调度指令、委托操作、操作许可”三种方式进行调度操作管理。凡属配调管辖的设备的操作，必须按照配电网调控员的指令执行。属上级调度许可设备，操作前必须得到上级调度运行值班人员的许可。在同一发电厂、变电站如遇多级调度同时发布操作指令时，配调应服从地调协调，按重要性、迫切性决定先执行哪一方的操作指令，并应及时通知其余相关调度机构值班调控员和该运行单位。

配电网调控员发布调度操作指令分为口头和书面两种方式，两者具有同等效力。下达操作任务分为综合操作和逐项操作两种形式。正常情况下，必须以书面方式预先发布操作任务票，才能正式发令操作。在紧急情况或事故处理时，可采用口头指令方式下达。综合操作仅适用于涉及一个单位而不需要其他单位协同进行的操作，其他操作采用逐项操作的形式。

配电网调控员在进行倒闸操作前须做到：

（1）明确操作目的，核对现场实际情况，发令任务经同值人员审核确认，务使操作顺序正确。

（2）充分考虑系统运行方式、潮流、频率、电压、相位、稳定、备用、短路容量、主变压器中性点接地方式、继电保护及安全自动装置、雷季运行方式、消弧线圈以及自动化、通信等各方面影响。

（3）预发操作任务票。正常操作，原则上由上一值预发（启动操作任务票除外），预发时应明确操作目的和内容，预告操作时间。临时决定的操作尽可能提前预发。凡涉及两个及以上单位协同进行的操作，或者后一项操作需要前一项操作完成之后再由系统运行方式变化情况决定的，应将操作任务票分别填写。

现场操作人员应根据值班调控员发布的操作任务票，结合现场实际情况，按照有关规程规定负责填写具体的操作票，并对填写的操作票中所列一次操作及二次部分调整内容、顺序等正确性负责。正式操作时，接令操作人员根据现场设备的实际情况，认真审核操作票，确保正确无误，具备操作条件后，向当值值班调控员申请操作。

进行倒闸操作时必须严格执行发令、复诵、监护、汇报、记录和录音制度，并使用普通话和统一的调度、操作术语，互报单位和姓名，断路器、隔离开关要用双重名称。发令受令双方应明确发令时间、完成时间以表示操作始终。

系统中的正常操作，一般在系统低谷或潮流较小时安排，并尽可能避免在下列情况下进行：

（1）值班人员在交接班时。

（2）电网高峰负荷时段。

（3）系统发生故障时。

（4）有关联络线输送功率达到暂态稳定限额时。

（5）该地区有重要保电任务时。

（6）雷雨、大风等恶劣天气时。

（7）电网有特殊要求时。

（8）改善系统运行状况的重要操作应及时进行，但必须有相应的安全措施。

（9）通信、自动化系统发生异常时。

各单位运维人员在进行设备操作时，应严格遵守 Q/GDW 1799.2—2013《电力安全工作规程》中有关电力线路和电气设备的工作许可、工作终结制度。

五、配电网事故处理

（1）配电网调控员是所辖电网事故处理的指挥者，应对事故处理的正确性、及时性负责，在处理事故时应做到：

1）尽速限制事故发展，消除事故的根源并解除对人身和设备安全的威胁。

2）根据系统条件尽可能保持设备继续运行，以保证对用户的正常供电。

3）尽快使各电网、发电厂恢复并列运行。

4）尽快对已停电的地区恢复供电，对重要用户应尽可能优先恢复供电。

5）调整事故后的电力系统的运行方式，使其恢复正常。

（2）在处理系统事故时，相关现场运维人员应服从配电网调控员的统一指挥，正确迅速地执行配电网调控员的调控指令。涉及上级调度管辖设备，配电网调控员应服从地调值班调度员的统一指挥。配调管辖范围内的设备，凡涉及对系统运行有重大影响的操作，均应得到配电网调控员的指令或许可，符合下列情况的操作，为防止故障范围扩大，故障单位运行值班人员可不待地调值班调度员的指令进行以下紧急操作，但操作后应尽快报告地调值班调度员：

1）将直接对人身、电网和设备安全有威胁和可能造成重大设备损坏的设备停电。

2）确知无来电的可能性，将已损坏的设备隔离。

3）整个发电厂或部分机组因故与系统解列，在具备同期并列条件时恢复与系统同期并列。

4）发电厂厂用电部分或全部失去时恢复其厂用电源。

5）线路开关由于误碰跳闸，立即恢复供电或鉴定同期并列（或合环）。

6）装有备用电源自动投入装置的变电站，当备用电源自动投入装置拒动时，现场运维人员可以不经值班调控员同意，立即手动模拟备自投操作。（有备用电源自动投入闭锁信号动作的除外）

7）其他在本规程及现场规程中规定可以自行处理者。

（3）系统事故处理的一般规定：

1）在保证不失去保护的前提下，先调整一次方式，保证供电，再考虑保护、重合闸的配合及备自投装置的投、退。

2）系统发生事故或异常时，调控机构值班调度员应根据综合智能告警、继电保护、安全自动装置、调度自动化信息以及频率、电压、潮流等有关情况判断故障地点及性质，迅速进行故障处置。

3）电力系统发生故障异常时，值班监控员、厂站运行值班人员以及输变电设备运维人员应立即向调控机构值班调控员简要汇报故障发生的时间、故障现象、相关设备状态、潮流异常情况，经检查后再详细汇报如下内容：

a. 开关动作情况和主要设备出现的异常情况。

b. 频率、电压、负荷变化情况。

c. 继电保护和自动装置动作情况。

d. 运行方式变更情况。

e. 故障原因及其处理过程。

f. 故障中的其他异常现象和情况。

4）为迅速处理事故和防止事故扩大，上级调度运行值班人员必要时可向下级越级发布指令，但事后应尽速通知配电网调控员。

5）事故处理时，应立即停止相关系统内的正常操作，处理过程中，可不填写操作任务票，而以口头指令发布，必须严格执行发令、复诵、监护、汇报、录音及记录制度，使用统一调度术语和操作术语。

6）处理事故时，值班调控员可以邀请其他有关专业人员到调控大厅协助处理事故。凡在调控大厅内的人员都要保持肃静，无关人员不得进入调度大厅。

7）非事故单位，不应在事故当时向值班调控员询问事故情况，以免影响事故处理。

8）对于设备的异常和危急情况的反映及设备能否坚持运行，是否需要停电处理等，应以现场报告和提出的要求为准。报告者应对其报告的情况和提出要求的正确性负责。

9）开关允许切除故障的次数应在现场规程中规定，开关实际切除故障的次数，现场运维人员应做好记录并保证正确，开关跳闸后，能否送电或需要停用重合闸，现场运维人员应根据现场规程规定，向值班调控员汇报并提出要求。

10）值班调控员在事故处理后应详细记录故障情况，及时填写故障报告并按规定向上级调控机构报送。调度部门领导或调控班长应及时组织讨论并总结事故处理的经验教训，采取必要的措施。

11）事故处理中，允许部分设备（线路、变压器）短时间过负荷，可按运行规程的规定处理。

12）事故处理中，若故障设备与上级调度管辖设备有关，而与本地区供电无直接影响，现场运维人员应首先向上级调度汇报，并及时向配调汇报；若事故严重影响地区供电负荷，则首先汇报配调，以便及时处理（凡涉及对系统运行有影响的操作均应得到上一级调度运行值班人员的指令或许可），事故发生后，现场运维人员在离开控制室进行操作或巡视时，应设法与调度保持联系。

习 题

1. 简述调控业务交接内容。
2. 简述调度系统重大事件汇报的内容。
3. 事故处理的一般原则是什么？

第二节 配电网方式计划及二次方式管理

学习目标

1. 掌握配电网运行方式的管理
2. 掌握配电网停电计划管理
3. 掌握配电网带电作业计划管理
4. 掌握二次方式管理的相关要求和规定

知识点

一、配电网运行方式管理

（一）配电网年度运行方式编制要求

配电网年度运行方式是电网全年生产运行的指导性文件，编制应以保障电网安全、优质、经济运行为前提，充分考虑电网、客户、电源等多方因素，以方式计算校核结果为数据基础，根据电网和电源投产计划、检修计划、发输电计划及电力电量平衡预测，统一确定主网运行限额，统筹制定电网控制策略，协调电网运行、工程建设、大修技改、生产经营等管理工作。同时针对配电网上一年度运行情况进行总结，系统研究本年度电网运行特性和薄弱环节。对下一年度配电网运行方式进行分析并提出措施和建议，从而保证配电网年度运行方式的科学性、合理性、前瞻性。

（1）应由配电网调控机构负责编制，提前组织规划、发展、建设、运检、运维、营销、供电服务指挥中心及各区县公司等相关部门开展技术收资工作，保证年度运行方式分析结果准确。

（2）对于具备负荷转供能力的接线方式，应充分考虑配电网发生 $N-1$ 故障时的设备承载能力，并满足所属供电区域的供电安全水平和可靠性要求。

（3）应核对配电网设备安全电流，确保设备负载不超过规定限额。

（4）短路容量不超过各运行设备规定的限额。

（5）配电网的电能质量应符合国家标准的要求。

（6）配电网的继电保护和安全自动装置应能按预定的配合要求正确、可靠动作。

（7）配电网接入分布式电源时，应做好适应性分析。

（8）配电网运行方式应与主网运行方式协调配合，具备各层次电网间的负荷转移和相互支援能力，保障可靠供电，提高运行效率。

（9）各电压等级配电网的无功电压运行应符合相关规定的要求。

（10）配电网年度运行方式应与主网年度运行方式同时编制完成并印发，应对上一年配电网年度运行方式提出的问题、建议和措施进行回顾分析，完成后评估工作。

（二）配电网正常运行方式安排要求

（1）应满足优质、可靠供电要求，并与主网运行方式统筹安排，协同配合。

（2）应结合配电网调度技术支持系统控制方式，合理利用馈线自动化（Feder Automation，FA）使配电网具有一定的自愈能力。

（3）应满足不同重要等级客户的供电可靠性和电能质量要求，避免因方式调整造成双电源客户单电源供电，并具备上下级电网协调互济的能力。

（4）配电网的分区供电：配电网应根据上级变电站的布点、负荷密度和运行管理需要，划分成若干相对独立的分区配电网，分区配电网供电范围应清晰，不宜交叉和重叠，相邻分区间应具备适当联络通道，分区的划分应随着电网结构、负荷的变化适时调整。

（5）线路负荷和供电节点均衡：应及时调整配电网运行方式，使各相关联络线路的负荷分配基本平衡，且满足线路安全载流量的要求，线路运行电流应充分考虑转移负荷裕度要求；单条线路所带的配电站或开关站数量应基本均衡，避免主干线路供电节点过多，保证线路供电半径最优。

（6）固定联络开关点的选择：原则上由运检部门和营销部门根据配电网一次结构共同确定主干线和固定联络开关点。优先选择交通便利，且属于供电企业资产的设备，无特殊原因不将联络点设置在用户设备，避免转供电操作耗费不必要的时间；对架空线路，应使用柱上开关，严禁使用单一刀闸作为线路联络点，规避操作风险；联络点优先选择具备遥控功能的开关，有利于调度台端对设备的遥控操作。因特殊原因，主干线和固定联络开关点发生变更，调度部门应及时与运检部门和营销部门重新确定主干线和联络开关点。

（7）专用联络线正常运行方式：变电站间联络线正常方式时一侧运行，一侧热备用，以便于及时转供负荷、保证供电可靠性。

（8）转供线路的选择：配电网线路由其他线路转供，如存在多种转供路径，应优先采用转供线路线况好、合环潮流小、便于运行操作、供电可靠性高的方式，方式调整时应注意继电保护的适应性。

（9）合环相序相位要求：配电网线路由其他线路转供，凡涉及合环调电，应确保相序一致，压差、角差在规定范围内。

（10）转供方式的保护调整：拉手线路通过线路联络开关转供负荷时，应考虑相关线路保护定值调整。外来电源通过变电站母线转供其他出线时，应考虑电源侧保护定值调整，被转供的线路重合闸停用、联络线开关进线保护及重合闸停用。

（11）备用电源自动投入方式选择：

1）双母线接线、单母线分段接线方式，两回进线分供母线，母联/分段开关热备用，备用电源自动投入可启用母联/分段备自投方式。

2）单母线接线方式，一回进线供母线，其余进线开关热备用，备用电源自动投入可启用线路备自投方式。

3）内（外）桥接线、扩大内桥接线方式，两回进线分供母线，内（外）桥开关热备用，备用电源自动投入可启用桥备用电源自动投入方式。

4）在一回进线存在危险点（源），可能影响供电可靠性的情况下，其变电站全部负荷可临时调至另一条进线供电，启用线路备用电源自动投入方式。处理危险点（源）时应退出备用电源自动投入装置，待危险点（源）消除后，变电站恢复桥（母联、分段）备用电源自动投入方式。

5）具备条件的开关站、配电室、环网单元，宜设置备用电源自动投入，提高供电可靠性。

（12）电压与无功平衡。

1）系统的运行电压，应考虑电气设备安全运行和电网安全稳定运行的要求，应通过 AVC 等控制手段，确保电压和功率因数在允许范围内。

2）应尽量减少配电网不同电压等级间无功流动，应尽量避免向主网倒送无功。

（三）检修情况下运行方式安排要求

检修情况下的配电网运行方式安排，应充分考虑安全、经济运行的原则，尽可能做到方式安排合理。

1. 线路检修

（1）应优先考虑带电作业，需停电的工作应尽可能减少停电范围。

（2）对于不在作业范围内的线路段，能通过联络转供的，应将此线路段转供，并应在检修工作结束后及时恢复正常运行方式。

（3）不停电线路段由对侧带供时，应考虑对侧线路保护的全线灵敏性，必要时调整保护定值。

（4）上级电网中双线供电（或高压侧双母线）的变电站，当一条线路（或一段母线）停电检修时，在负荷允许的情况下，优先考虑负荷全部由另一回线路（或另一段母线）供电，遇有高危双电源客户供电情况，应尽量通过调整变电站低压侧供电方式，确保该类客户双电源供电。

2. 变电站主变压器检修

（1）有两台及以上主变压器的变电站优先考虑负荷全部由另一台主变压器或其余主变压器供电。

（2）遇有高危双电源客户供电情况，应尽量通过调整变电站低压侧供电方式，确保该类客户双电源供电。

3. 变电站全停检修

（1）变电站全停时，需将该站负荷尽可能通过低压侧移出，如遇负荷转移困难的，可考虑临时供电方案，确无办法需停电的，应在月度调度计划上明确停电线路名称及范围。

（2）变电站全停检修时，应合理安排方式保证所用电的可靠供电。

4. 检修调电操作要求

进行调电操作应先了解上级电网运行方式后进行，必须确保合环后潮流的变化不超过继电保护、设备容量等方面的限额，同时应避免带供线路过长、负荷过重造成线路末端电压下降较大的情况。

（四）事故情况下运行方式安排要求

（1）事故运行方式安排的一般原则如下：

1）上级电网中双线供电（或高压侧双母线）的变电站，当一条线路（或一段母线）故障时，在负荷允许的情况下，优先考虑负荷全部由另一回线路（或另一段母线）供电，并尽可能兼顾双电源客户的供电可靠性。

2）上级电网中有两台及以上变压器（或低压侧为双母线）的变电站，当一台变压器故障时，在负荷允许的情况下，优先考虑负荷在站内转移，并尽可能兼顾双电源客户的供电可靠性。

3）故障处理应充分利用配电自动化系统，对于故障点已明确的，可立即通过遥控操作隔离故障点，并恢复非故障段供电，恢复非故障段供电时也应优先考虑可以遥控调电的电源。

（2）因事故造成变电站全停时，优先恢复站用电。

（3）线路故障在故障点已隔离的情况下，尽快恢复非故障段供电。转供时应避免带供线路及上级变压器过负荷的情况。

二、配电网停电计划管理

（一）配电网停电计划管理范围

（1）配电网停电计划管理应实现由中压配电网（6～35kV 电网）到低压配

电网（0.4kV 电网，含配电变压器）的全覆盖。

（2）6～35kV 配电网的停电计划执行许可管理。停电申请单位应提前申报停电计划并经相应调控机构批准，在正式工作前还应经相应调控机构许可后方可开工，未得到调控机构许可的配电网停电工作严禁开工。

（3）400V 低压配电网的停电计划执行备案管理。停电申请单位应按要求提前向相应调度报送停电计划进行备案，未在调度备案的低压配电网停电工作严禁开工。

（二）配电网停电计划编制原则

（1）月度计划以年度计划为依据，日前计划以月度计划（业扩工程双周计划）为依据。

（2）配电网建设改造、检修消缺、业扩工程等涉及配电网停电、启动送电或带电作业的工作，均需列入配电网停电计划。上级输变电设备停电需配电网设备配合停电的，即使配电网设备确无相关工作，也应列入配电网停电计划。

（3）配电网停电计划应按照“下级服从上级、局部服从整体”的原则，以“变电结合线路、二次结合一次、生产结合基建、用户结合电网”的方式，综合考虑设备运行工况、电网建设改造、重要客户用电需求和业扩报装等因素，主配电网停电计划协同，合理编制停电计划。坚持“能带不停，一停多用”的工作原则，完善配电网月度停电、周调整计划管理制度，杜绝一事一停，减少重复停电，确保配电网安全运行和客户可靠供电。

（4）在夏（冬）季用电高峰期及重要保电期，原则上不安排配电网设备计划停电。

（5）配电网计划停电应最大限度减少对客户供电影响，尽量避免安排在生活用电高峰时段停电。

（三）中压配电网停电计划管理

1. 编制要求

（1）配电网年度计划是停电工作开展的基础，基建部门、运检部门（设备管理部门）、营销部门应综合考虑全年新改扩建工程、业扩报装工程编制年度检修计划，由相应调控机构进行综合平衡并经地市调控机构审查，地市调控机构于年底之前统一发布年度停电计划。未纳入年度计划的业扩工程，按月滚动纳入年度计划调整，特别紧急的业扩工程可纳入单周滚动。

（2）停电申请单位应按要求提前向相应调控机构报送配电网设备停电检修、启动送电计划。配电网停电计划应明确计划停送电时间、计划工作时间、停电范围、工作内容和检修方式安排等内容，并按照工作量严格核定工作时间。

配电网月度停电计划确定后以公文形式印发。

（3）调控机构应依据月度停电计划开展日前停电计划管理工作，批复相关单位检修申请，并进行日前方式安排。

（4）应综合考虑客户用电需求和调度停电计划，做到客户检修计划与本单位停电计划同步，减少重复停电。

（5）配电网新改扩建工程和业扩报装停送电方案必须经相应调控机构审查后，相关设备停电工作方可列入年（月）度停电计划。

2. 执行与变更

（1）配电网月度停电计划应刚性执行。原则上不得随意变更，如确需变更的，应提前完成变更手续，并经地县供电公司分管领导批准。

（2）基建部门、运检部门（设备管理部门）、营销部门应跟踪、督促物资及施工准备情况，在停电计划执行之前完成相关准备工作。

（3）计划停电工作，相关部门应在开工前 3 个工作日，向相应调控机构提交设备停电申请单。

（4）运检部门（设备管理部门）应严格按照停电计划批准的停电范围、工作内容、停电工期安排施工，不得擅自更改。

（5）未纳入月度停电计划的设备有临时停电需求时，相关部门（单位）应提前完成临时停电审批手续，并经地县供电公司分管领导批准。

（6）因客户、天气等因素未按计划实施的项目，原则上应取消该停电计划，另行履行停电计划签批手续。

（7）已开工的设备停电工作因故不能按期竣工的，原则上应终止工作，恢复送电。如确实无法恢复，应在工期未过半前向相应调控机构申请办理延期手续，不得擅自延期。

（四）低压配电网停电计划管理

1. 编制要求

（1）停电申请单位应按要求提前向所辖调控机构报送低压配电网（0.4kV 电网，含配电变压器）停电周计划，由调控机构进行备案。

（2）低压配电网停电计划应明确设备运维单位（配电运检班组或供电所）、停电范围（变电站—线路—配电变压器—400V 出线）、停电区域、停电原因、计划停送电时间等内容。

2. 执行与变更

（1）停电申请单位应严格按照已备案的停电计划开展现场工作，未备案的停电工作严禁开工。

（2）调控机构已备案的停电计划应严格执行，原则上不得随意变更；如确需变更，应履行变更手续，提前向调控机构进行变更备案。

（3）调控机构未备案的低压配电网设备有临时停电需求时，相关部门应提前完成临时停电审批手续，经批准后向调控机构进行备案。

三、配电网带电作业计划管理

（一）配电网带电作业计划管理范围

凡属县（配）调管辖和许可的配电网带电作业，均需列入计划管理。

（二）配电网带电作业计划编制原则

（1）配电网线路带电作业，设备运检单位应按要求发布带电作业计划，对用户停电的，应满足用户停电通知时限要求。

（2）带电作业应在天气情况良好、正常运行或做必要的运行调整后进行，在系统运行比较薄弱、重要保供电及节日期间，不宜进行带电作业，保电线路不批准进行带电作业。

（3）带电作业只允许进行已申请的作业项目，不得自行增加或改变项目。

（三）配电网带电作业计划执行要求

（1）带电作业工作负责人在带电作业工作开始前，应与值班调控员联系。需要停用重合闸的，由值班调控员履行许可手续。带电作业结束后应及时向值班调控员汇报。

（2）涉及带电拆搭头时应办理停电申请单。

（3）带电作业过程中如设备突然停电，作业人员应视设备仍然带电。工作负责人应尽快与值班调控员联系，值班调控员未与工作负责人取得联系前不得强送电。

四、二次方式管理

（一）继电保护及安全自动装置运行基本要求

（1）继电保护装置工作需要停用一次设备时，调度在一次设备停役后，对继电保护装置不另行发令操作，现场运维人员在接到开工令后，根据现场工作票的工作要求，许可停用工作。若联跳回路影响其他设备，运维人员可自行退出，但工作结束后，运维人员应负责该继电保护装置的定值和使用方式必须和停用前完全一致。

（2）变电站继电保护现场运行规程应经调度审核。现场运维人员应按照值班调控员下达的操作指令，结合现场运行规程中的规定对继电保护装置进行必要的调整。

（3）运行中的一次设备不得处于无保护状态下运行。

（4）保护装置在运行中需要改变定值时，如已有此定值区的，可在调度发令后由变电站值班员直接进行切换操作，其余情况的更改定值由保护检修人员进行。

（5）在变动一次设备或改动二次电流电压回路接线后，应重新做带负荷试验正确后，方可投入运行。

（二）继电保护及安全自动装置运行和操作管理的规定

（1）继电保护及安全自动装置状态的改变（停用、启用、更改定值等），必须事先得到值班调控员的指令或同意。

（2）保护装置的定值重新整定或更新保护装置，在投运前，值班调控员应按整定通知单与现场运维人员核对无误，并在整定通知单上签写核对、投用日期和双方姓名。

（3）继电保护及安全自动装置的检修、校验等需停役者应办理申请手续。

（4）继电保护及安全自动装置工作需要停用一次设备时，值班调控员只操作一次设备，并履行许可手续。有关二次设备的操作，由现场自行考虑。工作结束后，由现场运维人员自行恢复该保护装置的运行状态。

（5）继电保护及安全自动装置的启停用，值班调控员只发令启停用某套保护及自动装置（特殊情况下也可通知投退某块压板），现场运维人员应根据保护接线操作有关压板。

（三）保护装置在运行中的启、停用规定

（1）变压器开始投运时重瓦斯保护就应投入跳闸位置。运行中的变压器主保护如需停用应由现场运维人员向值班调控员提出，由值班调控员发令操作。变压器差动保护及重瓦斯保护不能同时停用。

（2）电压互感器二次失压，可能引起某些保护或安全自动装置的误动，应在电压互感器二次回路停用期间，先停用有关保护和安全自动装置。

（3）必须利用负荷电流进行接线正确性检验的保护装置（差动、方向保护等测量六角图），在做好有关措施及气候正常的情况下允许短时停用。此类工作必须由现场事先向值班调控员提出申请，由值班调控员在设备带负荷前通知停用有关保护，待试验正确后投入。

（4）运行中的设备更改保护定值或二次回路切换，保护可以短时停用。

（5）邻盘上作业有较大的振动，以致可能引起某些瞬时动作的保护误动作时，保护可以短时停用。

（6）线路或设备上带电作业中及开关跳闸次数达到允许跳闸次数，需停用自动重合闸。

（四）对备用电源自投装置运行的规定

（1）备用电源自投装置的运行状态由值班调控员确定。值班调控员只发启停用命令，变电运维人员应根据值班调控员指令投入或退出相关压板。

（2）调电操作以及主供电源或备用电源线路停供及相关压板停役，备用电源自投装置必须在操作前退值班调控员。

（五）对重合闸运行的规定

（1）有重合闸的线路如没有特殊情况均应投入重合闸，重合闸方式应遵照定值通知单的要求。

（2）如小电源与主系统并网，正常运行方式下小电源侧重合闸停用，主系统侧无压鉴定重合闸启用。

（3）旁路开关向旁路母线充电期间，重合闸应退出。

（4）空载线路重合闸停用。

（5）全电缆线路重合闸停用。

习　题

1. 配电网年度运行方式编制原则是什么？
2. 配电网电压与无功平衡有哪些基本要求？
3. 配电网分区供电有什么特点和要求？
4. 配电网线路转供方式下保护应如何调整？

第三节　配电网抢修指挥管理

学习目标

1. 了解配电网抢修指挥业务基础知识
2. 了解配电网抢修指挥管理知识

知识点

一、配电网抢修指挥概述

（一）配电网抢修指挥的定义

配电网抢修指挥业务是指地（市、州）供电公司（简称地市公司）供电服务指挥中心（简称供指中心）及县级电力调度控制分中心（简称县调），根据国家电网客户服务中心（简称国网客服中心）派发的故障报修工单内容或配调监控系统发现的故障信息，对配电网故障进行研判，并将工单派发至相应抢修班组。

（二）配电网抢修指挥业务管理要求

配电网抢修指挥业务应符合下列基本要求：

（1）配电网抢修指挥人员（包括配电网抢修指挥相关班组班长及班组成员）配置应满足 7×24h 值班要求，保障及时处理工单，避免出现工单超时现象。配电网抢修指挥席位设置应考虑应急需求，保证业务量激增时工作开展需求。

（2）配电网抢修指挥值班实行 24h 不间断工作制。值班人员在值班期间应严格遵守值班纪律，保持良好的精神状态。值班期间，应定期巡视系统在线情况、网络是否正常、音响是否正常，及时审核停电信息报送是否及时、完整、规范。

（3）公司系统内的各级调控机构应建立配电网抢修指挥业务应急体系，负责业务范围内突发事件应急工作的组织和实施，确保配电网抢修指挥业务正常运转。发生影响配电网抢修指挥业务正常开展的重大事件时，应按规定立即汇报。

（4）公司系统内的各级调控机构应建立配电网抢修指挥业务备用机制，主要包括本地备用与异地备用。本地备用主要包括人员、场所、电源、网络、终端、账号等的备用。异地备用包括地区内的市—县（营业部）、地区间业务支撑系统抢修业务账号间的互备。

（5）地市、县公司应在抢修班组部署远程终端或手持终端，实现配电网抢修指挥相关班组与抢修班之间的工单在线流转，并保证信息安全要求。

（6）现场抢修人员应服从配电网抢修指挥人员的指挥，现场抢修驻点位置、抢修值班力量应设置合理。地、县公司运检部门及时通报抢修驻点、抢修范围及联系人方式等变化情况。

（7）地市、县公司应做好配电网抢修指挥技术支持系统及网络通道的运行维护工作。

（8）已具备营配调贯通条件的单位，可通过故障研判技术支持系统整合电网拓扑、设备实时运行信息、设备告警信息、用户报修信息，提升故障研判精度，及时准确掌握电网各类故障情况。根据故障研判结果自动生成规范停电信息并向国网客服中心自动推送。

不具备营配调贯通条件的单位，配电网抢修指挥人员应加强与配电网调控人员、现场抢修人员的沟通，快速、准确进行故障研判，及时跟进计划、临时类现场工作进展、故障抢修动态，特别关注工作现场（或抢修现场）恢复送电时间，及时变更停电信息，有效拦截继发工单，同时做好抢修类工单审核，特别针对已填写的抢修信息逻辑关系及填写规范性等内容。

（9）配电网抢修指挥人员上岗前应建立人员培训及考核档案，培训内容除配电网抢修指挥业务直接相关的内容外，还应包括行为规范、优质服务、保密、消防等相关的具体要求，培训考核合格后方可上岗并颁发上岗证书。

二、配电网抢修工单流转

（一）配电网抢修工单概述

配电网抢修工单包括配电网调度技术支持系统发现的故障信息生成的主动工单和国网客服中心直派供指中心、县调的故障报修工单。

（1）配电网调度技术支持系统发现的故障信息是指整合了调度自动化、配电自动化信息的配电自动化监控系统发现的设备告警信息。通过与生产、营销等系统集成，实现开关、配电变压器等设备故障告警信息的主动接收。

（2）国网客服中心直派供指中心、县调的故障报修工单分为抢修类工单和生产类紧急非抢修工单两种不同类型。抢修类工单是指国网客服中心受理的客户通过 95598 电话、95598 网站、在线服务、微信公众号等渠道反映的故障停电、电能质量或存在安全隐患须紧急处理的电力设施故障诉求业务工单；生产类紧急非抢修工单内容包括供电企业供电设施消缺、协助停电及低压计量装置故障。

（二）故障报修业务管理要求

（1）为规范公司 95598 客户服务业务流程，适应公司建设目标要求，进一步提升服务效率和客户体验，为客户提供“7×24”故障报修服务，故障报修运行模式统一设置为：国网客服中心受理客户故障报修业务后，直接派单至地市、县供电公司配电网抢修指挥相关班组，由配电网抢修指挥相关班组开展接单、

故障研判和抢修派单等工作。在抢修人员完成故障抢修后，具备远程终端或手持终端的单位由抢修人员填单，配电网抢修指挥相关班组审核后回复故障报修工单；不具备远程终端或手持终端的单位，暂由配电网抢修指挥相关班组填单并回复故障报修工单。国网客服中心根据报修工单的回复内容，回访客户。

（2）国网客服中心受理客户故障报修诉求后，根据报修客户重要程度、停电影响范围、故障危害程度等，按照紧急、一般确定故障报修等级，2min 内派发工单。地市、县供电公司根据紧急程度，按照相关要求开展故障抢修工作。生产类紧急非抢修业务按照故障报修流程进行处理。

（3）各级单位提供 24h 电力故障抢修服务，抢修到达现场时间、抢修到达现场后恢复供电时间应满足公司对外的承诺要求。具备远程终端或手持终端的单位，抢修人员到达故障现场后 5min 内将到达现场时间录入系统，抢修完毕后 5min 内抢修人员填单，配电网抢修指挥相关班组 30min 内完成工单审核、回复工作；不具备远程终端或手持终端的单位，抢修人员到达故障现场后 5min 内向本单位配电网抢修指挥相关班组反馈，暂由配电网抢修指挥相关班组在 5min 内将到达现场时间录入系统，抢修完毕后 5min 内抢修人员向本单位配电网抢修指挥相关班组反馈结果，暂由配电网抢修指挥相关班组在 30min 内完成填单、回复工作。国网客服中心应在接到回复工单后 24h 内（回复）回访客户。

（4）国网客服中心根据停电影响范围及时维护、发布相关紧急播报信息。

三、生产类停送电信息报送

（一）95598 停送电信息报送概述

95598 停送电信息（简称停送电信息）是指因各类原因致使客户正常用电中断，需及时向国网客服中心报送的信息。

停送电信息主要分为生产类停送电信息和营销类停送电信息。生产类停送电信息包括计划停电、临时停电、电网故障停限电、超电网供电能力停限电、其他停电等；营销类停送电信息包括违约停电、窃电停电、欠费停电、有序用电、表箱（计）作业停电等。

（二）生产类停送电信息报送时限

地、县供电公司调控中心、运检部、营销部按照专业管理职责，开展生产类停送电信息编译工作，并对各自专业编译的停送电信息准确性负责。

因各类原因致使客户正常用电中断的计划停电、临时停电、故障停限电、超电网供电能力停限电、其他停电等，需及时向国网客服中心报送停送电信息。

地、县调配电网抢修指挥相关班组通过配电网抢修指挥技术支持系统汇总录入生产类停送电信息，汇总后报送相关客服中心。

（1）计划类停送电信息：配电网抢修指挥相关班组应提前 7 天向国网客服中心报送计划停送电信息。

（2）临时停送电信息：配电网抢修指挥相关班组应提前 24h 向国网客服中心报送停送电信息。

（3）故障停送电信息：

1）配电自动化系统覆盖的设备跳闸停电后，营配信息融合完成的单位，配电网抢修指挥相关班组应在 15min 内向国网客服中心报送停电信息；营配信息融合未完成的单位，各部门按照专业管理职责 10min 内编译停电信息报配电网抢修指挥相关班组，配电网抢修指挥相关班组应在收到各部门报送的停电信息后 10min 内报国网客服中心。

2）配电自动化系统未覆盖的设备跳闸停电后，应在抢修人员到达现场确认故障点后，各部门按照专业管理职责 10min 内编译停电信息报配电网抢修指挥相关班组，配电网抢修指挥相关班组应在收到各部门报送的停电信息后 10min 报国网客服中心。故障停电处理完毕送电后，应在 10min 内填写送电时间。

3）超电网供电能力停限电信息：超电网供电能力需停电时，原则上应提前报送停限电范围及停送电时间等信息，无法预判的停电拉路应在执行后 15min 内报送停限电范围及停送电时间。现场送电后，应在 10min 内填写送电时间。

4）其他停送电信息：配电网抢修指挥相关班组应及时向国网客服中心报送停送电信息。停送电信息内容发生变化后 10min 内，配电网抢修指挥相关班组应向国网客服中心报送相关信息，并简述原因；若延迟送电，应至少提前 30min 向国网客服中心报送延迟送电原因及变更后的预计送电时间。除临时故障停电外，停电原因消除送电后，配电网抢修指挥相关班组应在 10min 内向国网客服中心报送现场送电时间。

5）停送电信息的催报：配电网抢修指挥相关班组在收到国网客服中心催报工单后 10min 内，按照要求报送停送电信息。

习 题

1. 简述配电网抢修指挥的定义。
2. 故障报修类型有哪些？
3. 生产类停送电信息有哪些类型？

第二章 配电自动化调度管理

第一节 配电自动化概述

学习目标

1. 了解配电自动化定义和主要组成部分
2. 了解配电自动化主站主要组成部分及功能特点
3. 了解配电终端种类及相应的技术要求
4. 了解配电网通信方式及相应的技术要求

知识点

配电自动化（Distribution Automation，DA）以一次网架和设备为基础，综合利用计算机、信息及通信等技术，以配电自动化系统为核心，实现对配电系统的监测、控制和快速故障隔离，并通过与相关应用系统的信息集成，实现配电系统的管理。配电自动化系统以面向配电调度和配电网的生产指挥为应用主体进行建设，具备与相关应用系统的信息交互、共享和综合应用的能力，满足配电网规划、运检、营销、调度等横向业务协同需求。本节将介绍配电自动化系统的总体结构，包括其中配电自动化主站、配电自动化终端和配电自动化通信的基本含义。

一、配电自动化系统总体结构

配电自动化系统主要由配电自动化主站、配电终端和通信通道组成，通过数据中台实现与其他相关应用系统互联，实现数据共享和功能扩展，如图 2-1 所示。其中，配电自动化主站是实现数据采集、处理及存储、人机联系和各种应用功能的核心；配电自动化终端是安装在一次设备运行现场的自动化终端，根据具体应用对象选择不同的类型，直接采集一次系统的信息并进行处理，接收配电站子站或主站的命令并执行；通信通道是连接配电主站、配电子站和配电终端之间实现信息传输的通信网络。

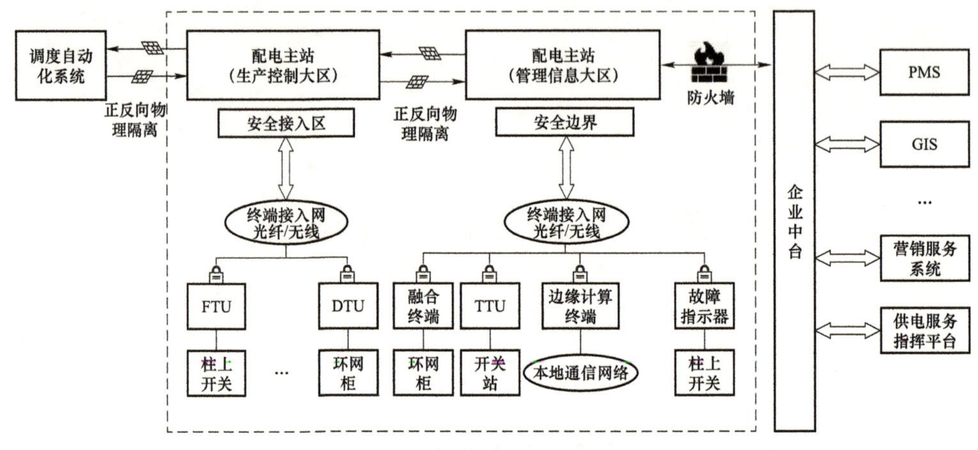

图 2-1 配电自动化系统总体结构

二、配电自动化主站

配电自动化主站主要由计算机硬件、操作系统、支撑平台软件和配电网应用软件组成。其中支撑平台包括系统数据总线和平台的多项基本服务，配电网应用软件包括配电 SCADA 等基本功能以及电网分析应用、智能化应用等扩展功能，支持通过信息交互总线实现与其他相关系统的信息交互。配电自动化主站具有如下特点：

（1）构建在标准、通用的软硬件基础平台上，遵循标准性、可靠性、可用性、安全性、扩展性、先进性原则。

（2）具备横跨生产控制大区与管理信息大区一体化支撑能力，满足配电网的运行监控与运行状态管控需求，满足信息安全防护要求。

（3）配电主站的生产控制大区部分应在地市公司部署建设；管理信息大区部分可选择在地市公司独立部署建设，也可在省公司统一建设部署；直辖市等省级单位可选择在省公司统一建设部署生产控制大区部分。

（4）配电主站生产控制大区部分应采用地县一体化建设模式，同步在县公

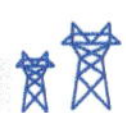

司或区公司采用远程工作站模式进行应用与维护；管理信息大区部分应支持建设范围内并行应用。

（5）根据各地区（城市）及省域配电网规模、供电可靠性需求、配电自动化应用基础等情况，合理选择和配置软硬件设备。

（6）应采用开放式体系结构，提供开放式环境，支持多种硬件平台，应能在国产安全加固操作系统环境下稳定运行。

（7）配电主站设计和架构应具有前瞻性，可利用云平台和大数据分析技术提升主站性能，可支撑配电网状态感知、数据融合、智能决策。

三、配电终端

配电终端主要有馈线终端（Feeder Terminal Unit，FTU）、站所终端（Distribution Terminal Unit，DTU）、配变终端单元（Transformer Terminal Unit，TTU）、故障指示器、边缘计算终端（含台区智能融合终端）等。

配电终端为安装在现场的各类终端单元，远程实现对设备的监控。在配电系统中，和馈线开关配合的现场终端设备为馈线终端单元，实现馈线段的模拟、开关量的采样，远传和接收远方控制命令，和配电变压器配合的现场终端设备为配变终端单元，实现配电变压器的模拟量、开关量监视，安装在开闭所、配电所以及环网柜等设备内的远方终端单元为站所终端，实现这些设备的模拟量、开关量采集及控制。

配电终端基本功能包括：

（1）模块化、可扩展、低功耗、免维护，能够适复杂运行环境，具有高可靠性和稳定性。

（2）具备监测功能、告警功能和电能量处理功能，满足：监测功能包括模拟量和状态量的采集、处理和远传，以及蓄电池电压和配电终端内部温度的采集和远传；告警功能包括有压鉴别、无压鉴别、电压越限（低电压、过电压）、负荷越限、重载、过载的告警；电能量采集和存储功能包括正、反向有功电量和四象限无功电量，具备电能量数据冻结功能，包括定点冻结、日冻结、功率方向改变时的冻结数据。

（3）遥信功能：具备硬遥信防抖功能，防抖动时间可设，可以上传 SOE 信息，硬遥信 SOE 信息的时标为发生时刻，软遥信（合成信号或虚遥信等）SOE 信息的时标为确认时刻；具备双位置遥信处理功能，支持遥信变位优先传送；终端遥信动作电压低于 30%的额定电压时，遥信点可靠不动作，高于 70%的额定电压时，遥信点可靠动作。

（4）与主站通信异常时，可以保存未确认及未上送的 SOE 信息，并在通信恢复时及时传送至主站，终端重启后不上送历史 SOE 信息。

（5）终端日志记录功能。

（6）FTU 具备就地/远方切换开关和控制出口硬压板，分、合闸硬压板各自独立。

（7）FTU 接口采用航空插头的连接方式，DTU 接口采用矩形连接器的连接方式。

（8）配电终端电磁兼容性能满足 DL/T 721《配电自动化远方终端》相关要求，并具备防雷击和过电压保护措施。

（9）配电终端性能指标能满足现场安装环境要求。

四、配电网通信

（一）配电网通信系统

配电网通信系统包括通信线路设施、汇聚设备、终端通信设备、主站系统、网管平台等，满足配电自动化系统、用电信息采集系统、分布式电源、电动汽车充换电设施及储能设施等源网荷储终端的远程通信通道接入需求，实现各类终端与主站系统间的信息交互，具有多业务承载、信息传送、信息安全防护、网络管理等功能。配电网通信系统通过综合利用多种经济合理、先进成熟的通信技术，实现不同区域、不同配电网架结构以及复杂的运行环境下各类终端的灵活高效接入，其网络结构复杂、终端节点数量多、通信节点分散、双向，对通信网络的可靠性、生存性、信息安全性要求较高。

（二）配电网通信接入技术

配电网通信接入技术主要包括有线通信接入技术和无线通信接入技术两大类。有线通信包括光纤通信 xPON、工业以太网技术及电力线载波通信。无线通信包括无线专网、无线公网等。

配电通信网络分为骨干网和接入网两层，根据国家电网公司企业标准 Q/GDW 1382—2013《配电自动化系统技术导则》中的有关规定，骨干网的建设宜选用已建成的 SDH 光纤传输网扩容的方式，接入网的建设方案采用光纤 EPON、工业以太网、无线专网、无线公网 GPRS/CDMA/等通信方式相结合，组建配电通信接入网，通过构建配用电一体化通信平台来实现多种通信方式“统一接入、统一接口规范和统一监测管理”确保通信通道安全、可靠、稳定运行，其典型案例示意图如图 2-2 所示。

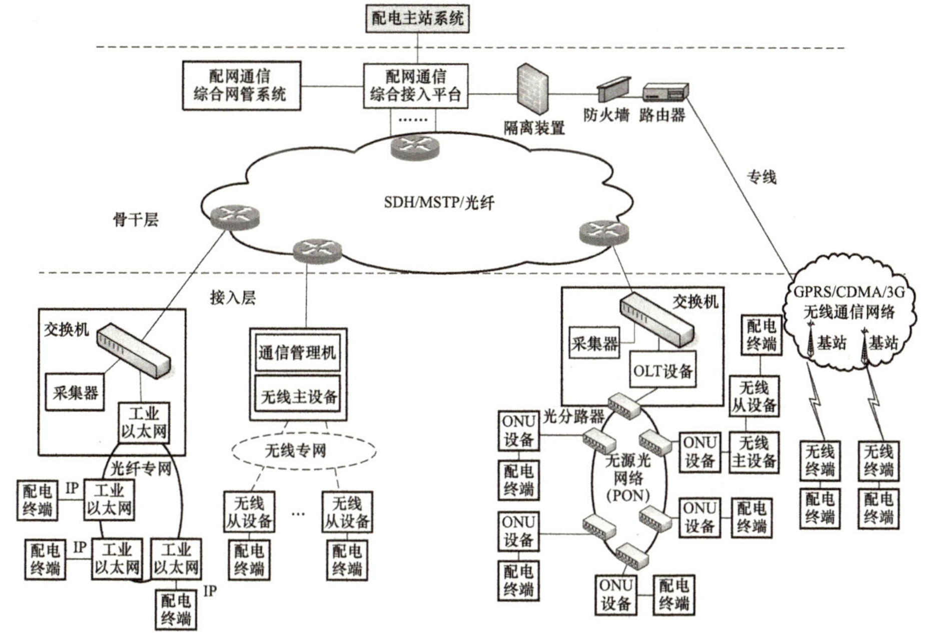

图 2-2　多种配电通信方式综合应用的示意图

各类配电网通信接入技术特点总结如下：

1. 光纤专网通信

光纤专网通信方式带宽高、容量大、覆盖范围广，可靠性、实时性、安全性都很高，适用于接入通信领域的所有业务，能够对将来智能配用电领域视频监控、双向营销互动等业务以及“多网融合”的目标进行支撑，和其他通信方式相比优势明显，但光纤专网通信方式建设成本比较高。

2. 中压电力线载波通信

中压电力线载波通信技术为电力系统特有的通信方式，利用 10kV 配电线路为媒质进行通信，无需布线，具有成本低、安全性好等优点，但由于频带限制，中压窄带电力线通信技术的传输带宽和实时性较低，不能满足将来视频业务和双向营销互动业务的需求。

3. 无线窄带专网通信

无线窄带专网通信技术（230MHz、Mobitex）有电力专用频点，建设成本较低，但易受干扰、带宽和容量有限，不能满足未来配用电业务的发展需求。

4. 无线宽带专网通信

无线宽带专网通信技术目前主要以 TD-LTE 为主，主要用在 1.8GHz、230MHz，带宽高、系统容量大、扩展性好，实时性较好，能够满足配用电领域的业务发展需求，但无线宽带通信技术的无线频谱资源的分配，政策导向尚不明朗，1.8GHz 频率申请难度较大，230M 频谱目前只能使用电力系统的 40 个频点，与负控电台频点有冲突。

5. 无线公网（GPRS/CDMA/3G/4G）通信

无线公网（GPRS/CDMA/3G/4G）通信方式具有建设成本较低等优点，但无线公网技术由于带宽和安全可靠性的原因对高带宽需求（如双向营销互动业务）及控制类业务无法支持。同时因受无线公网基站设置位置、基站维护或调整、覆盖范围等不可控制因素影响，采集成功率的提高受到一定限制。

配电网通信系统根据各种配电网业务的需要，结合通信技术发展情况，综合利用光纤专网、无线、电力载波等多种可靠通信方式，支持配电信息的传输，满足配电自动化用需求，并根据区域特点以及业务需求，合理选择通信方式。

习 题

1. 什么是配电自动化？主要由哪些部分组成？
2. 配电自动化主站主要由哪几个部分组成？
3. 配电终端可分为哪几种？
4. 配电网通信接入技术分为哪几类，分别有哪几种？

第二节 配电自动化主站运维管理

学习目标

1. 了解配电自动化运维管理工作种类
2. 了解各项运维管理工作的职责
3. 熟悉各项运维管理工作的要求

知识点

一、运维管理

（1）市（县）公司电力调度控制中心配置运行维护人员，负责配电主站系统的巡视检查、故障处理、系统维护等工作。配电主站系统配置配电主站运行维护人员，负责配电主站系统的日常运行工作；系统管理员和网络管理员，负责配电主站的系统管理和网络管理。

（2）配电主站系统重要测试时，在进行编制技术措施，提前组织调控专业、配电运检专业讨论通过后，方可执行。

（3）配电主站运维人员进行系统维护工作时，遵循自动化检修相关流程，重要操作执行两票制度，必要时编制相关技术方案。

（4）市（县）公司电力调度控制中心按照等级保护测评及信息评估要求，定期开展等级保护测评及信息评估工作。

（5）配电主站系统超级用户口令由系统管理员独立设置，定期更换。系统管理员按系统使用人员的实际工作需要，设置相的权限等级。

（6）配电主站系统运行数据、系统日志、相关记录等资料设专人管理，并保存齐全、准确。当系统有重大修改或节假日时，及时进行全系统手动备份，实现系统数据的异地备份。

（7）配调调控人员发现配电主站系统功能、信息交互、配电终端（子站）工作状态及通信状态异常，及时通知有关运行维护部门进行处理。

（8）配电主站系统进行运行维护时，如可能会影响到配调调控人员正常工作时，提前通知当值调控人员，获得准许并办理有关手续后方可进行。

（9）配电主站系统运行维护人员定期对主站设备、软件功能进行巡视、检查、记录，发现异常情况及时处理，做好记录并按有关规定要求进行汇报。每日检查主站系统运行环境、主服务器进程、系统主要功能、采集通道及数据、网络及安全防护设备、硬件报警信息、系统每日定期自动备份等运行情况，并填写自动化系统运行日志；每月检查主服务器的硬盘及数据库剩余空间、网络安防设备策略配置、软件系统用户及其权限设置等，统计分析 CPU 负载率，及时进行数据备份和空间清理；每季度对配电主站系统前置服务器、SCADA 服务器、数据库服务器、高级用服务器、双网通信通道等进行一次人工切换。

（10）建立配电主站系统的设备台账和运行资料，实现资料管理的规范化与标准化。运行资料内容包括：主站系统设备配置清单及网络拓扑图、主站系统的运行记录、主站系统及设备缺陷、故障及处理记录、主站系统急操作预案、数据库备份资料、设备验收报告（附遥测精度检定报告、遥信传动记录、遥控传动记录）、配电自动化专业相关标准、制度、管理规范。

二、缺陷管理

（一）缺陷分类

配电自动化系统主站缺陷分为危急缺陷、重要缺陷、一般缺陷三类。

（1）危急缺陷是指威胁人身或设备安全，严重影响设备运行、使用寿命及可能造成自动化系统失效，危及电力系统安全、稳定和经济运行，必须立即进行处理的缺陷。危急缺陷24小时内处理。配电主站系统危急缺陷主要包括：配电主站系统故障停用或主要监控功能失效；调度台全部监控工作站故障停用；配电主站UPS电源故障；配电主站馈线自动化功能异常，发生误遥控；遥控命令不能正确下发，存在误遥控隐患；主站系统磁盘阵列异常导致数据查询功能失效等；配电主站系统主交换机双网故障。

（2）重要缺陷是指对设备功能、使用寿命及系统正常运行有一定影响或可能发展成为危急缺陷，但允许其带缺陷继续运行或动态跟踪一段时间，必须限期安排进行处理的缺陷。重要缺陷5日之内处理。配电主站系统重要缺陷主要包括：主站系统重要用分析功能失效或异常；与EMS、PMS系统接口异常，导致图模不能正确导入；对调度员监控、判断有影响的重要遥测量、遥信量异常；配电主站核心设备（主服务器、主交换机、GPS天文时钟等）单机停用、单网运行、单电源运行等；配电主站系统网络安防设备故障（影响数据采集和交换）。

（3）一般缺陷是指对人身和设备无威胁，对设备功能及系统稳定运行没有立即、明显的影响、且不至于发展成为重要缺陷，结合检修计划尽快处理的缺陷。一般缺陷酌情考虑列入检修计划尽快处理。配电主站系统一般缺陷主要包括：配电主站除核心主机外的其他设备的单网运行；一般遥测量、遥信量故障；配电主站单台工作站故障等；配电主站系统网络安防设备故障（不影响数据采集和交换）；其他一般缺陷。

（二）缺陷管理内容

（1）配电主站设备缺陷纳入生产管理系统、调度管理系统统一管理。

（2）配调调控人员发现配电主站系统显示终端监控信号异常时，可通知主站运维人员进行预判，明确为终端上传信号异常的，通知该设备运检单位赴现场消缺处理。

（3）配电主站系统运行维护人员在接到消缺通知后，立即进行缺陷预判，及时流转配电主站系统缺陷处理流程，并配合相关部门进行消缺处理。

（4）配电主站系统运维人员缺陷处理完毕后及时汇报配调调控人员，并将发生缺陷设备、故障部位、故障原因、处理过程及其结论等内容填报调度管理OMS系统进行归档。

（5）市（县）公司电力调度控制中心定期组织召开主站缺陷分析专题会议，对典型缺陷的发生、处理以及存在的问题进行综合分析，对频繁发生的缺陷进行专题分析并编制分析报告。

（6）市（县）公司电力调度控制中心按要求编制上报配电主站系统运行月报，内容包括配电自动化设备缺陷汇总、配电主站系统运行分析等。

（7）市（县）公司电力调度控制中心根据主站设备运行、消缺情况，不断更新急处理预案，适时进行急演练，提高对设备故障的处置能力。

（8）主站设备缺陷运行期间，配电主站系统运维人员加强监视，必要时制定相应的应急措施。

三、安全防护管理

（1）配电自动化系统安全防护应严格按照《电力监控系统安全防护规定》（国家发改委第14号令）、《国家能源局关于印发电力监控系统安全防护总体方案等安全防护方案和评估规范的通知》（国能安全〔2015〕36号）、《配电自动化系统网络安全防护方案》（国网运检三〔2017〕6号）和《中低压电网自动化系统安全防护补充规定（试行）》（国家电网调〔2011〕168号）等要求执行。

（2）配电终端及通信设备接入配电主站须满足电力监控系统安全防护方案的相关要求。

（3）应及时对相关系统软件（操作系统、数据库系统、各种工具软件）漏洞发布信息，及时获得补救措施或软件补丁，对软件进行升级。

（4）应在配电自动化系统内部署、升级防病毒软件，并检查该软件检、杀病毒的情况。

（5）应定期对配电自动化业务与应用系统数据进行备份，确保在数据损坏或系统崩溃情况下快速恢复数据，保证系统数据安全性、可靠性。

（6）配电自动化系统应每年进行信息安全等级保护测评工作。

四、系统版本管理

同型号主站软件版本应全省统一，各主站运行单位每月将配电主站系统使用过程中发现的缺陷和功能需求，提交省电科院总编制升级需求，升级需求经省公司设备部、调度控制中心确认后，由配电主站厂家进行开发。省电科院统一组织进行主站软件现场升级前的集中测试，并出具测试报告；合格后，由省公司设备部、调度控制中心联合发布。具体流程如图 2-3 所示。

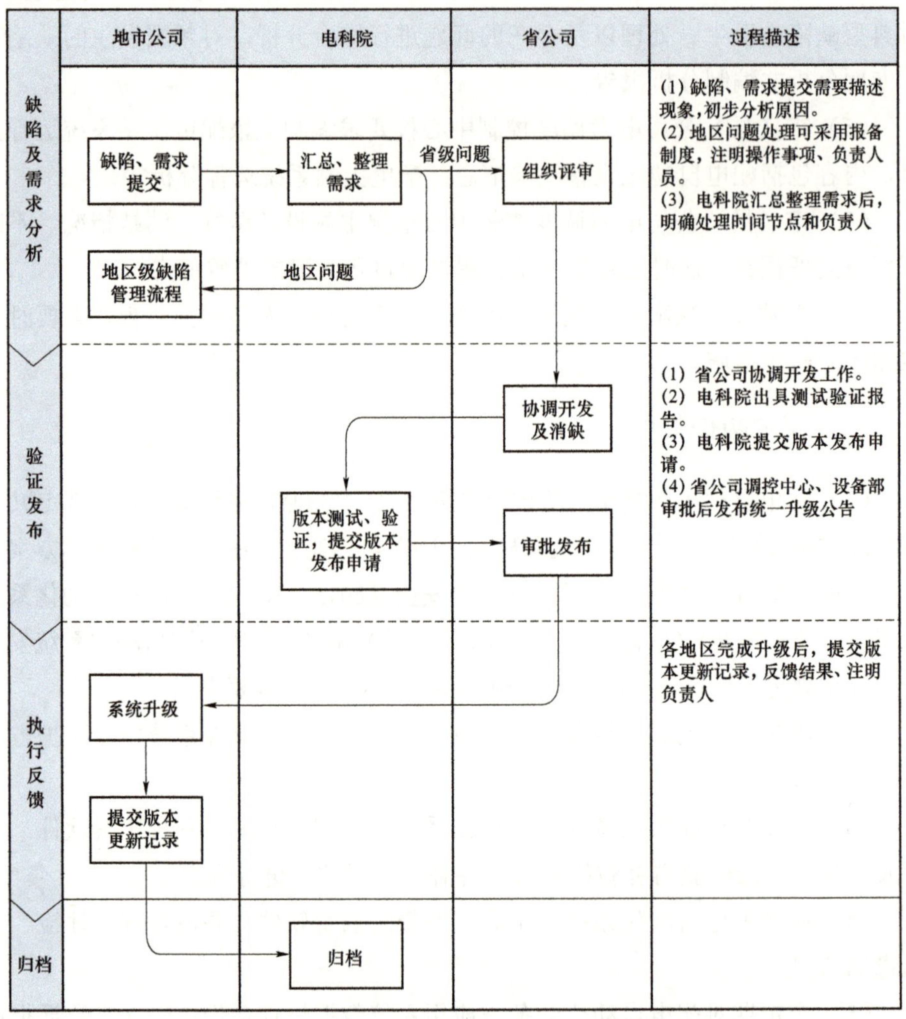

图 2-3 配电自动化系统省级版本管理流程

五、技术资料管理

（1）配电自动化系统运维单位应设专人对工程资料、运行资料、磁（光）记录介质等进行归档管理，保证相关资料齐全、准确；建立技术资料目录及借阅制度。配电自动化系统相关设备因维修、改造等发生变动，运维单位应及时

更新资料并归档保存。

（2）新安装配电自动化系统应具备下列技术资料：

1）设计单位提供的设计资料（设计图纸、概、预算、技术说明书、远动信息参数表、设备材料清册等）。

2）设备制造厂提供的技术资料（设备和软件的技术说明书、操作手册、软件备份、设备合格证明、质量检测证明、软件使用许可证和出厂试验报告等）。

3）施工单位、监理单位提供的竣工资料（竣工图纸资料、技术规范书、设计联络和工程协调会议纪要、调试报告、监理报告等）。

4）各运维单位的验收资料。

（3）正式运行的配电自动化系统应具备下列技术资料：

1）配电自动化系统相关的运维与检修管理规定、办法。

2）设计单位提供的设计资料。

3）现场安装接线图、原理图和现场调试、测试记录。

习 题

1. 配电自动化系统主站缺陷有哪几类，分别指什么？

2. 配电自动化系统应每年进行信息安全等级保护测评依据的管理办法有哪些？

3. 分别列举新安装配电自动化系统、正式运行的配电自动化系统应具备哪些技术资料？

第三节 馈线自动化原理及案例分析

学习目标

1. 熟悉馈线自动化功能及主要分类

2. 掌握集中式馈线自动化技术和分析方法

3. 具备分析集中式馈线自动化实际案例的能力

知识点

馈线自动化（Feeder Automation，FA）是配电自动化系统的核心功能，是提高配电网供电可靠性、减少负荷损失的有效手段和重要保证。通过实施馈线自动化技术，可以使馈线在运行中发生故障时，能自动进行故障定位，实施故障隔离和恢复对非故障区域的供电，提高供电可靠性。本节主要内容包括 FA 的功能、类型及适用场景，重点介绍了集中式 FA 的技术要求和案例分析。

一、馈线自动化功能

馈线自动化主要指馈线故障自动定位、自动隔离和非故障区自动恢复供电。当线路正常运行时，FA 检测线路状态，如电流、电压、开关状态及相关操作；当线路发生故障时，能准确定位故障所在位置，控分/跳开故障上下游的线路开关实现故障点隔离，并通过网络重构实现非故障区域的恢复供电。

馈线自动化主要包括集中式和就地式两大类，就地式 FA 还可继续分为重合器式 FA、智能分布式 FA 两类。对于主站与终端之间具备可靠通信条件，且开关具备遥控功能的区域，可采用集中型全自动式或半自动式。对于电缆环网等一次网架结构成熟稳定，且配电终端之间具备对等通信条件的区域，可采用就地型智能分布式。对于不具备通信条件的区域，可采用就地型重合器式。

二、集中式馈线自动化

集中式 FA 对配电终端设备的要求：

（1）主干线分段点开关，采用“三遥”集中型成套设备；

（2）“三遥”终端与主站建立光纤或无线通信信道。

（一）短路故障处置

主站集中式 FA 功能是在配电网故障后通过相关信号收集、配电网拓扑关系分析的基础上实现包括 FA 启动、故障定位、故障隔离和非故障区域恢复供电等相关环节处理过程。

1. 启动逻辑

配电网主站对采集接收到的 SCADA 变位信号进行识别处理，如果识别到满足 FA 启动条件［例如开关跳闸信号以及对应开关的保护动作（故障过电流）等信号］则判断为配电网有故障发生，启动 FA 处理功能，在等待了

足够长的时间（依据信号上送延迟时间等配置）收集所有终端上送的故障信号后，进行故障类型的识别判断，根据上送故障信号判断是短路故障还是单相接地故障。

（1）短路故障启动条件。

1）非正常分闸。当不明原因（例如非主站遥控）导致的开关跳闸，表示可能有故障发生。一般情况下不应该选中。

2）分闸+事故总。当开关分闸并且上送了事故总信号时，则判定发生了故障。通常，这里的开关指变电站出线开关，若线路启用了分级保护，则还要包括分级保护开关。

3）分闸+保护动作。当开关分闸并且上送了相应的保护动作信号，则判定发生了故障。通常，这里的开关指变电站出线开关，若线路启用了分级保护，则还要包括分级保护开关。

4）分闸—合闸—分闸。当检测到某开关在规定时间内位置分闸—合闸—分闸变化，可能发生永久故障下重合闸动作不成功的情况，认为发生了故障。

5）分闸+纵差保护动作。对于配置了差动保护的馈线，当发生故障时，纵差保护会动作，导致开关跳闸。一般与故障处理模式中的"光纤差动式"相匹配。

（2）FA 处理信号类型。配电终端上送的信号需要在主站内进行分类配置才能被 FA 识别，目前常用的信号类型有事故总、动作信号、故障信号、重合闸、备自投、短路、接地等。

（3）FA 信号同步时间。用于配置当配电网发生故障时，从最早信号时间开始到收集齐全部相关故障信号最长的等待时间（s）。与配电终端设备与主站系统的通信速度以及终端就地馈线自动化速度等相关，一般通信良好场合下可设置为 30s。

（4）FA 启动识别。对 SCADA 采集的各遥信变位信号进行分析处理，检查是否在给定时间内具备满足馈线 FA 启动条件的信号变位信息，如果满足 FA 启动条件且相应信号是可靠有效的，则认为可能存在配电网故障，等待足够长的时间收集齐全部相关故障信号，根据故障信号识别是短路故障还是单相接地故障，如果判断为有效的 FA 启动，则进入后续的故障定位处理。典型线路 FA 启动示意图如图 2-4 所示。

以图 2-4 中三联络馈线为例，故障前联络开关 LSW1、LSW2 分闸，假设在 F1 处发生短路故障，则 FS1、FS2 开关的配电终端上送过电流动作信号，变电站出口开关 QF1 保护动作分闸，变电站上送事故总信号或者 QF1 过电流保护动作信号，配电网主站根据 QF1 开关上送了分闸+事故总或者分闸+保护动作信号启动 FA，判断 QF1 对应馈线发生了短路故障。

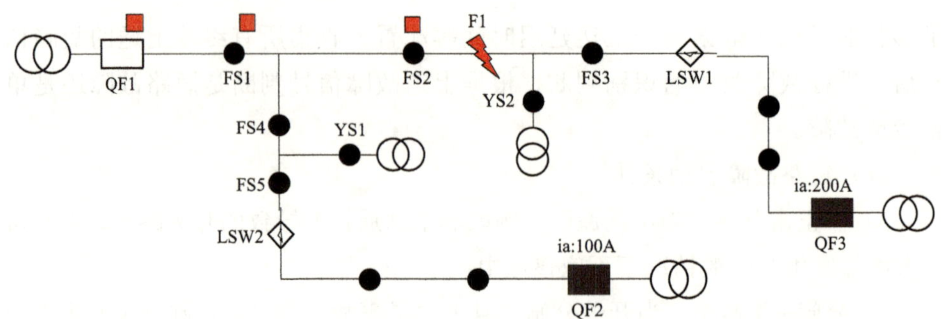

图 2-4 典型线路 FA 启动示意图

2. 闭锁逻辑

系统可根据设备的挂牌信息、通信状况、信号有效性等自动识别出是否需要对馈线 FA 功能进行闭锁。各自动闭锁功能可通过参数配置实现是否生效。主要包括以下情况：

（1）通过标志牌闭锁。可通过对标志牌类型定义表中的配置，可实现禁止馈线自动化、禁止作转供路径、禁止自动执行的闭锁。例如对于检修牌和调试牌，可配置成禁止馈线自动化，避免调试信号误触发 FA。

采用标志牌定义方式可以实现灵活的通过对设备挂相应标志牌来闭锁 FA 功能或者摘牌来恢复 FA 功能。

（2）根据设备工况闭锁。根据配置可以启动根据设备的运行工况来确定自动闭锁 FA 功能或者禁止自动处理模式，主要包括：

1）设备通信中断闭锁全自动模式：在进行故障处理时通信终端设备的参与 FA 功能备闭锁。当线路中有通信中断设备时可闭锁馈线 FA 自动执行模式。

2）可禁止过载线路、单相接地母线下线路作为供电恢复的转供路径电源。

3）可实现对非正常供电模式（正常联络开关为合闸处于转供状态）的馈线闭锁 FA 启动或者闭锁 FA 自动执行。

4）其他。

（3）根据 FA 故障信号异常情况闭锁 FA 功能。

1）故障信号不连续时可闭锁全自动执行模式。

2）可根据配置使用遥控变位启动 FA，但闭锁全自动执行模式。

3）可根据配置使用非实时变位信号启动 FA，但闭锁全自动执行模式。

4）可根据配置对故障跳闸开关停电后电流是否归零进行校验确定是否启动 FA、闭锁全自动模式。

5）可根据配置对故障停电的第一级配电网开关电流、电压是否归零进行校

验，确定是否启动 FA、闭锁全自动模式。

6）其他。

（4）根据 FA 处理情况闭锁 FA 功能。

1）短时间内连续频繁发生多次故障超过给定限值时，则闭锁全系统的全自动处理模式，需要人工进行解锁。主要是避免某些情况下大范围误报 FA 启动信号时导致的 FA 误触发。

2）相同馈线已发生故障未处理结束时闭锁全自动模式。

3）处理单相接地故障时，闭锁全自动执行模式。

4）如果故障时间距离当前系统时间差异过大时闭锁全自动模式。例如故障时刻超前当前时间超过了配置的允许时间（例如 1800s），一般可能是系统因某种原因延迟处理了此次故障，或者滞后当前系统时间 5s，一般是配电网主站前置服务器和 SCADA 服务器之间时钟不同步差异过大导致等原因。

5）其他。

3. 故障定位

（1）开环运行馈线的故障点确定：故障点位于上报了过电流故障信号（事故总、各种过电流保护动作等）或单相接地故障信号的设备之后，并且位于具备上报过电流故障信号或单相接地故障信号能力但是没有上报对应故障信号的设备之前。从电源点（变电站出口开关）出发进行拓扑搜索，如果上报了某故障信号设备之后没有设备上报故障信号，则说明故障点在此设备之后。

（2）对于环网运行供电线路，如果上送故障信号中需包含故障方向信息，则结合故障方向信息，按照故障点只有故障流入方向没有故障流出方向的原则进行识别故障点设备。如果不具备故障方向信号，则环网运行时将只进行故障启动定位，不进行故障隔离和故障恢复功能。

（3）故障区域及边界确定：以故障点位置为起点，根据拓扑关系搜索所连接设备，直到遇到以下情况之一停止：

1）分闸的开关设备。

2）具备上报对应故障信号能力且 FA 功能未被闭锁以及设备通信正常。

3）停止继续搜索的设备是故障边界设备，搜索路径上的设备属于故障区域内设备，可实现故障区域着色。

（4）瞬时/永久短路故障识别，统计此故障发生引起的跳闸开关信息，检查故障点上游的跳闸开关当前开关状态是否为合闸，确定故障点当前是否带电，如果故障点带电，则说明通过重合闸已经恢复了故障区供电，认为是瞬时故障，否则认为是永久故障。

（5）对于瞬时故障，只给出定位结果，不进行后续的故障隔离和恢复。

以前述故障为例，根据拓扑分析可确定故障点在开关 FS2 之后，并搜索故障区域边界，由于 FS3 和 YS2 开关具备上送过电流动作信号能力但是没有相关信号动作变位信息，因此确定故障发生在 FS2、FS3 和 YS2 开关之间的区域，如图 2-5 所示。

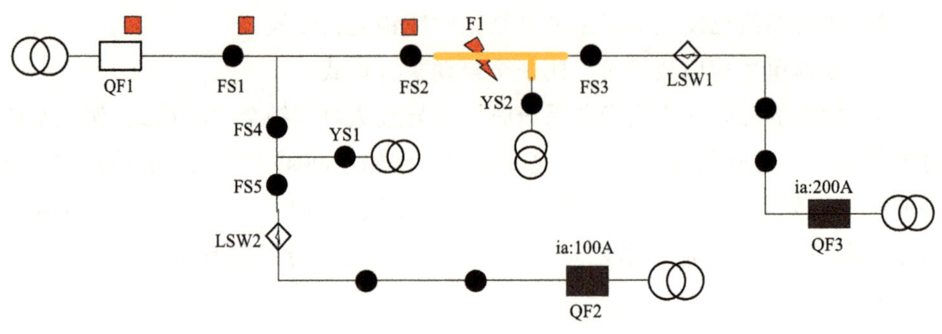

图 2-5　故障定位示意图

4. 故障隔离

根据故障定位出的故障区域范围，搜索故障区域的边界开关（对应开关安装了配电终端的或者是分闸状态的开关，则对应开关就是边界开关），故障前处于合闸状态的边界开关就是故障隔离方案中需操作的开关。对故障后仍处于合闸位置的开关进行分闸操作（可人工或者自动执行），就可完成对故障的隔离。变电站出线开关由相应的保护装置实现隔离操作，不包含在配电主站的隔离方案中。如果配置为自动故障隔离，则直接自动下发开关遥控操作命令，实现故障区域隔离。

故障隔离搜索方法示例：从故障点向外搜索可查找到可遥控操作的开关包括 FS2、FS3、YS2 开关，因此故障隔离方案为分闸 FS2、FS3，开关 YS2（配置了隔离负荷分支开关时），如图 2-6 所示。

5. 恢复供电

针对故障隔离后的非故障停电区域，可进行恢复供电。每个故障下游区域可能存在多个可行的恢复方案，恢复方案不应该引起转供电源（主变压器以及转供线路）的过载等不安全运行，对于安全恢复方案，按照各恢复方案下变电站出线的负载率进行方案排序，负载率最低的方案为推荐方案。

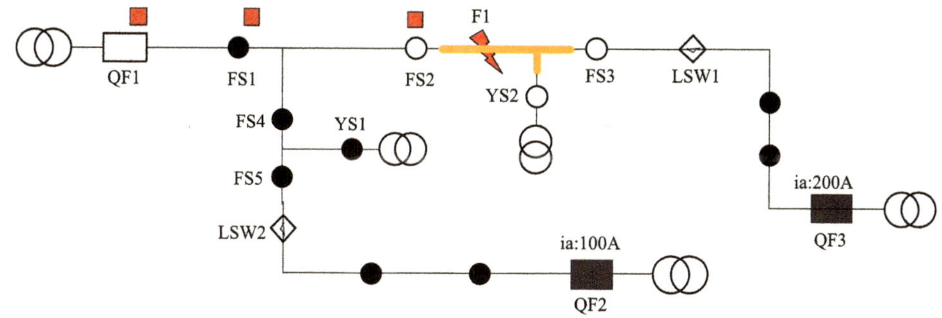

图 2-6 故障隔离示意图

如果没有安全（不过载）的恢复方案，则考虑将需转供负荷进行拆分成两部分，分别由两个转供电源实现负荷的转供，当采用对负荷进行拆分也没有安全恢复方案时，则按照优先保证重要负荷供电的原则，对故障负荷进行负荷的切除，优先切除故障影响停电区域内的不重要负荷，实现对部分重要负荷的恢复供电。

供电恢复方法示例：上述故障上游跳闸开关 QF1 不是故障区域边界，因此合闸 QF1 即实现故障上游的恢复供电，故障下游停电区域有两个，一个是 FS3 开关供电区，通过拓扑搜索找到 LSW1 开关为转供方案可通过 QF3 进行转供，且不会导致 QF3 过载，另一停电区域 YS2 开关的供电区，无相应的转供路径。故障恢复如图 2-7 所示。

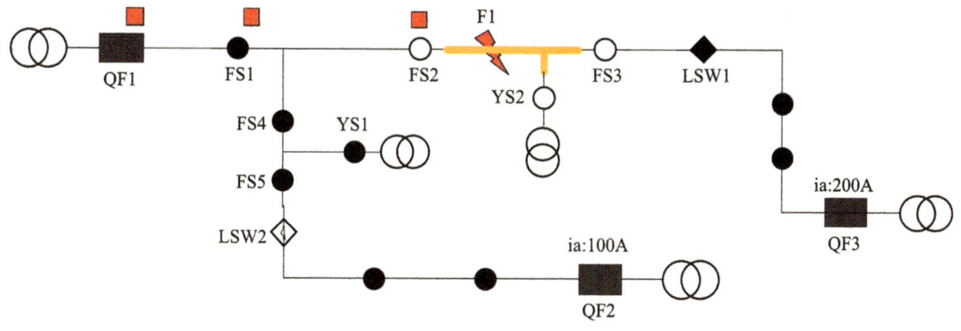

图 2-7 故障恢复示意图

6. 特殊场景

（1）同一馈线多点同时故障情况，如图 2-8 所示。

如图中所示，上送故障信号的配电网开关有 FS1、FS2、FS4 和 YS1 开关，变电站出口 QF1 故障跳闸，根据拓扑分析可判断 FS2 开关和 YS1 开关之后发生了故障，故障电包括了 F1 和 F2 两处同时故障。

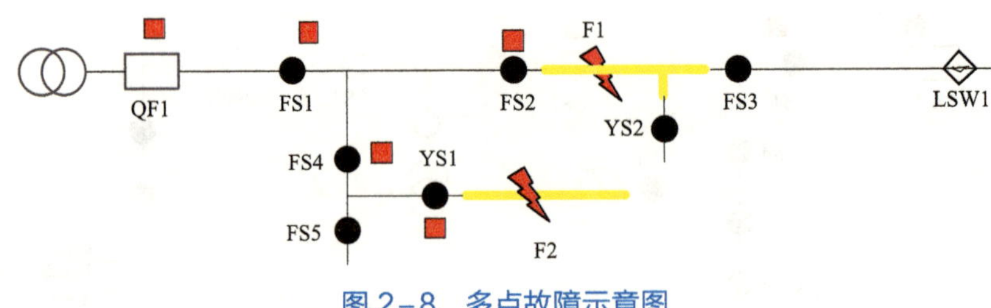

图 2-8 多点故障示意图

（2）故障点附近终端通信异常情况，如图 2-9 所示。

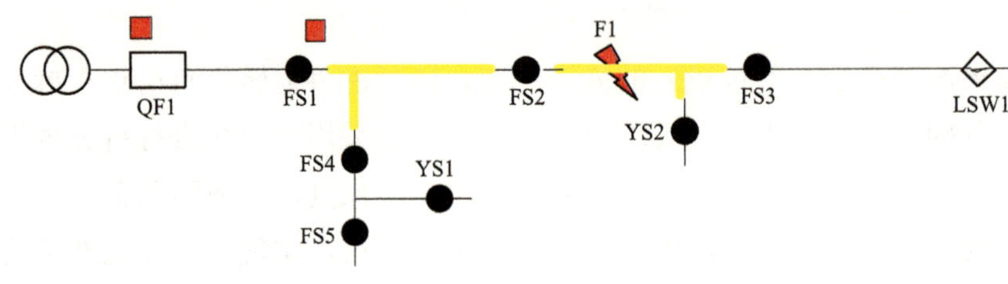

图 2-9 终端通信异常示意图

图中 FS2 开关通信异常，配电网主站只收到 FS1 开关的过电流动作信号和变电站出口 QF1 的故障跳闸信号，配电网主站识别故障在 FS1 之后，但由于 FS2 开关通信终端，当作不具备故障信号上送能力设备，因此跨过 FS2 开关扩大故障区域搜索范围。

（3）自动隔离失败扩控处理情况，如图 2-10 所示。

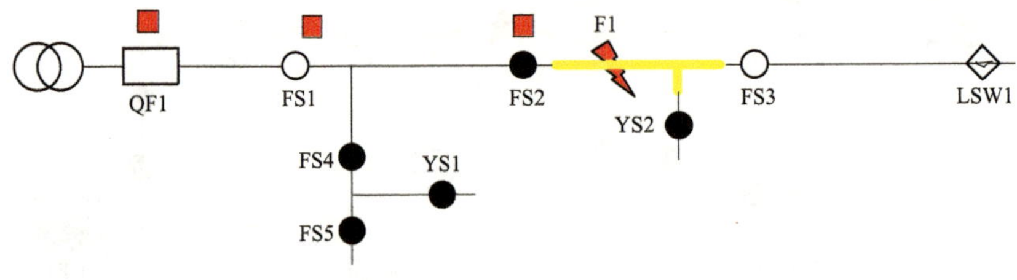

图 2-10 遥控失败示意图

上图中 F1 故障，隔离方案为分闸 FS2 和 FS3 开关，但是遥控分闸 FS2 失败（重试遥控 3 次）后，则扩大故障隔离范围对 FS1 开关进行遥控分闸。由于配置了对负荷分支开关不隔离，因此无转供路径的 YS2 开关和 FS4 开关不需要隔离。

（二）接地故障处置

1. 小电阻接地故障

小电阻接地故障下，断路器跳闸，根据跳闸开关动作的保护类型对故障进行分类，分别为全部、接地、短路三种。

启动条件：分闸+事故总、分闸+保护、非正常分闸、分一合一分。

故障类型判别依据：读取跳闸开关的终端保护信号，如果为动作信号、故障信号、重合闸信号、备自投信号这几类，且没有接地保护动作，则认为是短路；如果只有接地类型保护动作，则认为是接地；如果都存在，则认为全部。

故障定位依据：根据故障类型读取配电网开关关联保护信息，如果为接地故障，则只读取关联的接地保护信号；如果为短路故障，则仅读取短路类型的保护信号（动作信号、故障信号、重合闸信号、备自投信号）；如果为全部，则读取全部信号加上事故总信号（动作信号、故障信号、重合闸信号、备自投信号，事故总、接地故障）。故障区间判别也根据读取到的保护进行判别，没有对应类型的保护相当于无保护状态。

信号来源：D5000 转发事故分闸事件、保护动作信号；配电网终端上送接地保护动作信号。

2. 消弧线圈接地故障

由于单相接地（中性点不接地系统）在未演变为事故前，允许运行一段时间，并不会导致断路器跳闸，针对未跳闸事故，FA 存在以下几种情况：

（1）有接地选线装置。

1）启动条件：断路器接地选线信号动作（保护节点表中保护类型为“接地故障”）。

2）校验条件：校验线路上配电网开关是否关联接地保护信号。若关联接地保护开关数量大于等于 1，则继续按照零序过电流接地故障逻辑分析；若关联接地保护开关数量小于 1，则停止分析，并发告警，“××线路未配置接地保护，无法分析接地故障”。

3）故障定位依据：读取配电网开关关联保护信息中关联类型为“接地故障”的保护信号，故障区间判别也根据读取到的保护进行判别，没有对应类型的保护相当于无保护状态。

4）信号来源：D5000 转发保护类型为“接地”的保护动作信号；配电网终端上送接地保护动作信号。

（2）无接地选线装置。如果无接地选线装置，则通过配电网零序过电流保护动作作为启动条件，同时配置校验条件来研判接地故障。

1）启动条件：配电网零序过电流保护动作（配电网保护节点表中保护类型为接地保护的保护信号）。

2）校验条件：

a. 线路上游变电站母线需要有类型为接地故障的保护处于动作状态；

b. 判别母线 $3U_0$ 电压及三相电压值：如果母线 $3U_0$（零序电压模值）值大于 15V，且状态正常，则认为母线接地；如果 A、B、C 三相电压中，任两相电压大于 6.5kV，另一相小于 5.5kV，且每相电压状态均正常，则认为母线接地。

故障定位依据：读取配电网开关关联保护信息中关联类型为“接地故障”的保护信号，故障区间判别也根据读取到的保护进行判别，没有对应类型的保护相当于无保护状态。

信号来源：D5000 转发母线接地保护动作信号（实时转发）；D5000 转发母线三相电压量测数据（10s 一个数据断面）。

当前母线 $3U_0$ 数据转发存在以下问题：$3U_0$ 数据存储位置不统一，存量站存在其他量测值表中，且该部分数据未关联母线；新站存储在母线表中。

三、就地式馈线自动化

（一）传统就地（重合器）式馈线自动化

重合器式 FA 对配电终端设备的要求：

（1）线路分段点设置为“分段”模式，具备“失压分闸”“来电延时合闸”以及“电压时间型逻辑”的闭锁功能；

（2）联络点设置为“联络”模式，具备单侧失电延时合闸、两侧有压闭锁合闸、瞬时来电闭锁合闸等功能。

传统就地式馈线自动化以电压—时间型为多数，使用区域多为 C/D 类供电区域，大多为架空线路，供电可靠性要求相对低，综合考虑用户重要性、供电可靠性和投资规模，采用无线通信方式，实现就地型馈线自动化，其典型应用配置如图 2-11 所示。其中，QF 为变电站 10kV 出线开关；K1（FS1）为具有接地故障选线功能的柱上断路器；K2/K3（FS2/LS）为具有选段功能的电压型负荷开关（分段/联络）；PS1～PS2 为柱上分界负荷开关。

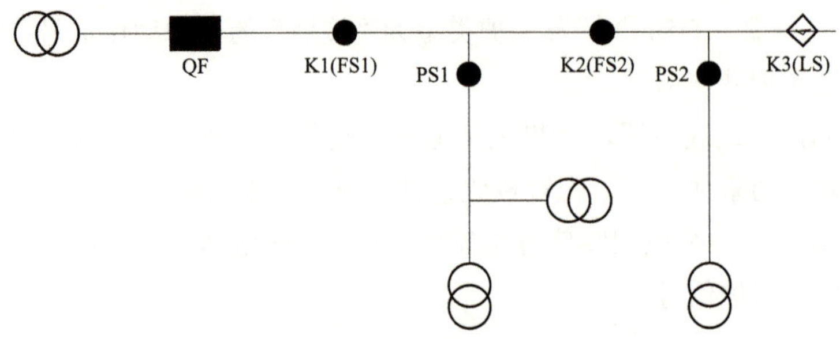

图 2-11 传统就地式馈线自动化典型应用配置示意图

成套设备具备电压时序逻辑功能，包括三个关键参数：X 时间（开关关合前电源侧故障检测时间，默认 7s）、Y 时间（开关关合后负荷侧故障确认时间，默认 5s）和 Z 时间（瞬时性故障确认时间，默认 3.5s）。电压型负荷开关分闸时间≤900ms，合闸时间≤200ms。

1. 就地自动化故障动作逻辑

（1）选线断路器与 QF 形成时间级差配合，具备 3 次重合闸（分别设定为 1.5s、10s 和 10s）；选段开关采用电压型负荷开关，具备“来电即合，无压释放”特性，故障动作逻辑与选线断路器重合闸配合。

（2）线路相间故障时，选线断路器保护跳闸，QF 不跳闸；线路单相接地故障时，选线断路器实现选线，无需 QF 参与（变电站接地告警）。

（3）当线路失电，选段开关失电时间 T 小于 Z 时间，选段开关在失电、电压恢复正常后，开关不延时立即合闸。

（4）馈线终端 FTU 具备故障电流检测功能，在线路失电时未检测到故障电流，当线路再次来电时，选段开关不延时立即合闸。

（5）对于分支线或用户侧：线路发生短路故障时，分界开关与选线断路器配合，实现故障自动隔离；在线路发生单相接地故障时，分界开关根据零序电流判据自动分闸，直接切除故障。

2. 瞬时性短路故障动作逻辑

（1）瞬时性短路故障动作逻辑。

1）线路短路故障发生时，选线断路器跳闸，1.5s 重合，由于重合时间小于 Z 时间（3.5s），选段开关不延时合闸快速恢复送电。

2）接地故障发生时由选线断路器（图 2–11：FS1 开关）跳闸、重合，快速恢复送电。

3）QF 具备 1 次重合闸，重合闸时间为 1.5s（或 2.5s）。线路短路故障发生时，若选线断路器拒动或 QF 先于选线断路器跳闸，则 QF 1.5s 重合，由于重合时间小于 Z 时间（3.5s），选段开关不延时合闸快速恢复送电。

（2）上级线路瞬时性故障动作逻辑。变电站 110kV 备自投 4.5～5s 切除故障电源，0.5s 投入备用电源；10kV/20kV 备自投 5～5.5s 切除故障电源，0.5s 投入备用电源。

上级线路发生瞬时性故障时，10kV/20kV 开关失电、不分闸，10kV 线路选线断路器不分闸、选段开关分闸［同时馈线终端 FTU 未检测到故障电流（线路未发生故障）］，在备自投投入备用电源后，线路恢复供电时间（约 6s）虽大于 Z 时间（3.5s），但因 FTU 并未检测到故障电流，选段开关得电后不延时立即合闸，线路快速恢复供电。

3. 永久性短路故障动作逻辑

（1）短路故障发生时，先经历前述“瞬时性短路故障动作逻辑”过程（躲避瞬时性故障），在选线断路器第 2 次重合闸（10s）后，线路选段开关间隔 X 时间依次延时合闸，直至合到故障点，线路再次跳闸失电。故障点前端开关在合闸后的 Y 时间内失电，闭锁合闸，故障点后端开关在 X 时间内感受瞬时加压，闭锁合闸，完成隔离故障区段。

（2）接地故障发生时，变电站接地告警，选线断路器接地保护跳闸选出故障线路，选段开关因线路失电而分闸，然后选线断路器延时重合，选段开关依据零序电压—时间逻辑隔离故障。

4. 非故障区段供电恢复逻辑

（1）电源侧非故障区段供电恢复。电源侧非故障区段供电恢复可不依赖调度人员遥控 QF。线路故障隔离成功后，依靠选线断路器第 3 次重合闸自动恢复电源侧非故障区段供电。

（2）负荷侧非故障区段供电恢复。负荷侧非故障区段供电恢复要求由配调人员遥控操作联络开关（LS）投入。

5. 分支线/用户线路短路故障动作逻辑

（1）在分支线或用户线路发生短路故障时，柱上分界负荷开关与选线断路器配合实现故障隔离。在短路故障发生时，二遥动作型 FTU 检测到故障电流，选线断路器保护跳闸，分界负荷开关在线路无压、无流时分闸并闭锁，在选线断路器重合闸前分界负荷开关已将故障隔离，选线断路器重合成功。

（2）分支线或用户线路发生单相接地故障时，柱上分界负荷开关根据零序电流判据自动分闸，直接切除故障。

6. 主要配置参数

主要配置参数见表 2–1。

表 2–1　主要配置参数

序号	开关名称	开关类型	核心功能	主要工程参数	备注
1	QF	断路器	保护功能	相间过电流保护 0.2s	1 次重合闸 1.5s（或 2.5s）不变
2	选线断路器	断路器	重合闸、相间短路、接地故障选线	3 次重合闸分别设置为 1.5s、10s 和 10s；相间保护：0s	选线断路器第 2.3 次重合闸时间大于断路器储能时间
3	选段开关	电压型负荷开关	电压时序逻辑	S（分段）/L（联络）模式：0 或 1	
				X 时间 = 7s	
				Y 时间 = 5s	
				Z 时间 = 3.5s	
				XL－时间：/	LS 遥控投入

（二）智能分布式馈线自动化

智能分布式 FA 对配电终端设备的要求：

（1）主干线分段点开关（柜）配置智能分布式终端；

（2）每个终端之间建立光纤对等通信通道。

1. 基本原理

分布式馈线自动化是一种集传统的三遥以及快速的配电网故障定位、隔离和非故障区域快速恢复供电于一体的配电网自动化解决方案。它通过配电终端的 4G 网络实时交互瞬时采样信息、就地监视信息以及实时拓扑信息从而实现配电网故障定位、故障隔离和非故障区域恢复供电，并将故障处理的结果上报给配电主站。它同时通过与配电自动化后台的光纤网络连接实现传统配电自动化的三遥功能。

智能采集控制终端（无线型）适用于 35kV 及以下电压等级的线路保护及单相接地故障定位，多台智能采集控制终端（无线型）通过无线通信相互配合可组成配电网保护与自愈系统，实现区域电网的保护与自愈控制功能。

2. 主要特点

系统采用无主方式，各终端之间采用 4G 无线通信建立手拉手方式的通信连接，故而系统功能的实现较依赖于终端之间通信组网的配置方式。各终端根据变电站以及开环点位置，自动投入相关保护与自愈功能。例如：变电站出口处投入无压跳闸功能，开环点处投入备自投功能。当被保护区域发生故障时，通过允许式纵联方向过电流保护快速定位并切除故障，通过开环点终端备自投恢复非故障失电区域的供电。馈线供电系统除不具备自投功能外，其他功能与环网系统一致。功能配置如下：

（1）故障定位功能。具备纵联过电流保护、纵联零序过电流保护、重合闸、加速联跳、小电流接地定位等功能，能够快速实现被保护区域内相间或单相接地故障定位与瞬时性故障恢复、永久性故障隔离。

（2）小电流接地选线与定位功能。基于 12800Hz 高速采样速率，采用暂态与稳态相结合的小电流选线与定位方法，能够准确定位故障所在馈线或区段。金属性单相接地故障，选线与定位准确率可达 100%。

（3）断路器拒跳判别与联跳。当断路器拒跳的情况下，可快速联跳相邻断路器，避免扩大停电范围。

（4）非故障区域快速复电。基于快速的故障定位、故障隔离以及自愈合闸功能。

（5）无需变电站出口断路器跳闸。直接就地完成故障定位隔离，缩小停电范围，减少停电时间。

3. 通信方案

（1）馈线上的每一台终端均具备 4G 无线路由通信功能。正常情况下，每台终端同时与拓扑结构中相邻的两台终端之间建立通信连接，如图 2-12 所示。

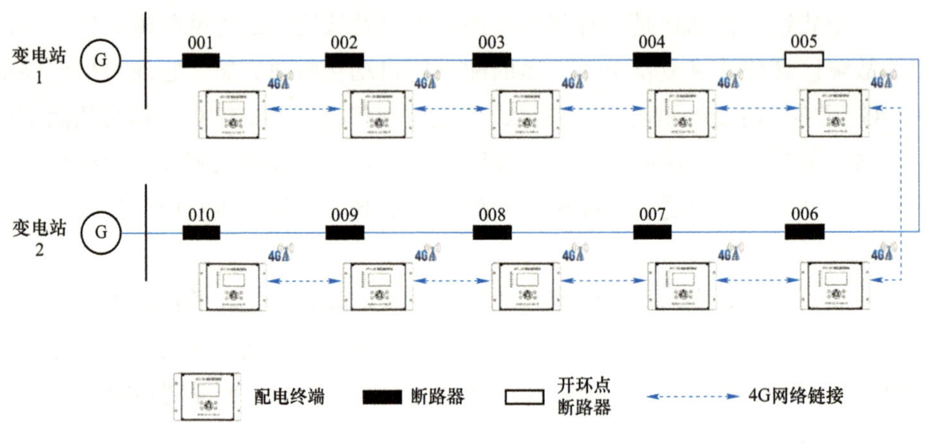

图 2-12　正常状态下的通信

（2）当某台终端 4G 无线通信功能异常时，与该终端相邻两台终端将绕过该终端，直接建立通信连接。如图 2-13 所示。

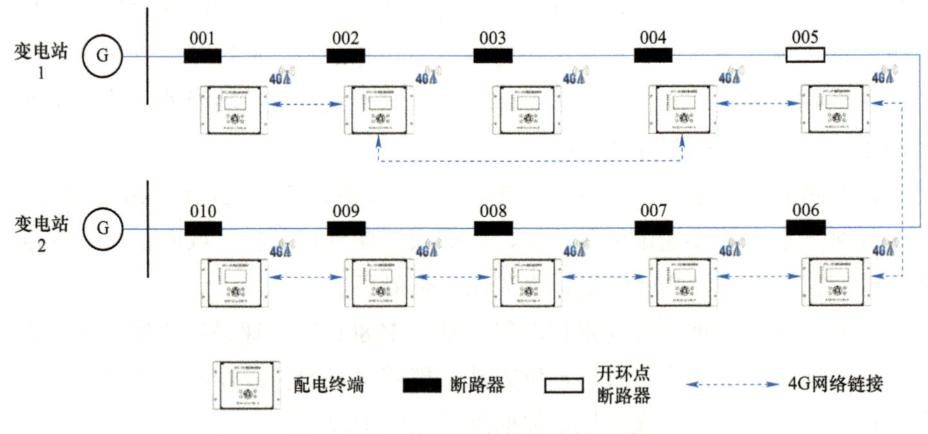

图 2-13　终端异常状态下的通信

4. 故障处理过程

图 2-14 中，F1～F9 为被保护区域典型模拟故障点，表 2-2 中，是各个故障点在不同故障类型中不同的动作结果。

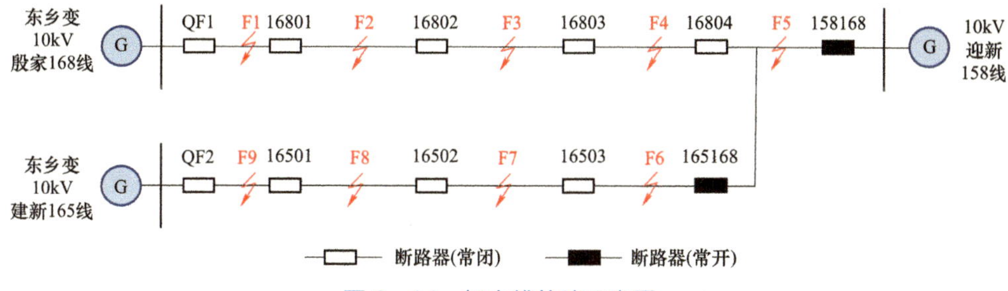

图 2-14　架空线故障示意图

注：

（1）变电站线路保护装置过电流Ⅰ段保护功能退出，过电流Ⅱ段保护功能投入，将过电流Ⅱ段动作时间定值整定为 0.3s，以与配电网保护功能配合。

（2）变电站线路保护装置重合闸功能投入。

（3）4G 通信中断时，本终端与相邻异常终端的下一终端建立通信连接。

（4）纵联过电流动作后，启动重合闸；重合于故障后，加速保护动作并联跳线路对侧开关，待故障隔离完成后启动系统自愈。

（5）主干线开关拒跳情况下，联跳线路对侧开关；不考虑多级开关失灵。

（6）所有开关均为断路器，开环点在 105 和 106。

表 2-2　各个故障点在不同故障类型中不同的动作结果

故障线路	故障类型	异常情况	动作结果	说明
F1	相间/接地故障，瞬时性故障		无动作	变电站线路保护装置跳闸，重合成功
	相间/接地故障，永久性故障		16801 无压跳闸动作，经延时自愈合 158168 开关	变电站线路保护重合闸失败后，无压跳闸
		16801 失灵	16801 检测到无压无流后，跳 16801；16801 失灵，联跳 16802；经延时，158168 自愈合闸	变电站线路保护重合闸失败后，无压跳闸
F2	瞬时性故障		16801 开关跳闸；经延时，16801 重合闸动作	纵联过电流保护或小电流接地定位动作
	永久性故障		16801 跳闸；经延时，16801 重合闸动作；16801 合于故障，加速过电流保护动作，跳开 16801 开关（永跳），并联跳 16802 开关（永跳）；158168 自愈合闸	
	永久性故障，16801 断路器失灵		16801 跳闸；经延时开关失灵动作，联跳 16802（永跳）；158168 自愈合闸	

续表

故障线路	故障类型	异常情况	动作结果	说明
F3	瞬时性故障		16802 开关跳闸；经延时，16802 重合闸动作	与 F2 类似
	永久性故障		16802 跳闸；经延时，16802 重合闸动作；16802 合于故障，加速过电流保护动作，跳开 16802 开关（永跳），并联跳 16803 开关（永跳）；158168 自愈合闸	
	永久性故障，16802 断路器失灵		16802 跳闸；16802 开关失灵动作，联跳 16801（永跳）和 16803（永跳）；158168 自愈合闸	
	瞬时性故障，通信延时大于变电站出口过电流时间		无动作	通信超时，由变电站线路保护装置动作
F5	瞬时性故障		16804 跳开；经延时 16804 重合闸动作，重合成功	
	永久性故障		16804 跳开；经延时 16804 重合闸，16804 重合于故障，合后加速动作，跳开 16804 开关（永跳）	
	永久性故障，16804 断路器失灵		16804 动作，16804 开关失灵，联跳 16803 开关，16803 开关跳开（永跳）	
F6				与 F5 类似
F4、F7				与 F3 类似
F8				与 F2 类似
F9				与 F1 类似

案例分析

一、FA 异常启动案例分析

案例 1：终端上送历史信号导致 FA 异常启动。

1. 异常概述

2021 年 4 月 8 日 16 时 47 分 59 秒，淮安 10kV 白海 Y46 线 Y4602 开关将仓库调试时产生的历史变位与保护的报文上送给主站，时标为 2021 年 3 月 18 日 11 时 53 分 31 秒。如图 2–15 所示。主站未解析、分析时标，直接当成实时信号进行处理，且由于 Y4602 开关是分支开关，最终导致主站判定分级保护动

作，于 16 时 48 分 23 秒启动了 FA。如图 2-16 所示。

10kV 白海 Y46 线的 FA 为全自动模式，但由于 Y4602 开关上游开关未报保护信号而转为人工交互模式，线路实际未停电，未执行恢复转供操作。

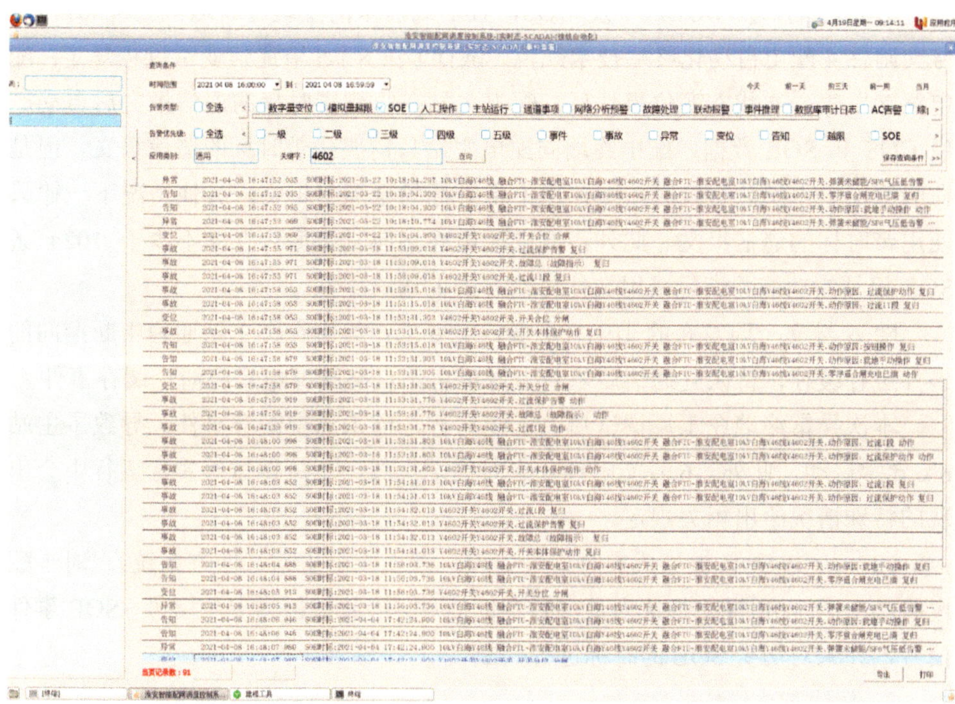

图 2-15　Y4602 开关 SOE 信息

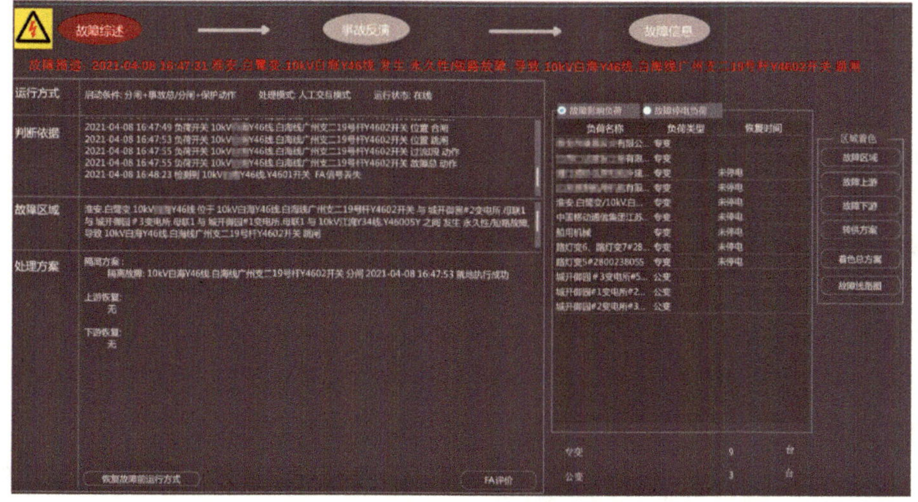

图 2-16　配电主站 FA 告警信息

2. 原因分析

传统 FA 启动条件是：变电站出线开关分闸+保护/事故总（COS 或文件），而触发本次 FA 启动的条件是：配电网开关分闸+保护（历史 SOE）。

（1）终端只发 SOE，不发 COS，且上线前未清空缓存。运检三〔2017〕6 号文附件 4 配电自动化终端技术规范（试行）第 8.1.5 节遥信变位过程规定：配电终端发生一次状态变位事件后，配电主站在收到带时标的遥信报文后自动产生 COS 和 SOE 数据，配电终端向配电主站只需要传带时标的遥信报文。但是在响应配电主站总召唤时依然使用不带时标的全遥信报文，其他情况下一律只使用带时标的遥信报文。此外，要求配电终端应具备循环存储不少于 1024 条 SOE 记录的功能并满足采用文件传输方式上送给主站。

随 6 号文一同发布的 101.104 规范又要求：终端在和主站通信中断期间的事件进行缓存，待恢复通信后重新上送至主站，终端掉电后应清空缓存事件。

本次异常终端在工厂调试后、上线运行之前未清空缓存事件，导致了主站 FA 异常启动。此外，6 号文附件 4 未对终端离线、工厂调试等实际运行中会出现的特殊情况给出相关规定。

（2）历史 SOE 被当成实时信号处理。淮安配电主站（四方系统），对于配电终端上送 SOE 报文都认为是实时变位信息，将其解析为变位信号+SOE 事件信号，并未对历史 SOE 的时标进行判断。

3. 总结与建议

造成本次 FA 异常的原因一是配电终端在完成工厂调试后（掉电后）未清空缓存，导致在上电后向主站上送了历史 SOE 报文；二是配电主站未解析、分析 SOE 时标，而是直接合成 COS 信号当成实时信号处理。因此，建议如下：

（1）终端恢复变位上送 COS 的功能。由于 6 号文附件 4 未对工厂调试等实际运行中会出现的特殊情况给出相关规定，为保障运行安全，建议终端对于实时变位，上送 COS+SOE 信号；对于历史缓存信息，上送 SOE 信号；对于调试缓存信息，在投运前清空。部分厂家目前已支持在终端侧配置是否上送 COS。

（2）主站增加解析、分析 SOE 报文时标功能。主站收到终端 SOE 报文时，应增加对 SOE 时标的判断逻辑，对于时标和主站相差超过时间 T 的认为是历史事件，不作为实时变位信息处理。每个通道可以独立配置时间 T，时间 T 的设定应综合考虑终端延时、通信延时、主站延时等因素，建议如下：

1）终端网络对时偏差要求在 60ms 以内；终端守时精度要求为 0.5s/天；链路重连时间设定为 3s；

2）通信延时，建议光纤通信时延设为 6s，无线通信时延设为 8s；

3）主站处理延时，主站应在前置接收报文后立刻处理，保守设为 1s；

4）FA 的保护信号收集期通常为 20～30s。

综合考虑各环节时延，建议采用光纤通信终端的时间 T 设置区间为 11～20s；采用无线通信终端的时间 T 设置区间为 13～20s。

（3）加强整治终端对时功能。对于采用 104 对时的终端，加强管理，减小对时误差；对于采用 GPS 对时的终端，建议利用 104 对时报文将终端时间上报主站。

对于不支持变位上送 COS 的终端和分级保护开关关联的终端，建议主站定期导出时标偏差不符合建议 1 规定的终端清单，作为消缺依据。

二、FA 误判故障类型案例分析

案例 2：主站研判混用断面、实时遥信文件导致 FA 误判故障类型。

1. 正常运行方式

110kV 石桥变：石秦 103 开关—29 杆。

110kV 石桥变 10kV 石秦 103 单线图示意图如图 2-17 所示。

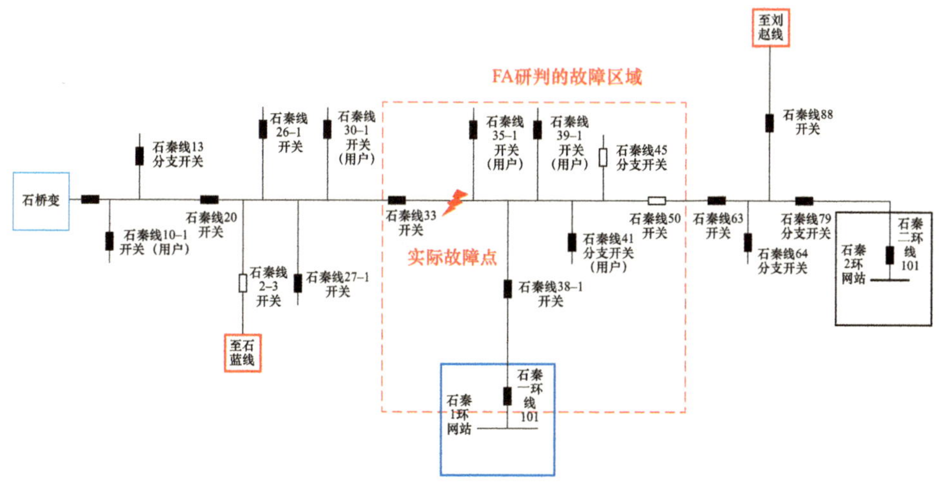

图 2-17　10kV 石秦 103 线接线图

5 月 27 日 12 时 25 分，110kV 石桥变 10kV 石秦 103 线：35-1 杆用户电缆发生永久性故障，保护动作、开关跳闸，重合不成。DA 动作，自动定位故障范围：石秦线 33 开关—石秦 1 环网柜 101 开关—石秦 50 开关间故障；如图 2-18 所示。因主网数据同步异常，导致系统判为瞬时故障，无需处理，自动闭环。

2. 调度处置事故过程

（1）DA 动作过程简述，如图 2-19 和图 2-20 所示。

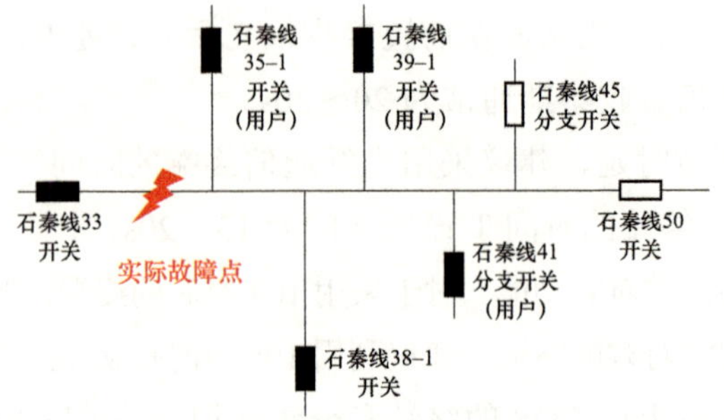

图 2–18　10kV 石秦 103 线故障区域示意

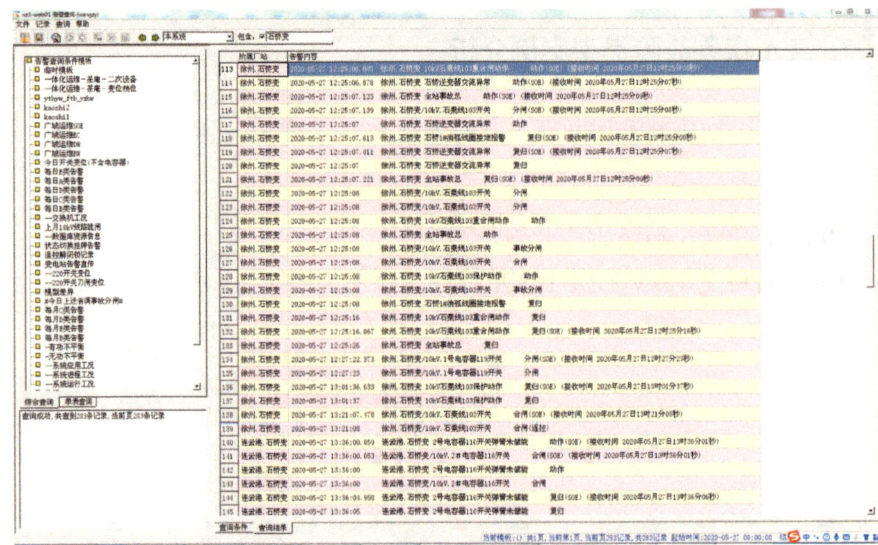

	所属厂站	告警内容
113	徐州.石桥变	2020-05-27 12:25:06.005　徐州.石桥变 10kV石秦线103重合闸动作　动作(SOE)（接收时间 2020年05月27日12时25分08秒）
114	徐州.石桥变	2020-05-27 12:25:06.878　徐州.石桥变 石桥逆变器交流异常　动作(SOE)（接收时间 2020年05月27日12时25分07秒）
115	徐州.石桥变	2020-05-27 12:25:07.123　徐州.石桥变 全站事故总　动作(SOE)（接收时间 2020年05月27日12时25分09秒）
116	徐州.石桥变	2020-05-27 12:25:07.139　徐州.石桥变/10kV.石秦线103开关　分闸(SOE)（接收时间 2020年05月27日12时25分08秒）
117	徐州.石桥变	2020-05-27 12:25:07　徐州.石桥变 石桥逆变器交流异常　动作
118	徐州.石桥变	2020-05-27 12:25:07.613　徐州.石桥变 石桥1#消弧线圈接地报警　复归(SOE)（接收时间 2020年05月27日12时25分08秒）
119	徐州.石桥变	2020-05-27 12:25:07.011　徐州.石桥变 石桥逆变器交流异常　复归(SOE)（接收时间 2020年05月27日12时25分07秒）
120	徐州.石桥变	2020-05-27 12:25:07　徐州.石桥变 石桥逆变器交流异常　复归
121	徐州.石桥变	2020-05-27 12:25:07.221　徐州.石桥变 全站事故总　复归(SOE)（接收时间 2020年05月27日12时25分09秒）
122	徐州.石桥变	2020-05-27 12:25:08　徐州.石桥变/10kV.石秦线103开关　分闸
123	徐州.石桥变	2020-05-27 12:25:08　徐州.石桥变/10kV.石秦线103开关　分闸
124	徐州.石桥变	2020-05-27 12:25:08　徐州.石桥变 10kV石秦线103重合闸动作　动作
125	徐州.石桥变	2020-05-27 12:25:08　徐州.石桥变 全站事故总　动作
126	徐州.石桥变	2020-05-27 12:25:08　徐州.石桥变/10kV.石秦线103开关　事故分闸
127	徐州.石桥变	2020-05-27 12:25:08　徐州.石桥变/10kV.石秦线103开关　合闸
128	徐州.石桥变	2020-05-27 12:25:08　徐州.石桥变 10kV石秦线103保护动作　动作
129	徐州.石桥变	2020-05-27 12:25:08　徐州.石桥变/10kV.石秦线103开关　事故分闸
130	徐州.石桥变	2020-05-27 12:25:08　徐州.石桥变 石桥1#消弧线圈接地报警　复归
131	徐州.石桥变	2020-05-27 12:25:16　徐州.石桥变 10kV石秦线103重合闸动作　复归
132	徐州.石桥变	2020-05-27 12:25:16.067　徐州.石桥变 10kV石秦线103重合闸动作　复归(SOE)（接收时间 2020年05月27日12时25分16秒）
133	徐州.石桥变	2020-05-27 12:25:26　徐州.石桥变 全站事故总　复归
134	徐州.石桥变	2020-05-27 12:27:22.373　徐州.石桥变/10kV.1号电容器119开关　分闸(SOE)（接收时间 2020年05月27日12时27分23秒）
135	徐州.石桥变	2020-05-27 12:27:23　徐州.石桥变/10kV.1号电容器119开关　分闸
136	徐州.石桥变	2020-05-27 13:01:36.633　徐州.石桥变 10kV石秦线103保护动作　复归(SOE)（接收时间 2020年05月27日13时01分37秒）
137	徐州.石桥变	2020-05-27 13:01:37　徐州.石桥变 10kV石秦线103保护动作　复归
138	徐州.石桥变	2020-05-27 13:21:07.478　徐州.石桥变/10kV.石秦线103开关　合闸(SOE)（接收时间 2020年05月27日13时21分08秒）
139	徐州.石桥变	2020-05-27 13:21:08　徐州.石桥变/10kV.石秦线103开关　合闸(遥控)
140	连云港.石桥变	2020-05-27 13:36:00.959　连云港.石桥变 2号电容器116开关弹簧未储能　动作(SOE)（接收时间 2020年05月27日13时36分01秒）
141	连云港.石桥变	2020-05-27 13:36:00.053　连云港.石桥变/10kV.2#电容器116开关　合闸(SOE)（接收时间 2020年05月27日13时36分01秒）
142	连云港.石桥变	2020-05-27 13:36:00　连云港.石桥变 2号电容器116开关弹簧未储能　动作
143	连云港.石桥变	2020-05-27 13:36:00　连云港.石桥变/10kV.2#电容器116开关　合闸
144	连云港.石桥变	2020-05-27 13:36:04.958　连云港.石桥变 2号电容器116开关弹簧未储能　复归(SOE)（接收时间 2020年05月27日13时36分06秒）
145	连云港.石桥变	2020-05-27 13:36:05　连云港.石桥变 2号电容器116开关弹簧未储能　复归

图 2–19　10kV 石秦 103 线故障告警记录

包含：

	所属厂站	告警内容
1	徐州.石桥变	2020-05-27 12:25:08　徐州.石桥变/10kV.石秦线103开关　分闸
2	徐州.石桥变	2020-05-27 12:25:08　徐州.石桥变/10kV.石秦线103开关　合闸
3	徐州.石桥变	2020-05-27 12:25:08　徐州.石桥变/10kV.石秦线103开关　分闸
4		2020-05-27 12:25:08　徐州.石桥变/10kV.石秦线103开关 事故分闸
5		2020-05-27 12:25:09　徐州.石桥变/10kV.石秦线103开关 下游线路故障，系统等待20秒接收故障信号
6		2020-05-27 12:25:09　徐州.石桥变/10kV.石秦线103开关 下游线路故障，系统等待20秒接收故障信号
7		2020-05-27 12:25:31　开关徐州.石桥变/10kV.石秦线103开关的DA运行状态转为退出状态
8		2020-05-27 12:25:46　徐州.石桥变/10kV.石秦线103开关 下游线路发生故障！DA启动分析！
9		2020-05-27 12:25:46　徐州.石桥变/10kV.石秦线103开关 下游线路发生故障！DA启动分析！
10		2020-05-27 12:25:51　疑似重合闸，系统判定为瞬时故障。故障区域：“ “石秦线 石秦线33开关” 与 “石秦线 石秦1环网站 石秦一环线101_1” 区域发生故障 .
11		2020-05-27 12:25:51　开关徐州.石桥变/10kV.石秦线103开关的DA运行状态转为投入状态
12	徐州.石桥变	2020-05-27 13:21:08　徐州.石桥变/10kV.石秦线103开关　合闸

图 2–20　10kV 石秦 103 线 DA 动作记录

DA 启动条件：石秦 103 开关分闸＋保护动作；

DA 故障定位：石秦线 33 开关——石秦 1 环网柜 101 开关——石秦 50 开关间故障；

DA 故障隔离：系统判瞬时故障，无需处理，自动闭环；

DA 恢复送电：无需恢复送电区域。

（2）调控处置过程简述。

1）5 月 27 日 12:25 石桥变 10kV 石秦 103 开关过电流Ⅰ段保护动作，开关跳闸，重合不成。DA 动作，定位故障范围：石秦线 33 开关——石秦 1 环网柜 101 开关——石秦 50 开关间故障，因主网数据同步异常，系统判为瞬时故障，无需处理、自动闭环。

2）13:21 经现场巡视后确定故障点，石秦 35–1 用户电缆故障，用户已隔离。

3）13:21 全线试送正常。

3. 分析及结论

分析：本次 DA 动作，是典型的主网数据同步导致的 DA 动作失败案例，因主网同步刷新机制与专网机制存在冲突，导致 DA 分析时断面为开关合位，判为瞬时故障，未自动处理即闭环。

（1）问题：主网同步实施数据异常。

1）检查 5 月 27 日主网转发到配电网的关于石秦线 103 开关的实时数据，如图 2–21 所示，“20200527122508.329_yxReal.xml”，其中石秦线 103 开关“分—合—分”三次遥信变位写在同一个文件中，三次变位各间隔 1ms。

```
20200527122548.329_yxReal.DT.txt
<System=EMS Time=2020-05-27_12:25:08>
</System>
<HEAD>
@类型 数量 秒 毫秒 参数
# 1000 3 1590553508 0 0
</HEAD>
<CHANGE>
@遥信 设备 域号 状态 秒 毫秒 值
# 114560489031205829 114560317232513989 40 0 1590553508 1004 0
# 114560489031205829 114560317232513989 40 0 1590553508 1005 1
# 114560489031205829 114560317232513989 40 0 1590553508 1006 0
</CHANGE>
```

图 2–21　10kV 石秦 103 线主网转发实时数据

证明 imp_real 对此文件进行解析，如图 2–22 所示，并将变位消息发至 sca_point，sca_point 的处理顺序是正确的。

2）FA 程序于 12:25:31 取到的实时库中“石秦线 103 开关”为合位。对主网转发过来的遥信变位数据断面进行排查，发现 12:25:01，主网送过来一个数据断面文件“20200527122501_yx_Data.DT”，如图 2–23 所示。在该文件中，石秦线 103 开关（114560317232513989），开关位置为“合”，而该文件在 OPEN5200 系统中于 12:25:08 才开始解析，导致 12:25:31 取到的开关位置为数据断面文件中的“合”，从而判定为疑似重合闸。如图 2–24 所示。

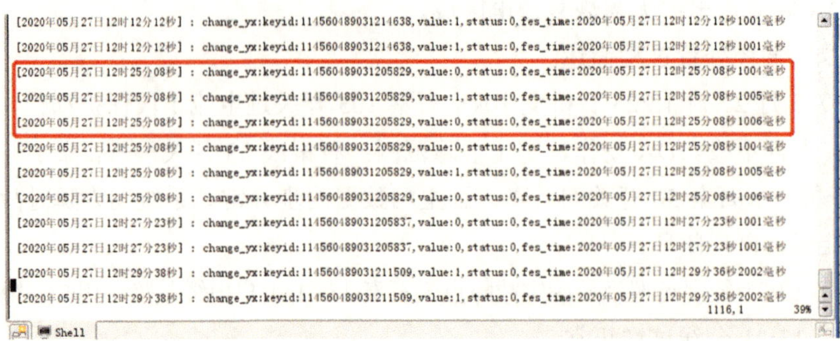

```
[2020年05月27日12时12分12秒] : change_yx:keyid:114560489031214638,value:1,status:0,fes_time:2020年05月27日12时12分12秒1001毫秒
[2020年05月27日12时12分12秒] : change_yx:keyid:114560489031214638,value:1,status:0,fes_time:2020年05月27日12时12分12秒1001毫秒
[2020年05月27日12时25分08秒] : change_yx:keyid:114560489031205829,value:0,status:0,fes_time:2020年05月27日12时25分08秒1004毫秒
[2020年05月27日12时25分08秒] : change_yx:keyid:114560489031205829,value:1,status:0,fes_time:2020年05月27日12时25分08秒1005毫秒
[2020年05月27日12时25分08秒] : change_yx:keyid:114560489031205829,value:0,status:0,fes_time:2020年05月27日12时25分08秒1006毫秒
[2020年05月27日12时25分08秒] : change_yx:keyid:114560489031205829,value:0,status:0,fes_time:2020年05月27日12时25分08秒1004毫秒
[2020年05月27日12时25分08秒] : change_yx:keyid:114560489031205829,value:1,status:0,fes_time:2020年05月27日12时25分08秒1005毫秒
[2020年05月27日12时25分08秒] : change_yx:keyid:114560489031205829,value:0,status:0,fes_time:2020年05月27日12时25分08秒1006毫秒
[2020年05月27日12时27分23秒] : change_yx:keyid:114560489031205837,value:0,status:0,fes_time:2020年05月27日12时27分23秒1001毫秒
[2020年05月27日12时27分23秒] : change_yx:keyid:114560489031205837,value:0,status:0,fes_time:2020年05月27日12时27分23秒1001毫秒
[2020年05月27日12时29分38秒] : change_yx:keyid:114560489031211509,value:1,status:0,fes_time:2020年05月27日12时29分36秒2002毫秒
[2020年05月27日12时29分38秒] : change_yx:keyid:114560489031211509,value:1,status:0,fes_time:2020年05月27日12时29分36秒2002毫秒
                                                                                                  1116,1        39%
Shell
```

图 2–22 10kV 石秦 103 线文件解析 1

```
任务名称：dmyc，时间：2020-5-27 12:20:01，警告级别：正常，任务消息：文件接收>
成功，文件名[/home/d5000/xuzhou/var/synch_ycdata/20200527122001_ycData.DI]
任务名称：dmyx，时间：2020-5-27 12:20:01，警告级别：正常，任务消息：文件接收>
成功，文件名[/home/d5000/xuzhou/var/synch_yxdata/20200527122000_yxData.DI]
任务名称：cs，时间：2020-5-27 12:21:21，警告级别：正常，任务消息：文件接收成>
功，文件名[/home/d5000/xuzhou/var/synch_data/20200527122121.000_yxReal.xml]
任务名称：dmyc，时间：2020-5-27 12:25:01，警告级别：正常，任务消息：文件接收>
成功，文件名[/home/d5000/xuzhou/var/synch_ycdata/20200527122501_ycData.DI]
任务名称：dmyx，时间：2020-5-27 12:25:01，警告级别：正常，任务消息：文件接收>
成功，文件名[/home/d5000/xuzhou/var/synch_yxdata/20200527122501_yxData.DI]
任务名称：cs，时间：2020-5-27 12:25:08，警告级别：正常，任务消息：文件接收成>
功，文件名[/home/d5000/xuzhou/var/synch_data/20200527122508.329_yxReal.xml]
任务名称：cs，时间：2020-5-27 12:25:08，警告级别：正常，任务消息：文件接收成>
功，文件名[/home/d5000/xuzhou/var/synch_data/20200527122508.376_eventReal.xml]
任务名称：cs，时间：2020-5-27 12:26:27，警告级别：正常，任务消息：文件接收成>
功，文件名[/home/d5000/xuzhou/var/synch_data/20200527122626.584_yxReal.xml]
任务名称：cs，时间：2020-5-27 12:26:45，警告级别：正常，任务消息：文件接收成>
功，文件名[/home/d5000/xuzhou/var/synch_data/20200527122645.016_yxReal.xml]
任务名称：cs，时间：2020-5-27 12:26:48，警告级别：正常，任务消息：文件接收成>
功，文件名[/home/d5000/xuzhou/var/synch_data/20200527122648.320_yxReal.xml]
任务名称：cs，时间：2020-5-27 12:27:23，警告级别：正常，任务消息：文件接收成>
功，文件名[/home/d5000/xuzhou/var/synch_data/20200527122723.456_yxReal.xml]
@
已查找到文件结尾，再从开头继续查找                              747,129-130    42%
Shell
```

图 2–23 10kV 石秦 103 线文件解析 2

```
Shell - Konsole
会话  编辑  查看  书签  设置  帮助
#         114560317232513978    1    1073741824
#         114560317232513979    1    1073741824
#         114560317232513980    1    1073741824
#         114560317232513981    1    1073741824
#         114560317232513982    1    1073741824
#         114560317232513983    1    1073741824
#         114560317232513984    1    1073741824
#         114560317232513985    0    262144
#         114560317232513986    1    1073741824
#         114560317232513987    1    1073741824
#         114560317232513988    0    1073741824
#         114560317232513989    1    1073741824
#         114560317232513990    1    1073741824
#         114560317232513991    1    1073741824
#         114560317232513992    1    1073741824
#         114560317232513993    0    1073741824
#         114560317232513994    1    1073741824
#         114560317232513995    1    1073741824
#         114560317232513996    1    1073741824
#         114560317232513997    1    1073741824
#         114560317232513998    1    1073741824
#         114560317232513999    1    1073741824
#         114560317232514000    0    1073741824
/14560317232513989                                  3039,4-10      6%
Shell
```

图 2–24 10kV 石秦 103 线文件解析开关合位

实时数据解析程序为 imp_real，遥信断面解析程序为 cim_e_import，正常 D5000 系统每隔 5min 发一次数据断面，数据断面处理通常存在一定延迟，可能会导致此延迟时间内的 10kV 断路器数据不准确。如图 2-25 所示。

```
Info (12:20:09) : 已将文件20200527122000_yxData.DI放在目录/home/d5000/xuzhou/var/synch_bak下
Info (12:25:08) : 发现文件20200527122501_ycData.DI
Info (12:25:08) : 开始解析文件/home/d5000/xuzhou/var/synch_ycdata/20200527122501_ycData.DI
Info (12:25:09) : 发现文件20200527122501_yxData.DI
Info (12:25:09) : 开始解析文件/home/d5000/xuzhou/var/synch_yxdata/20200527122501_yxData.DI
Info (12:25:10) : 开始写入407断面
Error (12:25:10) : 无法在数据库中找到407的对象 114560316024553629
Error (12:25:10) : 无法在数据库中找到407的对象 114560316024553630
Error (12:25:10) : 无法在数据库中找到407的对象 114560316024553632
Error (12:25:10) : 无法在数据库中找到407的对象 114560316024553633
Error (12:25:10) : 无法在数据库中找到407的对象 114560316024553634
Error (12:25:10) : 无法在数据库中找到407的对象 114560316024553631
Error (12:25:10) : 无法在数据库中找到407的对象 114560316058108162
Error (12:25:10) : 无法在数据库中找到407的对象 114560316058108163
Error (12:25:10) : 无法在数据库中找到407的对象 114560316058108164
Error (12:25:10) : 无法在数据库中找到407的对象 114560316058108165
Error (12:25:10) : 无法在数据库中找到407的对象 114560316058108273
Error (12:25:10) : 无法在数据库中找到407的对象 114560316058108274
Error (12:25:10) : 无法在数据库中找到407的对象 114560316058108275
Error (12:25:10) : 无法在数据库中找到407的对象 114560316058108276
                                                        10040913,12    51%
```

图 2-25　10kV 石秦 103 线文件解析 3

（2）处理意见及处理情况。建议 cim_e_import 处理断面数据的时候，结合系统中遥信变位的告警时标，若最近一次遥信变位告警早于断面数据时间，则根据断面数据正常处理，若最近一次遥信变位告警晚于断面数据时间，则认为断面数据中的该设备遥信位置不准确，放弃该遥信位置。

三、FA 定位错误案例分析

案例 3：终端保护失效导致 FA 定位错误。

1. 故障综述

2021 年 11 月 2 日 09 时 46 分 58 秒常州．跃进变/10kV.跃君线 135 开关跳闸。系统判定重合闸，系统判定为瞬时故障。故障区域："常州．跃进变/10kV.跃君线 135 开关"与"10kV 跃君 135 线 10kV 横芙路 5 号环网柜（公网二遥）跃君线 1110_1"区域发生故障，导致"常州．跃进变/10kV.跃君线 135 开关"跳闸。FA 指示故障区间与实际故障区间不符。线路拓扑如图 2-26 所示，FA 研判结果如图 2-27 所示。

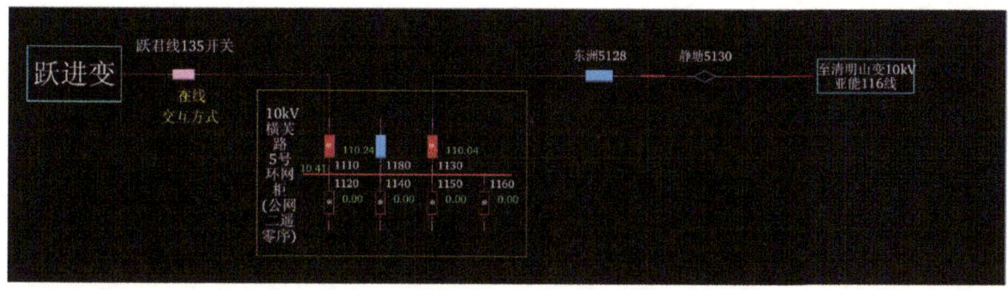

图 2-26　常州．跃进变/10kV.跃君线拓扑

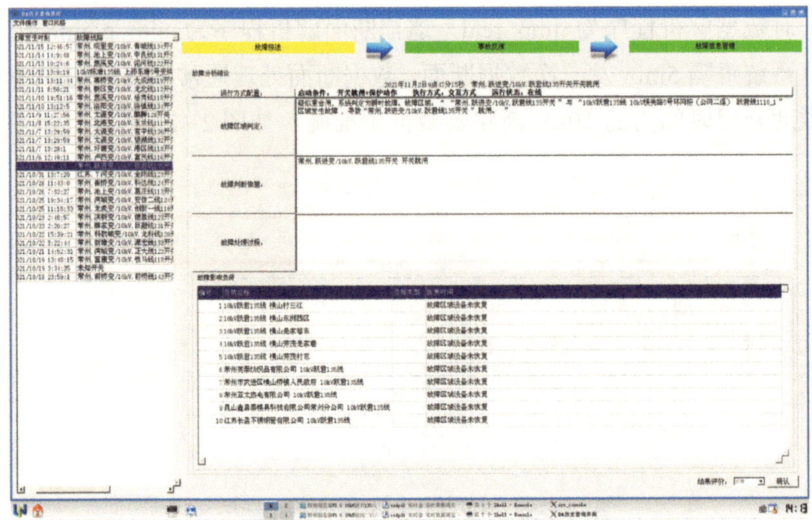

图 2-27　FA 研判记录

2. 故障信号分析

故障信号时序图如图 2-28 所示，在跃君线 135 开关分闸后，FA 拖延了 17s 后才开始收集故障信号，耗时 1min 9s 才完成故障信号收集。

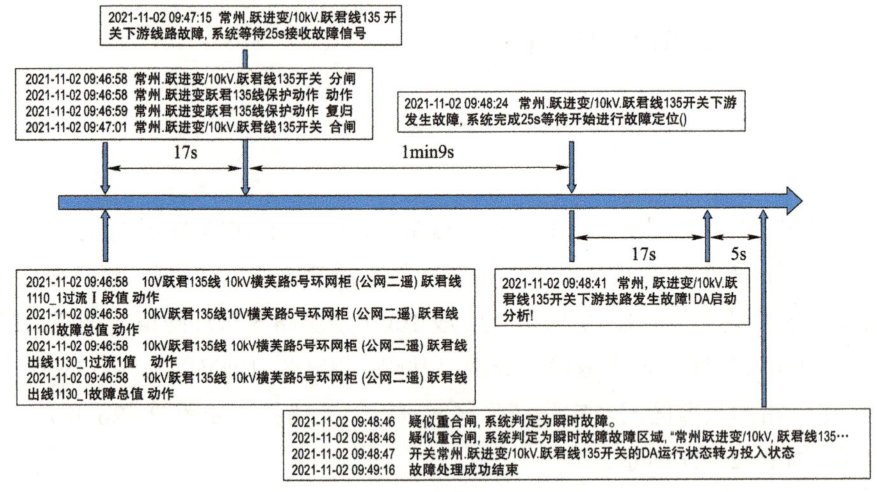

图 2-28　故障信号时序图

3. 存在问题

（1）FA 在收集完成主网信号时应立即启动等待 25s 即 total_wait_time，但是实际动作时间为 17s 后。

（2）系统设置 total_wait_time=25s 实际等待了 1min 9s，导致保护信号保持时间 relay_hold_time（常州设置为 50s）在 FA 进行故障判断时已经超时。未被

计算在判据中。

（3）据南瑞排查动作过程中，涉及调度员图形画面上切换 FA 运行方式，如图 2-29 所示，导致 total_wait_time 不断被重新计算。

7	2021-11-02 09:31:44	右键菜单	pdlpn用户在czdpd9节点对图形10kV名城二129线单线图简图.sln.pic.g上的常州.新区变/10kV.名城二线129开关设备离线运行
8	2021-11-02 09:45:24	右键菜单	pdgmf用户在czdpd13节点对图形10kV诺城111线单线图简图.sln.pic.g上的常州.采菱变/10kV.诺城线111开关设备离线运行
9	2021-11-02 09:45:52	右键菜单	pdgmf用户在czdpd13节点对图形10kV丽达122线单线图简图.sln.pic.g上的常州.采菱变/10kV.丽达线122开关设备离线运行
10	2021-11-02 09:46:11	右键菜单	pdgmf用户在czdpd13节点对图形10kV杜丹125线单线图简图.sln.pic.g上的常州.采菱变/10kV.杜丹线125开关设备离线运行
11	2021-11-02 09:46:28	右键菜单	pdgmf用户在czdpd13节点对图形10kV红棉119线单线图简图.sln.pic.g上的常州.淹城变/10kV.红棉线119开关设备离线运行
12	2021-11-02 09:46:44	右键菜单	pdgmf用户在czdpd13节点对图形10kV査家113线单线图简图.sln.pic.g上的常州.河口变/10kV.査家线113开关设备离线运行
13	2021-11-02 09:47:00	右键菜单	pdgmf用户在czdpd13节点对图形10kV粮庄111线单线图简图.sln.pic.g上的常州.河口变/10kV.粮庄线111开关设备离线运行
14	2021-11-02 09:47:33	右键菜单	pdgmf用户在czdpd13节点对图形10kV石埝121线单线图简图.sln.pic.g上的常州.河口变/10kV.石埝线121开关设备离线运行
15	2021-11-02 09:47:51	右键菜单	pdgmf用户在czdpd13节点对图形10kV华杭132线单线图简图.sln.pic.g上的常州.金鸡变/10kV.华杭线132开关设备离线运行
16	2021-11-02 09:54:04	右键菜单	pdgmf用户在czdpd13节点对图形10kV卢安12A线单线图简图.sln.pic.g上的常州.兴湖变/10kV.卢安线12A开关设备离线运行
17	2021-11-02 09:54:31	右键菜单	pdgmf用户在czdpd13节点对图形10kV机械113线单线图简图.sln.pic.g上的常州.湖塘变/10kV.机械线113开关设备离线运行
18	2021-11-02 09:54:48	右键菜单	pdgmf用户在czdpd13节点对图形10kV常连118线单线图简图.sln.pic.g上的常州.柳墅变/10kV.常连线118开关设备离线运行

图 2-29 调度员切换运行方式记录

四、FA 执行异常案例分析

案例 4：终端误报开关位置导致 FA 执行异常。

1. 事件经过

2022-04-01 07:20，20kV 物基 2 号线 222 开关跳闸，重合失败。FA 正常启动。

2022-04-01 07:22，20kV 物基 2 号线 222 开关跳闸，重合闸未动。FA 正常启动。

2022-04-01 07:24，20kV 物基 2 号线 222 开关跳闸，重合闸未动。FA 正常启动。

（1）线路运行概况。20kV 物基 2 号线为全 FA 线路，有 3 台自动化终端，分别是 20kV 物基 2 号线 28006 开关、20kV 物基 2 号线 28016 开关和 20kV 物基 2 号线 1 号环网柜，其中 28006 已投入分级保护跳闸。如图 2-30 所示。

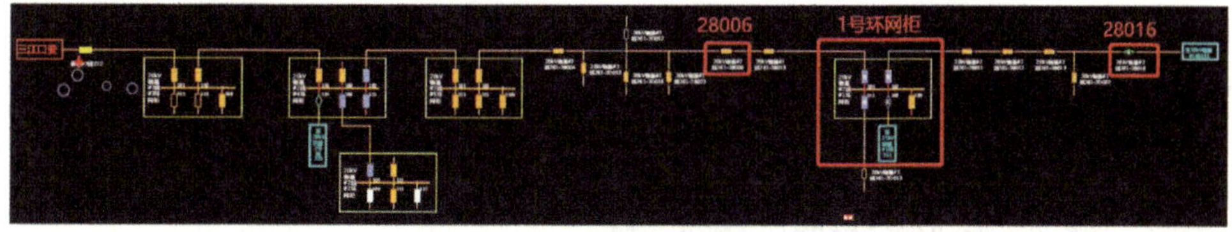

图 2-30 20kV 物基 2 号线单线图

20kV 物基 2 号线为全 FA 线路，有 3 台自动化终端，分别是 20kV 物基 2

号线 28006 开关、20kV 物基 2 号线 28016 开关和 20kV 物基 2 号线 1 号环网柜，其中 28006 已投入分级保护跳闸。如图 2-30 所示。

（2）FA 研判及动作情况。线路为全自动 FA 线路，FA 动作情况如图 2-31 所示。

1	2022-04-01 07:20:06.363 20kV 物基 2 号线 261-28006 故障总动作(SOE) (接收时间 2022 年 04 月 01 日 07 时 20 分 09 秒)
2	2022-04-01 07:20:06.282 20kV 物基 2 号线 261-28006C 相过流告警动作(SOE) (接收时间 2022 年 04 月 01 日 07 时 20 分 09 秒)
3	2022-04-01 07:20:06.262 20kV 物基 2 号线 261-28006B 相过流告警动作(SOE) (接收时间 2022 年 04 月 01 日 07 时 20 分 09 秒)
4	2022-04-01 07:20:06.395 20kV 物基 2 号线 222-28006 分闸(SOE) (接收时间 2022 年 04 月 01 日 07 时 20 分 09 秒)
5	2022-04-01 07:20:06.517 20kV 物基 2 号线 261-28006C 相过流告警复归(SOE) (接收时间 2022 年 04 月 01 日 07 时 20 分 09 秒)
6	2022-04-01 07:20:06.510 20kV 物基 2 号线 261-28006B 相过流告警复归(SOE) (接收时间 2022 年 04 月 01 日 07 时 20 分 09 秒)
7	2022-04-01 07:20:06.262 20kV 物基 2 号线 261-28006A 相过流告警动作(SOE) (接收时间 2022 年 04 月 01 日 07 时 20 分 09 秒)
8	2022-04-01 07:20:06.566 20kV 物基 2 号线 261-28006 故障总复归(SOE) (接收时间 2022 年 04 月 01 日 07 时 20 分 09 秒)
9	2022-04-01 07:20:06.514 20kV 物基 2 号线 261-28006A 相过流告警复归(SOE) (接收时间 2022 年 04 月 01 日 07 时 20 分 09 秒)
10	2022-04-01 07:20:07.055 20kV 物基 2 号线 1 号环网柜交流 2 异常动作(SOE) (接收时间 2022 年 04 月 01 日 07 时 20 分 09 秒)
11	2022-04-01 07:20:07.872 20kV 物基 2 号线 261-28006 交流 1 异常动作(SOE) (接收时间 2022 年 04 月 01 日 07 时 20 分 10 秒)
12	2022-04-01 07:20:07.182 20kV 物基 2 号线 261-28016 交流 2 异常动作(SOE) (接收时间 2022 年 04 月 01 日 07 时 20 分 10 秒)
13	2022-04-01 07:20:07.872 20kV 物基 2 号线 261-28006 交流 2 异常动作(SOE) (接收时间 2022 年 04 月 01 日 07 时 20 分 10 秒)
14	2022-04-01 07:20:08 20kV 物基 2 号线 261-28006 故障总值复归
15	2022-04-01 07:20:08 20kV 物基 2 号线 261-28006B 相过流告警值复归
16	2022-04-01 07:20:08 20kV 物基 2 号线 261-28006 故障总值动作
17	2022-04-01 07:20:08 20kV 物基 2 号线 261-28006B 相过流告警值动作
18	2022-04-01 07:20:08 20kV 物基 2 号线 261-28006A 相过流告警值动作
19	2022-04-01 07:20:08 20kV 物基 2 号线 222-28006 分闸
20	2022-04-01 07:20:08 20kV 物基 2 号线 261-28006C 相过流告警值复归
21	2022-04-01 07:20:08 南京.三江口变/ 20kV.物基 2 号线 222 南京三江口变下游线路故障，系统等待 15 秒接收故障信号
22	2022-04-01 07:20:08 20kV 物基 2 号线 261-28006C 相过流告警值动作
23	2022-04-01 07:20:08 20kV 物基 2 号线 261-28006A 相过流告警值复归
24	2022-04-01 07:20:09 20kV 物基 2 号线 1 号环网柜交流 2 异常值动作
25	2022-04-01 07:20:09.920 20kV 物基 2 号线 261-28006 交流 2 异常动作(SOE) (接收时间 2022 年 04 月 01 日 07 时 20 分 12 秒)
26	2022-04-01 07:20:09.083 20kV 物基 2 号线 261-28006B 相过流告警动作(SOE) (接收时间 2022 年 04 月 01 日 07 时 20 分 12 秒)
27	2022-04-01 07:20:09.180 20kV 物基 2 号线 261-28006 故障总动作(SOE) (接收时间 2022 年 04 月 01 日 07 时 20 分 12 秒)
28	2022-04-01 07:20:09.329 20kV 物基 2 号线 261-28006C 相过流告警复归(SOE) (接收时间 2022 年 04 月 01 日 07 时 20 分 12 秒)
29	2022-04-01 07:20:09.329 20kV 物基 2 号线 261-28006 故障总复归(SOE) (接收时间 2022 年 04 月 01 日 07 时 20 分 12 秒)
30	2022-04-01 07:20:09.078 20kV 物基 2 号线 261-28006C 相过流告警动作(SOE) (接收时间 2022 年 04 月 01 日 07 时 20 分 12 秒)
31	2022-04-01 07:20:09.325 20kV 物基 2 号线 261-28006A 相过流告警复归(SOE) (接收时间 2022 年 04 月 01 日 07 时 20 分 12 秒)
32	2022-04-01 07:20:09 20kV 物基 2 号线 261-28016 交流 2 异常值动作
33	2022-04-01 07:20:09.316 20kV 物基 2 号线 261-28006B 相过流告警复归(SOE) (接收时间 2022 年 04 月 01 日 07 时 20 分 12 秒)
34	2022-04-01 07:20:09.268 20kV 物基 2 号线 261-28006 交流 2 异常复归(SOE) (接收时间 2022 年 04 月 01 日 07 时 20 分 12 秒)
35	2022-04-01 07:20:09.084 20kV 物基 2 号线 261-28006A 相过流告警动作(SOE) (接收时间 2022 年 04 月 01 日 07 时 20 分 12 秒)
36	2022-04-01 07:20:10 南京.三江口变/20kV 物基 2 号线 222 南京三江口变开关短时间内，两次跳闸，请检查线路！
37	2022-04-01 07:20:10 20kV 物基 2 号线 261-28006A 相过流告警值动作
38	2022-04-01 07:20:10 20kV 物基 2 号线 261-28006 交流 2 异常值动作
39	2022-04-01 07:20:10 20kV 物基 2 号线 261-28006C 相过流告警值动作
40	2022-04-01 07:20:10 20kV 物基 2 号线 261-28006 故障总值动作
41	2022-04-01 07:20:10 20kV 物基 2 号线 261-28006 交流 1 异常值动作
42	2022-04-01 07:20:10 20kV 物基 2 号线 261-28006B 相过流告警值动作
43	2022-04-01 07:20:11 20kV 物基 2 号线 261-28006A 相过流告警值复归
44	2022-04-01 07:20:11 20kV 物基 2 号线 261-28006C 相过流告警值复归
45	2022-04-01 07:20:11 20kV 物基 2 号线 261-28006 故障总值复归
46	2022-04-01 07:20:11 20kV 物基 2 号线 261-28006 交流 2 异常值复归

图 2-31　FA 过程信息 SOE（7:20:06~7:20:11）

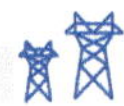

7:20:06，28006 检测到故障电流，分级保护动作，发出开关变位信息，同时有三相过电流告警信息上送。20kV 物基 2 号线站内开关重合不成，全自动 FA 启动。

7:21:20，全自动 FA 完成故障定位。研判故障区域为“20kV 物基 2 号线 222－28006”与“20kV 物基 2 号线 1 号环网柜－101－1”区域发生短路故障。

7:21:36 进行故障隔离。系统自动对 20kV 物基 2 号线 1 号环网柜－101 执行遥控分闸，控分成功。如图 2－32 所示。

47	2022-04-01 07:20:11 20kV 物基 2 号线 261-28006B 相过流告警值 复归
48	2022-04-01 07:20:12 20kV 物基 2 号线 261-28006 交流 2 异常值动作
49	2022-04-01 07:20:21 南京.三江口变/20kV 物基 2 号线 222 南京三江口变分闸信号在有效时间内未匹配到保护信号
50	2022-04-01 07:20:40 南京.三江口变/20kV 物基 2 号线 222 南京三江口变下游发生故障，系统完成 15 秒等待开始进行故障定位
51	2022-04-01 07:20:40 南京.三江口变/20kV 物基 2 号线 222 南京三江口变在线运行模式下启动故障分析，执行方式为自动方式
52	2022-04-01 07:20:40 开关南京.三江口变/20kV 物基 2 号线 222 南京三江口变的 DA 运行状态转为退出状态
53	2022-04-01 07:21:03 南京.三江口变/20kV 物基 2 号线 222 下游线路发生故障！DA 启动分析！
54	2022-04-01 07:21:20 南京.三江口变/20kV 物基 2 号线 222 系统完成故障定位
55	2022-04-01 07:21:20 “20kV 物基 2 号线 222-28006”与“20kV 物基 2 号线 1 号环网柜-101_1”区域发生短路故障，导致“南京三江口变/20kV 物基 2 号线 222”跳闸
56	2022-04-01 07:21:24 开始进行故障隔离 20kV 物基 2 号线 1 号环网柜-101_1
57	2022-04-01 07:21:24 开始进行故障隔离 20kV 物基 2 号线 1 号环网柜-101_1
58	2022-04-01 07:21:36.352 20kV 物基 2 号线 1 号环网柜-101_1 分闸(SOE) (接收时间 2022 年 04 月 01 日 07 时 21 分 38 秒)
59	2022-04-01 07:21:37 20kV 物基 2 号线 1 号环网柜-101_1 分闸(遥控)
60	2022-04-01 07:21:38 执行故障下游恢复方案，对开关：20kV 物基 2 号线 222-28016 遥控合
61	2022-04-01 07:21:38 南京.三江口变/20kV 物基 2 号线 222 南京三江口变下游故障，开始对非故障区域恢复供电
62	2022-04-01 07:21:38 南京.三江口变/20kV 物基 2 号线 222 南京三江口变下游故障，系统完成故障隔离
63	2022-04-01 07:21:38 开关南京.三江口变/20kV 物基 2 号线 222 南京三江口变的 DA 运行状态转为投入状态
64	2022-04-01 07:21:45.658 20kV 物基 1 号线 1 号环网柜-101 零序过流复归(SOE) (接收时间 2022 年 04 月 01 日 07 时 21 分 48 秒)
65	2022-04-01 07:21:45.554 20kV 物基 1 号线 1 号环网柜-101 零序过流动作(SOE) (接收时间 2022 年 04 月 01 日 07 时 21 分 48 秒)
66	2022-04-01 07:21:45.836 20kV 物基 2 号线 261-28016 交流 2 异常复归(SOE) (接收时间 2022 年 04 月 01 日 07 时 21 分 48 秒)
67	2022-04-01 07:21:45.601 20kV 物基 2 号线 222-28016 合闸(SOE) (接收时间 2022 年 04 月 01 日 07 时 21 分 48 秒)
68	2022-04-01 07:21:45.622 20kV 物基 2 号线 261-28016 未储能动作(SOE) (接收时间 2022 年 04 月 01 日 07 时 21 分 48 秒)
69	2022-04-01 07:21:46.160 20kV 物基 2 号线 1 号环网柜交流 2 异常复归(SOE) (接收时间 2022 年 04 月 01 日 07 时 21 分 48 秒)
70	2022-04-01 07:21:47 20kV 物基 1 号线 1 号环网柜-101 零序过流值动作
71	2022-04-01 07:21:47 开始执行故障上游区域恢复方案，遥控开关：南京三江口变/20kV 物基 2 号线 222 遥控合
72	2022-04-01 07:21:47 20kV 物基 2 号线 222-28016 遥控合成功
73	2022-04-01 07:21:47 20kV 物基 2 号线 222-28016 合闸(遥控)
74	2022-04-01 07:21:47 20kV 物基 2 号线 261-28016 未储能值动作
75	2022-04-01 07:21:47 20kV 物基 1 号线 1 号环网柜-101 零序过流值复归
76	2022-04-01 07:21:48 20kV 物基 2 号线 1 号环网柜交流 2 异常值复归
77	2022-04-01 07:21:48 20kV 物基 2 号线 261-28016 交流 2 异常值复归
78	2022-04-01 07:21:51.083 20kV 物基 2 号线 261-28006A 相过流告警动作(SOE) (接收时间 2022 年 04 月 01 日 07 时 21 分 54 秒)
79	2022-04-01 07:21:51.388 20kV 物基 2 号线 261-28006 故障总复归(SOE) (接收时间 2022 年 04 月 01 日 07 时 21 分 54 秒)
80	2022-04-01 07:21:51.330 20kV 物基 2 号线 261-28006B 相过流告警复归(SOE) (接收时间 2022 年 04 月 01 日 07 时 21 分 54 秒)
81	2022-04-01 07:21:51.326 20kV 物基 2 号线 261-28006C 相过流告警复归(SOE) (接收时间 2022 年 04 月 01 日 07 时 21 分 54 秒)
82	2022-04-01 07:21:51.323 20kV 物基 2 号线 261-28006A 相过流告警复归(SOE) (接收时间 2022 年 04 月 01 日 07 时 21 分 54 秒)
83	2022-04-01 07:21:51.088 20kV 物基 2 号线 261-28006B 相过流告警动作(SOE) (接收时间 2022 年 04 月 01 日 07 时 21 分 54 秒)
84	2022-04-01 07:21:51.084 20kV 物基 2 号线 261-28006C 相过流告警动作(SOE) (接收时间 2022 年 04 月 01 日 07 时 21 分 54 秒)
85	2022-04-01 07:21:51.185 20kV 物基 2 号线 261-28006 故障总动作(SOE) (接收时间 2022 年 04 月 01 日 07 时 21 分 54 秒)
86	2022-04-01 07:21:52 南京.三江口变/ 20kV 物基 2 号线 222 南京三江口变下游故障，在线故障恢复成功
87	2022-04-01 07:21:52 跳闸开关南京.三江口变/ 20kV 物基 2 号线 222 对应的故障处理采用自动控制方式，故障处理成功结束
88	2022-04-01 07:21:53 20kV 物基 2 号线 261-28006 故障总值复归
89	2022-04-01 07:21:53 20kV 物基 2 号线 261-28006B 相过流告警值复归
90	2022-04-01 07:21:53 20kV 物基 2 号线 261-28006C 相过流告警值复归
91	2022-04-01 07:21:53 20kV 物基 2 号线 261-28006A 相过流告警值动作
92	2022-04-01 07:21:53 20kV 物基 2 号线 261-28006C 相过流告警值动作
93	2022-04-01 07:21:53 20kV 物基 2 号线 261-28006B 相过流告警值动作

图 2－32　DA 过程信息 SOE（7:20:11～7:21:53）

07:21:45 执行下游非故障区域恢复供电方案。系统自动对 20kV 物基 2 号线 222－28016 执行遥控合闸，控合成功。（下游恢复转供正确）

07:21:47 执行上游非故障区域恢复供电方案。此时系统认为 28006 处于分位，不需要再次控分此开关，直接对 20kV 物基 2 号线 222 站内开关执行遥控合闸，控合成功。

07:22:00 20kV 物基 2 号线 222 第二次跳闸，全自动 FA 再次启动。根据过电流告警信息，定位故障区域与第一次判定相同，且系统根据 28006 已上送的分闸信号判定系统检测到故障隔离已完成，恢复上游供电，但此时实际故障未消除。

07:24:43 20kV 物基 2 号线 222 第三次跳闸，全自动 FA 第三次启动，如图 2－33 所示，研判及执行情况同上。第四次启动时，判断站内上游开关失电，FA 终止。

94	2022-04-01 07:21:53 20kV 物基 2 号线 261-28006A 相过流告警值复归
95	2022-04-01 07:21:53 20kV 物基 2 号线 261-28006 故障总值动作
96	2022-04-01 07:21:56.406 20kV 物基 2 号线 261-28016 未储能复归(SOE) (接收时间 2022 年 04 月 01 日 07 时 21 分 59 秒)
97	2022-04-01 07:21:57 20kV 物基 2 号线 261-28016 未储能值复归
98	2022-04-01 07:22:00 开关南京.三江口变/20kV 物基 2 号线 222 南京三江口变的 DA 运行状态转为投入状态
99	2022-04-01 07:22:21 南京.三江口变/20kV 物基 2 号线 222 南京三江口变下游线路故障，系统等待 15s 接收故障信号
100	2022-04-01 07:22:57 南京.三江口变/20kV 物基 2 号线 222 南京三江口变分闸信号在有效时间内未匹配到保护信号
101	2022-04-01 07:23:15 南京.三江口变/20kV 物基 2 号线 222 南京三江口变下游发生故障，系统完成 15s 等待开始进行故障定位
102	2022-04-01 07:23:15 开关南京.三江口变/20kV 物基 2 号线 222 南京三江口变的 DA 运行状态转为退出状态
103	2022-04-01 07:23:15 南京.三江口变/20kV 物基 2 号线 222 南京三江口变在线运行模式下启动故障分析，执行方式为自动方式
104	2022-04-01 07:23:38 南京.三江口变/20kV 物基 2 号线 222 下游线路发生故障！DA 启动分析！
105	2022-04-01 07:23:44 南京.三江口变/20kV 物基 2 号线 222 系统完成故障定位
106	2022-04-01 07:23:45 开始执行故障上游区域恢复方案，遥控开关：南京三江口变/20kV 物基 2 号线 222 遥控合
107	2022-04-01 07:23:45 开关南京.三江口变/20kV 物基 2 号线 222 南京三江口变的 DA 运行状态转为投入状态
108	2022-04-01 07:23:45 “20kV 物基 2 号线 222-28006”与“20kV 物基 2 号线 1 号环网柜-101_1”区域发生短路故障，导致“南京三江口变/20kV 物基 2 号线 222”跳闸
109	2022-04-01 07:23:45 南京.三江口变/20kV 物基 2 号线 222 南京三江口变下游故障，系统完成故障隔离
110	2022-04-01 07:23:48.629 20kV 物基 2 号线 261-28006 故障总复归(SOE) (接收时间 2022 年 04 月 01 日 07 时 23 分 51 秒)
111	2022-04-01 07:23:48.567 20kV 物基 2 号线 261-28006C 相过流告警复归(SOE) (接收时间 2022 年 04 月 01 日 07 时 23 分 51 秒)
112	2022-04-01 07:23:48.564 20kV 物基 2 号线 261-28006B 相过流告警复归(SOE) (接收时间 2022 年 04 月 01 日 07 时 23 分 51 秒)
113	2022-04-01 07:23:48.558 20kV 物基 2 号线 261-28006A 相过流告警复归(SOE) (接收时间 2022 年 04 月 01 日 07 时 23 分 51 秒)
114	2022-04-01 07:23:48.334 20kV 物基 2 号线 261-28006B 相过流告警动作(SOE) (接收时间 2022 年 04 月 01 日 07 时 23 分 51 秒)
115	2022-04-01 07:23:48.325 20kV 物基 2 号线 261-28006C 相过流告警动作(SOE) (接收时间 2022 年 04 月 01 日 07 时 23 分 51 秒)
116	2022-04-01 07:23:48.426 20kV 物基 2 号线 261-28006 故障总动作(SOE) (接收时间 2022 年 04 月 01 日 07 时 23 分 51 秒)
117	2022-04-01 07:23:48.324 20kV 物基 2 号线 261-28006A 相过流告警动作(SOE) (接收时间 2022 年 04 月 01 日 07 时 23 分 51 秒)
118	2022-04-01 07:23:50 20kV 物基 2 号线 261-28006C 相过流告警值动作
119	2022-04-01 07:23:50 20kV 物基 2 号线 261-28006 故障总值动作
120	2022-04-01 07:23:50 20kV 物基 2 号线 261-28006A 相过流告警值动作
121	2022-04-01 07:23:51 20kV 物基 2 号线 261-28006 故障总值复归
122	2022-04-01 07:23:51 20kV 物基 2 号线 261-28006C 相过流告警值复归
123	2022-04-01 07:23:51 20kV 物基 2 号线 261-28006B 相过流告警值复归
124	2022-04-01 07:23:51 20kV 物基 2 号线 261-28006A 相过流告警值复归
125	2022-04-01 07:23:51 20kV 物基 2 号线 261-28006B 相过流告警值动作
126	2022-04-01 07:24:15.820 20kV 物基 2 号线 261-28006A 相过流告警复归(SOE) (接收时间 2022 年 04 月 01 日 07 时 24 分 18 秒)
127	2022-04-01 07:24:15.877 20kV 物基 2 号线 261-28006 故障总复归(SOE) (接收时间 2022 年 04 月 01 日 07 时 24 分 18 秒)
128	2022-04-01 07:24:15.812 20kV 物基 2 号线 261-28006C 相过流告警复归(SOE) (接收时间 2022 年 04 月 01 日 07 时 24 分 18 秒)
129	2022-04-01 07:24:15.810 20kV 物基 2 号线 261-28006B 相过流告警复归(SOE) (接收时间 2022 年 04 月 01 日 07 时 24 分 18 秒)
130	2022-04-01 07:24:15.581 20kV 物基 2 号线 261-28006A 相过流告警动作(SOE) (接收时间 2022 年 04 月 01 日 07 时 24 分 18 秒)
131	2022-04-01 07:24:15.674 20kV 物基 2 号线 261-28006 故障总动作(SOE) (接收时间 2022 年 04 月 01 日 07 时 24 分 18 秒)
132	2022-04-01 07:24:15.572 20kV 物基 2 号线 261-28006C 相过流告警动作(SOE) (接收时间 2022 年 04 月 01 日 07 时 24 分 18 秒)
133	2022-04-01 07:24:15.572 20kV 物基 2 号线 261-28006B 相过流告警动作(SOE) (接收时间 2022 年 04 月 01 日 07 时 24 分 18 秒)
134	2022-04-01 07:24:17 20kV 物基 2 号线 261-28006 故障总值复归
135	2022-04-01 07:24:17 20kV 物基 2 号线 261-28006A 相过流告警值复归
136	2022-04-01 07:24:17 20kV 物基 2 号线 261-28006C 相过流告警值复归
137	2022-04-01 07:24:17 20kV 物基 2 号线 261-28006B 相过流告警值复归
138	2022-04-01 07:24:17 20kV 物基 2 号线 261-28006A 相过流告警值动作
139	2022-04-01 07:24:17 20kV 物基 2 号线 261-28006 故障总值动作
140	2022-04-01 07:24:17 20kV 物基 2 号线 261-28006C 相过流告警值动作

图 2－33　DA 过程信息 SOE（7:21:53～7:24:17）

 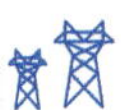

2. 事件分析

根据现场反馈，28006开关本体损坏及开关加号侧TV发生爆炸，线路未发现其他故障点。

第一次故障时，28006开关分级保护动作，分位信号和保护动作信号均上送正常，推断因开关本体损坏实际未分开，导致站内开关跳闸并启动FA（推断该开关加号侧TV爆炸或开关本体问题导致开关本体实际未分开，即28006只上送了分闸信号，但实际变位不成功，实际仍在合位）。FA判定故障区域正确，并进行隔离及转供策略执行均正确，但由于28006开关本体故障，站内开关合闸于故障，导致站内开关再次跳开，上游故障隔离失败。

第二次FA启动是因为站内开关合于故障再次跳闸的时间比上一次FA启动滞后时间超过30s（30s为FA程序判定是否为新故障的时间参数，即两次站内开关跳闸超过30s，FA将认为是新一次故障，将开展全自动FA启动及执行操作）。

第二次启动FA时，28006开关正常发送过电流保护信号（SOE与之前相同），FA研判故障区段仍在28006下游，由于系统收到28006开关分位信号，隔离时未对其进行遥控分闸隔离操作，再次对站内出线开关进行合闸操作，导致站内开关再次合于故障跳开。

第三次FA动作过程与第二次相同（第三次FA启动原因也是站内开关跳闸时间较上次FA启动时间滞后超过30s）。

3. 暴露问题及解决方案

主站FA研判逻辑主要存在两个问题：

（1）开关同时上送分位信号和过电流故障信号时FA隔离操作逻辑应该再完善。如本次28006开关投分级保护，分级保护动作上送分位、同时上送过电流告警信号，FA在研判故障区域时优先采用过电流告警信号，判断故障点在28006下游，但FA故障隔离时优先采用开关位置，即28006开关在分位，未再执行开关遥控分闸操作，直接对上游开展恢复操作，即在进行隔离时，对已经处于分位的开关不再进行控分操作。

实际运行中，由于遥信错误等原因，可能会发生开关实际在合位，但上送分位的情况，这就会导致全自动FA执行恢复策略时，带故障合站内开关的情况发生。

解决措施：

全自动FA执行故障隔离策略时，即使开关上送分位，也应对隔离开关再次进行控分操作，避免开关位置误遥信导致故障隔离失败。

（2）如何避免同一故障多次启动全自动FA问题。当前全自动FA逻辑中，连续两次启动间隔超过 30s，系统认为是两次故障，而实际全自动 FA 执行时间，因为研判区域、隔离操作、恢复操作［由于遥控失败多次下发遥控命令（最多 3 次）、以及对多个分支进行操作］等，时间一般 2～3min 不等，30s 时间太短，可能发生如本次同一故障多次启动 FA、多次合闸的情况。

解决措施：

为避免同一故障多次启动 FA、多次合闸的情况，建议对 FA 判断是否为新故障的时间间隔参数进行调整，延长为 5min，即第一次全自动 FA 动作后，如果在 5min 以内站内开关再次动作，FA 将不再执行（FA 仍会启动推送研判策略，但不执行），FA 自动转为半自动处理，避免再次合闸引发站内出线开关故障。

习 题

甲站 A 线、乙站 B 线、丙站 C 线的拓扑图如图 2-34 所示。A 线重合闸停用线路限流 600A，B、C 线重合闸启用限流均为 500A，□为断路器，O 为负荷

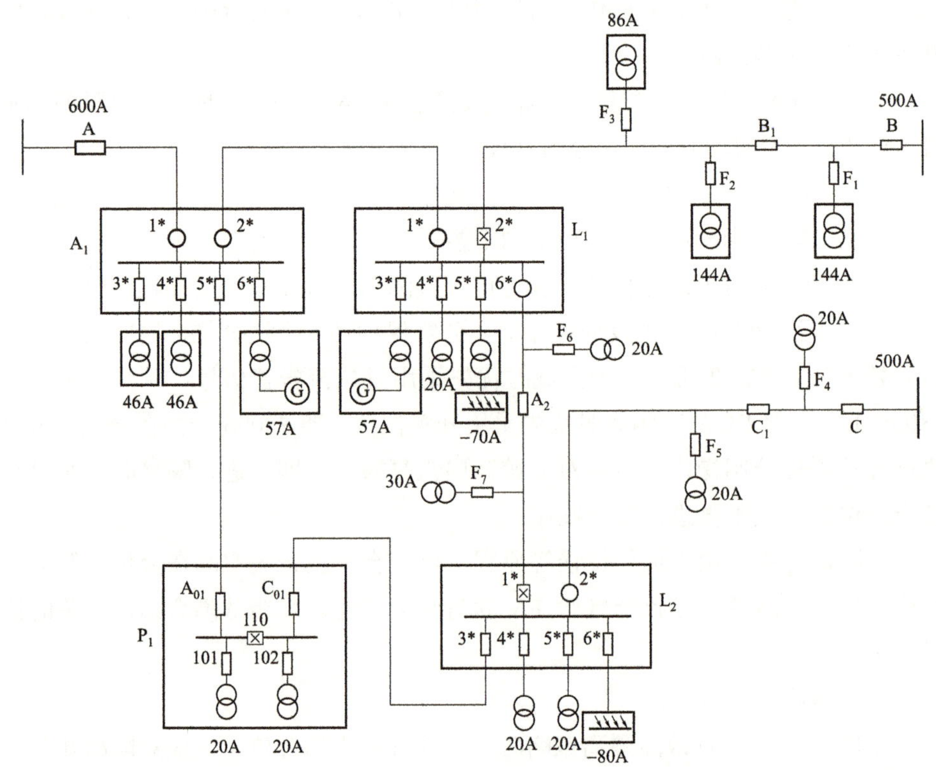

图 2-34 配电网线路拓扑图

开关，L1 环网柜 2 号开关、L2 环网柜 1 号开关为联络开关，A 线、B 线、C 线均已实现配电自动化全覆盖（具备三遥功能，各类设备均已完成配电自动化系统建模），馈线自动化采用主站集中式全自动（启动条件为分闸+保护），均为无线专网接入。每条线路均实现变电站、分段开关、分界开关三级保护跳闸功能、联络开关仅保护告警，各级保护间均满足 0.2s 时限级差要求，各配电终端开关重合闸均未启用。对于合环运行、保护信号不连续、上游失电等情况，FA 闭锁自动执行（转交互）。

1. 请根据保护动作信号，分析线路 FA 动作情况。

04－29 00:03:02.627 10kVA 线 L1 环网柜 6 号_1 零序过电流复归（SOE）（接收时间 04 月 29 日 00 时 03 分 00s）
04－29 00:03:16.220 10kVA 线 L1 环网柜 6 号_1 零序过电流动作（SOE）（接收时间 04 月 29 日 00 时 03 分 14s）
04－29 00:03:36.993 10kVA 线 L1 环网柜 1 号_1 零序过电流复归（SOE）（接收时间 04 月 29 日 00 时 03 分 35s）
04－29 00:06:38.945 10kVA 线 L1 环网柜 1 号_1 零序过电流动作（SOE）（接收时间 04 月 29 日 00 时 03 分 35s）
04－29 00:06:48.969 10kVA 线 L1 环网柜 6 号_1 零序过电流动作（SOE）（接收时间 04 月 29 日 00 时 06 分 47s）
04－29 00:06:48.969 10kVA 线 L1 环网柜 6 号_1 零序过电流动作（SOE）（接收时间 04 月 29 日 00 时 06 分 47s）
04－29 00:07:02.662 10kVA 线 L1 环网柜 1 号_1 零序过电流复归（SOE）（接收时间 04 月 29 日 00 时 07 分 00s）
04－29 00:08:24.949 10kVA 线 L1 环网柜 1 号_1 零序过电流动作（SOE）（接收时间 04 月 29 日 00 时 08 分 22s）
04－29 00:14:15.704 10kVA 线 L1 环网柜－DTU－无线专网 DTU 交流失电动作（SOE）（接收时间 04 月 29 日 00 时 14 分 21s）
04－29 00:14:15.498 10kVA 线 A2 分段开关交流失电动作（SOE）（接收时间 04 月 29 日 00 时 14 分 50s）
04－29 00:14:15.517 10kVA 线 A1 环网柜 DTU 交流失电动作（SOE）（接收时间 04 月 29 日 00 时 14 分 50s）
04－29 00:14:15.439 10kVA 线 L1 环网柜 6 号_1 故障总（故障指示）动作（SOE）（接收时间 04 月 29 日 00 时 14 分 51s）
04－29 00:14:15.439 10kVA 线 L1 环网柜 6 号_1 过电流保护告警动作（SOE）（接收时间 04 月 29 日 00 时 14 分 51s）
04－29 00:14:15.439 10kVA 线 L1 环网柜 6 号_1 过电流 I 段动作（SOE）（接收时间 04 月 29 日 00 时 14 分 51s）
04－29 00:14:15.439 10kVA 线 A1 环网柜 1 号_1 故障总（故障指示）动作（SOE）（接收时间 04 月 29 日 00 时 14 分 51s）
04－29 00:14:15.439 10kVA 线 A1 环网柜 1 号_1 过电流保护告警动作（SOE）（接收时间 04 月 29 日 00 时 14 分 51s）
04－29 00:14:15.439 10kVA 线 A1 环网柜 1 号_1 过电流 I 段动作（SOE）（接收时间 04 月 29 日 00 时 14 分 51s）

04－29 00:14:15.439 10kVA 线 A1 环网柜 2 号_1 故障总（故障指示）动作（SOE）（接收时间 04 月 29 日 00 时 14 分 51s）
04－29 00:14:15.439 10kVA 线 A1 环网柜 2 号_1 过电流保护告警动作（SOE）（接收时间 04 月 29 日 00 时 14 分 51s）
04－29 00:14:15.439 10kVA 线 A1 环网柜 2 号_1 过电流 I 段动作（SOE）（接收时间 04 月 29 日 00 时 14 分 51s）
04－29 00:14:16.2013 江苏．甲变/10kV.A121 开关分闸（SOE）（接收时间 04 月 29 日 00 时 14 分 17s）
04－29 00:14:16.2013 江苏．甲变/10kV.A121 开关过电流 II 段保护动作（SOE）（接收时间 04 月 29 日 00 时 14 分 17s）
04－29 00:14:22.697 10kVA 线 L1 环网柜 6 号_1 故障总（故障指示）复归（SOE）（接收时间 04 月 29 日 00 时 14 分 50s）
04－29 00:14:22.697 10kVA 线 L1 环网柜 6 号_1 过电流 I 段复归复归（SOE）（接收时间 04 月 29 日 00 时 14 分 50s）
04－29 00:14:22.697 10kVA 线 L1 环网柜 6 号_1 过电流保护告警复归复归（SOE）（接收时间 04 月 29 日 00 时 14 分 50s）
04－29 00:14:22.697 10kVA 线 A1 环网柜 2 号_1 故障总（故障指示）复归（SOE）（接收时间 04 月 29 日 00 时 14 分 50s）
04－29 00:14:22.697 10kVA 线 A1 环网柜 2 号_1 过电流保护告警复归（SOE）（接收时间 04 月 29 日 00 时 14 分 50s）
04－29 00:14:22.697 10kVA 线 A1 环网柜 2 号_1 过电流 I 段复归（SOE）（接收时间 04 月 29 日 00 时 14 分 50s）
04－29 00:14:22.697 10kVA 线 A1 环网柜 1 号_1 过电流保护告警复归（SOE）（接收时间 04 月 29 日 00 时 14 分 50s）
04－29 00:14:22.697 10kVA 线 A1 环网柜 1 号_1 故障总（故障指示）复归（SOE）（接收时间 04 月 29 日 00 时 14 分 50s）
04－29 00:14:22.697 10kVA 线 A1 环网柜 1 号_1 过电流 I 段复归（SOE）（接收时间 04 月 29 日 00 时 14 分 50s）

2. 如 A1 环网柜 2 号开关与 L1 环网柜 1 号开关间发生故障，全自动 FA 应如何动作？故障抢修过程中，F6 柱开遇鸟掀树枝同时掉落在上、下桩头，造成相间短路，此时应如何动作，调控员应如何处理，写出简要流程。

3. 若甲站已完成小电阻接地方式改造，配电自动化终端未完成零序告警功能改造，零序 FA 处置模式仅能与相间故障 FA 一致，且主站已配置零序过电流点表。A1 环网柜 2 号开关与 L1 环网柜 1 号开关间电缆 A 相绝缘击穿，全自动 FA 应如何动作，为什么？

第三章
配电网调度二次理论与新技术

第一节　配电网继电保护整定与配置原则

学习目标

1. 掌握配电网继电保护整定的原则和整定计算的相关事项
2. 掌握继电保护整定与运行方式选择
3. 掌握配电网继电保护整定的主要配合关系

知 识 点

一、配电网继电保护整定的原则

（一）整定的基本要求

继电保护应满足“四性”基本要求，即选择性、灵敏性、速动性、可靠性，“四性”是对继电保护系统的基本要求，应进行系统性综合考虑，贯穿保护装置设计制造、二次回路设计、系统调试维护、保护装置运行维护、整定计算及管理等继电保护全过程，其中，整定计算是协调处理继电保护“四性”关系的一个重要环节。

1. 整定的选择性要求

继电保护选择性主要由整定计算来考虑，整定计算中通过协调上下级保护、即通常所说的“保护配合”，来满足各级保护的选择性。

高中压配电网各级保护均配置主保护与后备保护，所谓主保护是能以最快速度有选择地切除被保护设备和线路障的保护，如纵联保护、差动保护、速断保护等，主保护的保护范围仅限于被保护设备（本级）内，天然满足选择性要求，在整定计算中不用考虑。配电网保护主要采用远后备方式，远后备是当主保护拒动时，由相邻设备或线路的保护来实现后备，对于选择性主要考虑的是远后备保护的上下级配合问题，包括后备保护间，后备保护和主保护选择性问题。上下级保护的配合原则主要依据以下两个方面：

（1）时限配合，即相邻的上下级保护在时限上进行配合。时限配合是指上一级保护动作时限比下一级保护动作时限要大，二者之间的动作时间差称为时限级差，可确保在系统发生故障时，靠近障点近的保护先动作，远端上级保护后动作，从而满足保护系统在动作顺序上的选择性。时限级差值应考虑保护装置动作时间、断路器动作时间、可靠裕度等，由所属调度机构发布的电网继电保护整定方案明确，具体数值一般选择 0.2～0.5s。

（2）整定值配合，即相邻的上下级保护在保护范围上进行配合。整定值配合也称为灵敏度配合，是指上一级保护范围不伸出下一级保护范围，即上一级保护范围比下一级相应段保护范围短。在下一级保护范围末端故障时，下一级保护灵敏度高、动作，上一级保护灵敏度低、不动作，从而在保护范围上保证了选择性。

在保护整定计算过程中应尽量同时满足时限配合和灵敏度配合，此时两个保护为完全配合。从故障点向电源方向的各级保护看，其灵敏度逐级降低、动作时限逐级增长，构成了阶梯状的配合关系配电网典型的电流保护与距离保护的阶梯配合时限示意图如图 3-1 和图 3-2 所示。

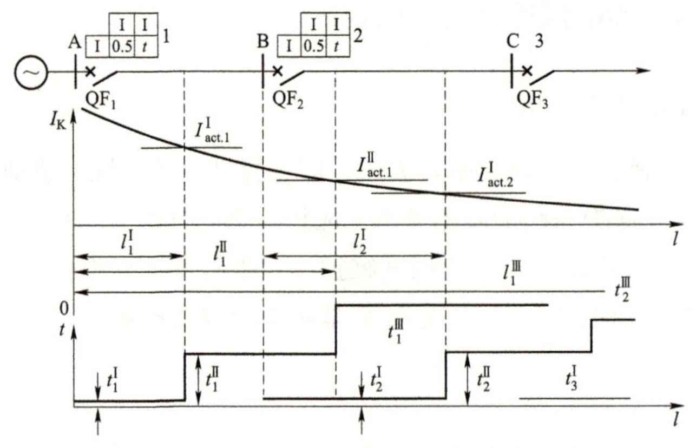

图 3-1 阶段式电流保护整定值配合与时限配合

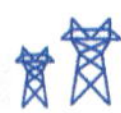

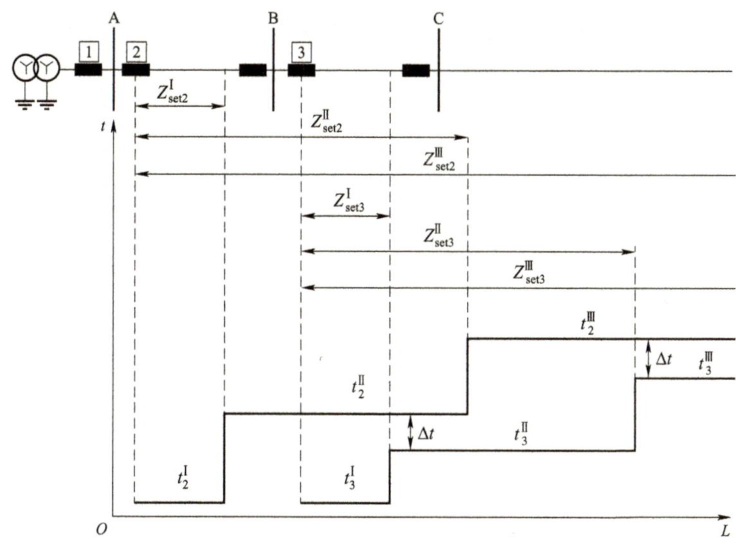

图 3-2　阶段式距离保护整定值配合与时限配合

完全不配合是指需要配合的两个保护在保护范围和动作时间上均不能配合，即无法满足选择性要求。在一些特殊点上，为了能可靠切除故障，同时动作时间要求较短，否则将导致保护系统整体性能下降甚至无法配合，此时保护将失去选择性，这种情通常出现在选择的解列点上。在保护的整定计算过程中应尽可能做到完全配合，如不能做到应该按照相关规程进行理，并尽量减小不配合导致失去选择性带来的危害。各种保护的具体配合方法和原则在“四、继电保护整定配合”部分进行详细介绍。

2. 整定的灵敏性要求

灵敏性是指保护范围内发生故障时，保护装置具有的正确动作能力的裕度，一般以灵敏系数来描述。灵敏系数定义为被保护对象的某一指定点发生金属性短路，故障量与整定值的比值（反映故障量上升的保护，如电流）或整定值与故障量的比值（反映故障量下降的保护，如阻抗、电压）。

对反应故障时参数量增大（例如电流）的保护

$$K_{lm}=\frac{\text{保护范围末端金属短路时故障参数的最小计算值}}{\text{保护装置的动作参数量值}}$$

对反应故障时参数量值降低（例如电压）的保护

$$K_{lm}=\frac{\text{保护装置的动作参数量值}}{\text{保护范围末端金属短路时故障参数的最大计算值}}$$

定值计算完成后应检验每一项定值在其保护范围内灵敏系数不能低于继电保护整定规程的要求，并注意以下几点：

（1）主保护和后备保护考虑的灵敏系数范围不同：主保护的灵敏系数仅考虑对本级被保护设备末端，后备保护的灵敏系数则主要考虑的是对相邻下一级设备的末端是否具有灵敏性。

（2）灵敏系数一般应采用可能出现的最不利保护动作的运行方式进行校验：增量型保护取最小运行方式；欠量型保护则应取最大运行方式。重点在于检验保护反映灵敏度最小的那种方式，例如，多电源变为单侧小电源的情况。

（3）灵敏系数应根据最不利的故障类型进行校验：一般仅考虑金属性短路和接地故障。注意通过对比选取故障量较小的短路类型，如大电流接地系统的零序电流保护用单相接地计算定值，但通常需要以两相接地零序电流校核灵敏度[1]。

（4）需要考虑分布式电源对保护灵敏度的影响，如对故障电流的汲取和助增作用。

（5）双端保护需要考虑相继动作，如线路两侧保护一侧先跳短路支路的电流后，另一侧后跳闸的影响，可能使灵敏度提高或降低。

（6）经 Y，d 接线变压器之后的不对称短路，各相电流，电压的分布将发生改变，对不同接线，不同相别、不同相数的保护其灵敏度不相同。

3. 整定的速动性要求

速动性是指保护装置应能尽快地切除短路故障，以提高系统稳定性，减轻故障设备和线路的损坏程度，缩小故障波及范围。继电保护整定计算中，在满足选择性的前提下，应尽可能通过合理地缩小动作时间级差来提高快速性。同时对于系统稳定及设备安全有重要影响，以及重要用户对动作时间有要求的保护应保证其速动性，必要时可牺牲选择性。

4. 整定的可靠性要求

可靠性是指保护该动作时应动作，不该动作时不动作，即不误动、不拒动。保护的可靠性依赖于全过程管理，包括选用硬件和软件可靠的装置、回路设计尽可能简单并减少辅助元件、安装调试保证可靠、加强运行维护管理等。常见的提高可靠性的措施有：保护双重化，独立的主保护，独立的通信路由，健康的二次设备，规范的二次运行方式管理，合理配置远后备、近后备也是考虑拒动的可能提高保护可靠性的措施。

在整定计算中，可靠性主要通过制订简单、合理的保护方案来保证，在二次运行方式变化时应及时对定值进行校核、调整，以确保保护系统可靠动作。

---

[1] 大电流接地系统中，因 $I^{(1)}=3U/(2Z_1+Z_0$,$I^{(1,1)}=3U/(2Z_0+Z_1)$，故 $I^{(1)}>I^{(1,1)}$。

（二）继电保护整定对四性的协调

1. 整定计算中继电保护四性协调的一般原则

制订保护系统方案时常常很难同时满足四个基本要求，对四性进行统一协调的一般原则是，首先尽量满足选择性，对需要快速动作的场合满足速动性，保证保护有足够的灵敏性，当出现冲突时应权衡利弊使保护系统能更好的满足当地系统运行的实际需要，如对速动性要求不高的地方，牺牲快速性可换取选择性和足够的灵敏性，可合理延长上级后备动作时间，尽管会牺牲一部分后备保护的快速性，但可改善相邻各级后备保护系统整体性能。

对一般配电线路，出现短期的非正常运行方式，如设备停电检修、施工或线路事故停役等，引起配电网线路运行方式临时改变，保护可不调整定值，允许同一配电网线路内部保护之间同级或越级跳闸。

2. 继电保护与安自装置协调提高四性

自动重合闸可有效提高保护可靠性。重合闸时间应大于瞬时性故障的熄弧时间，并考虑断路器及操作机构复归，重合闸动作时间宜大于 0.5s，适当的延时自动重合闸可提高重合成功率。在分布式电源占比较高地区，系统侧自动重合闸时间还应与分布式电源并、离网控制时间配合，一般不宜低于 2s。重合闸可按照躲过分布式新能源防孤岛动作时间整定，实践运行情况显示，该方案可有效解决分布式电源造成的熄弧时间延长及分布式电源低穿造成的非同期合闸问题。

配电网线路系统侧断路器的重合闸采用后加速，即为了提高保护速动性，后加速段为相间有灵敏度段，时间按躲断路器合闸瞬间涌流出现的时间整定，一般取 0.2s。

二、整定计算相关事项

为保证整定计算顺利开展，要做好下列相关工作：

（1）确定整定方案所适应的系统情况，如网络架构、电源布点、潮流特征等。

（2）与运方专业共同确定系统的各种运行方式，并选择短路类型、选择分支系数的计算条件等，其中 110kV 系统中性点接地方式的安排由继电保护专业负责。

（3）收集必要的设备参数与资料（保护图纸、装置说明书、主变压器、线路等设备参数）。

（4）结合实际情况，确定本次整定计算的具体原则。

（5）按照年度发布的短路容量进行整定所需的各类短路电流计算，必要时进行短路容量校核。

（6）对整定结果分析比较，按照四性要求进行协调，选出最佳方案，并提出运行要求。

（7）画出定值图，编制整定计算方案书，制定系统保护运行要求并及时补充到调度规程中。

三、整定计算与运行方式选择

继电保护的整定计算主要包括短路计算、确定最大负荷、校验灵敏度等，这些计算都建立在一定的运行方式下。运行方式的选择就是确定被保护设备的最大运行范围和最小运行范围，通常称为最大运行方式和最小运行方式，同时也应考虑正常运行方式和其他一些可现的特殊运行方式，以衡量保护系统在大多数情况下的性能、保护系统的合理性和可靠性。因此，运行方式的合理选择对整定计算特别重要，因为不仅会影响到系统保护整定值的合理性，也会影响到保护配置及选型和对保护的评价。同时一些运行方式主要是由继电保护因素考虑决定的，例如确定配电网联络线路的代供范围，分布式电源的并网通道等。最大运行方式就是要计算的系统中，电源点全部投入运行，系统供电容量最大，电源内阻抗最小的运行方式。在进行短路电流整定计算、分支系数计算等情况时通常会考虑最大运行方式，而检验灵敏度则会选择最小运行方式。

整定计算运行方式的选择主要包括如何选择发电机、变压器运行变化限度、中性点直接地系统中变压器中性点接地变选择、线路运行变化限度的选择及流过保护最大负荷电流的选择及其他一些特殊问题等。下面简单介绍它们的选择基本原则。

（一）发电机、变压器运行变化限度的选择原则

（1）一个发电厂有两台机组时，一般应考虑全停方式，即一台机组在检修中，另一台机组又出现故障，当有三台以上机组时，则应选择其中两台容量较大机组同时停用的方式。对水力发电厂的机组，还应结合水库运行特性选择，如调峰、蓄能、用水调节发电等。

（2）一个厂、站的母线上无论接有几台变压器，一般应考虑其中容量最大的一台停用，因为变压器运行可靠性较高，检修与故障重迭出现的概率很小。但对于发电机变压器组来说，则应服从于发电机的投停变化。

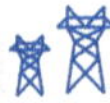

（二）中性点直接接地系统中变压器中性点接地的选择原则

（1）传统发电厂大多接入主网，要求发电厂及变电站低压侧有电源的变压器，中性点均应接地运行，以防止出现不接地系统状态的工频过电压。随着以新能源为主体的大量分布式电源接入配电网，110kV 主变压器下方虽然存在大量分布式电源，但中性点接地安排较少，一般采取中性点加装放电间隙防止工频过电压，配置主变压器间隙保护。

（2）自耦型和有绝缘要求的变压器，其中性点必须接地运行。

（3）T 接于线路上的变压器，以不接地运行为宜。当 T 接变压器低压侧有电源时，则应采取防止工频过电压的措施，如（1）所述。

（4）为防止操作过电压，在操作时应临时将变压器中性点接地，操作完毕后再断开，这种情况不按接地运行考虑。

（5）变压器中性点接地方式应尽量保持变电站零序阻抗基本不变，并满足“有效接地”的条件：大电流接地系统运行的电网中任一点发生接地故障时，综合零序阻抗/综合正序阻抗小于等于 3。

（6）无地区电源的单回线供电的终端变压器中性点不宜直接接地运行。

（三）线路运行变化限度的选择原则

（1）一个厂、站母线上接有多条线路，一般应考虑一条线路检修，另一条线路又遇到故障的方式。

（2）双回线一般不考虑同时停用。

（3）相隔一个厂、站的线路，必要时可考虑与上述（1）的条件重叠。

（四）保护最大负荷电流的考虑因素

按负荷电流整定的保护，除了需考虑运行方式调整、全年中可能出现的最大负荷电流，还应考虑到以下因素引起的负荷电流变化：

（1）备用电源自投引起的负荷增加。

（2）平行双回线中，并联运行线路减少，引发负荷转移。

（3）环状电网开环运行，引发负荷转移。

（4）两侧电源线路，当一侧电源切除，引起另一侧负荷增加。

（五）整定中最大运行方式考虑方法

（1）辐射型配电网络，最大运行方式为系统的所有机组、线路均投入运行，双主变压器并列，最小方式为系统尽可能出线最少的机组、线路，主变压器分列或单主变压器。

（2）双侧电源和多电源环形网中，对其中某一段线路，最大方式为开环运行，开环点在该线路相邻的下一级线路上，系统的所有电源、线路、均投入运行；最小方式是合环运行下，停用该线背后的电源、线路。

（3）根据零序、负序的电流和电压分布的特点，最大方式应综合分析保护对端方向的电源、线路、接地点的变化，而最小方式则应综合分析保护背后方向的电源、线路、接地点。

（4）双回线路如分别配置保护，对其中任一线路，单回线运行为最大方式，两条线的负荷集中到了一条线，双回线运行为最小方式。

四、继电保护整定配合

整定计算中为了使保护系统能够协调统一工作，需要对各级保护进行协调配合。在选择性的讲述中谈到配合应满足灵敏度配合及动作时限配合，以下介绍阶段式保护基本配合原则与注意点。

（一）阶段式保护的整定配合

配电网对于反应单端电气量变化构成的各种保护均采用阶段式保护配置，如电流电压保护、零序电流保护、距离保护等。

阶段式的各类保护Ⅰ段和Ⅱ段一起构成本线路的主保护，其速断保护（Ⅰ段）部分只能保护线路的一部分，延时段（Ⅱ段或Ⅲ段）保护负责对线路全长的保护。阶段式保护设置定时限的Ⅲ段或Ⅳ段作为本线路及相邻线路的后备保护。多段式的保护整定计算应按被保护段分段进行，首先从保护速动段（Ⅰ段）开始整定，后面各段按上下级配合关系进行配合整定，同时检验相关灵敏系数是否到达要求，以及时调整配合策略。

1. 保护速动段（Ⅰ段）整定配合

保护速动段（Ⅰ段）整定原则应躲过相邻线路出口短路，这样在定值上可以保证相邻元件取得配合，避免和相邻元件失去选择性，速断保护的灵敏系数仅要求在大方式下出口短路时有灵敏度即可。速断保护的动作时间可整定为0s，带一个短延时。对于过电流、零序电流等受系统运行方式影响较大的保护，其速断保护范围变化较大，尤其对于较短的线路往往没有保护范围，为防止误动可退出速断保护。距离保护范围稳定，距离Ⅰ段不受运行方式变化的影响，因此距离保护的性能更好。

终端线路可将Ⅰ段保护范围伸入变压器中，由于变压器的阻抗远大于线路阻抗，因此速断保护对本线路末端的灵敏度较高，速断保护性能极大改善。终

端线路所接的变压器主保护如果采用电流速断保护，由于其保护范围不固定，因此线路侧的速断保护需要和变压器的速断保护进行配合，原则是确保上级线路侧速断保护范围不超出下级变压器主保护的动作范围，当变压器故障时，如希望速断保护具有选择性，上级线路侧速断可带一个小延时，如 0.1s，当然也要考虑变压器组的运行方式，如是否并列运行等。终端线路 T 接一个变电站时，速断保护还要确保其保护范围不超出 T 接变压器其他侧，此时会影响到保护配合及保护的灵敏度。

2. 保护延时速动段（Ⅱ段或Ⅲ段）整定配合

延时段保护主要作用是保护线路的全长，并尽可能地减少延时。因为其保护范围延伸到相邻线路或元件，应当和相邻线路或元件的保护进行配合以满足选择性的要求，一般采用动作时间和灵敏系数上的配合，在多源配电网中还要考虑在保护范围配合时分支系数的影响，当上下级配合的保护是不同原理的保护时，如接地距离和零序电流保护配合，不同类型的灵敏度配合通过保护范围的配合来进行。

为使保护整定计算简化，配合便捷，保护性能更好，同一供电区域应尽可能选择同种类型的保护。

随着分布式电源接入，延时速动段往往要和相邻线路纵联保护配合。相邻线路为分布式电源接入线路，采用光纤纵联差动保护，由于纵联保护范围稳定，可保护相邻线路全长，因此常常上级延时速动段（Ⅱ段）与相邻线路的纵联保护配合的保护范围选择在相邻线末端，从而可以提高Ⅱ段动作灵敏度，改善保护性能。

3. 定时限后备保护（Ⅲ段或Ⅳ段）的整定配合

定时限后备保护（Ⅲ段或Ⅳ段）在阶段式保护中主要作为相邻线路及本线路的特殊故障（如高阻接地）的后备保护，这是各种故障发生后的最后一道屏障。例如相邻线路末端故障，当保护Ⅱ段拒动或开关拒动时，此时只能靠上级保护Ⅲ段或Ⅳ段来切除故障。因此，对于该段的整定主要强调能灵敏反应相邻线路故障和本线路经过高阻接地故障，保证远后备的功能。

定时限保护的整定相对简单，各种保护类型整定法虽有区别，其基本整定原则考主要考虑两个因素。

（1）按照保证正常运行方式下可靠不动作进行整定。定时限后备保护作为故障的最后一道屏障，往往整定得很灵敏，因此应当保证在正常运行时不误动。对于电流保护和距离保护应确保在可能的最大负荷电流情况下不误动，零序及负序电流保护应躲过各种可能的最大不平衡电流。

（2）按上下级后备段配合进行整定。一般上下级之间灵敏系数与动作时间的配合，按照Ⅲ段与下级Ⅱ段或Ⅲ段配合整定，Ⅳ段与下级Ⅲ段或Ⅳ段配合整定。配合的顺序从终端线路开始，逐级往系统侧进行配合；分布式电源大量接入地区，可选择一个解列点作为开始点。

4. 负荷电流与线路末端短路电流接近的线路

供电半径长、用户多的配电线路，负荷电流与线路末端短路电流接近，过电流定值按照躲过负荷电流整定，对线路末端的灵敏系数不够，一般选择合适的地方装设一级分段保护、负荷开关或熔断器。

（二）变压器后备保护与电网的配合

变压器各侧的相电流、零序电流保护，作为变压器、各侧母线、各侧出线合其他元件的后备保护，中低压母线未配置专用母线保护时，还起到主保护的作用。变压器后备保护与电网配合需要注意以下几点：

（1）为提高变压器过电流保护对配出线后备的灵敏度，可配置复合电压闭锁的（方向）过电流保护，降低过电流保护定值的数值。复合电压元件由相间低电压元件合负序电压元件的“或”逻辑组成，按照躲开正常运行时可能出现的低电压或不平衡电压整定。采用负序过电压元件在不对称短路时有很高的灵敏度，而且在变压器各侧发生不对称路时负序电压的幅值不受星—角转换的影响，但负序过电压元件不能保护三相短路，所以采用相低电压元件用于保护三相短路。

（2）变压器中低压侧有小电源时，主变过电流保护可带方向，方向指向各侧母线，同时各电流侧配置不带方向的长延时过电流保护作为总后备。如小电源侧的变压器过电流保护不能在变压器其他侧母线故障时可靠切除故障，则应由小电源并网线的保护装置切除故障。

（3）110kV 主变压器中性点不接地时，配中性点间隙保护作为接地故障的后备保护。如果发生单相接地短路，中性点不接地主变压器形成小电流接地系统带单相接地短路运行，中性点电压升高到相电压，对中性点绝缘造成破坏。当地接入分布式电源时，上述情况出现概率增加，应增设主变后备保护连跳小电源专线断路器。

（4）变压器后备保护与线路距离保护配合示例。在实际工程中，线路距离保护的配合关系往往需要同时考虑与相邻线路及背后主变后备，以避免线路故障时站内主变后备保护越级跳闸导致事故影响范围扩大。下面以某站 110kV 线路系统为例，说明线路距离保护与背后的主变后备保护配合所进行的调整。

两种配合方式下距离保护整定关系对比图如图3–3所示，A站110kV母线供有若干出线，以其中一条出线作为研究对象，从电源向故障点方向看去，各级保护依次是A站220kV主变压器110kV侧后备保护1、A站线路保护2、B站线路保护3。当线路发生故障时，若不考虑线路保护2与主变后备保护1之间的配合，则可能主变后备保护1越级跳闸，使保护失去选择性，造成A站该主变压器所供母线及线路失电，该区域电网供电可靠性大大下降。因此，本线路的线路保护除应与相邻线路的线路保护在保护范围和动作时间上取得配合外，还应考虑与背后电源侧主变110kV侧后备保护进行配合。

案例中，就线路保护2与主变后备保护1的配合结果而言，线路保护2的距离Ⅱ段保护范围往往将大大伸长，并超出相邻线路保护3的距离Ⅰ段保护范围，如图3–3（a）所示。因此，为在保护范围和动作时间上均取得配合，线路保护2的距离Ⅱ段通常不再选择与相邻线路保护3的距离Ⅰ段进行配合，转而与距离Ⅱ段进行配合，从而在保护范围及动作时间上均保证了选择性。同理，保护2的距离Ⅲ段与相邻线路保护3的距离Ⅲ段配合。配合方式调整后，如图3–3（b）的线路保护距离Ⅱ段、距离Ⅲ段动作时间将会变长。距离保护后备段虽然在速动性上有所削弱，但与上级主变后备保护的配合关系满足了选择性要求，并因保护范围往往扩大，灵敏性也得到一定的增强。同时满足了时限配合和灵敏度配合的保护从故障点向电源方向的各级保护看，其灵敏度逐级降低，其动作时限逐级增长，构成阶梯状的配合关系。

（三）整定配合的参数选择

1. 分布式电源接入配电网的分支系数计算

分布式电源大范围接入配电网，发生故障时，出现相邻线路有助增电流及汲出电流（分支电流）的情况，通常引入分支系数进行整定计算。阶段式的电流保护、零序保护都会受到分支电流的影响，为避免分支电流引起的保护范围变化导致上下级保护间保护范围不配合，应当合理计算分支系数。

对于电流保护及零序电流保护采用的是电流分支系数的概念，其定义是相邻线路短路时，流过本线路的短路电流与流过相邻线路短路电流之比，通常用K_f表示，助增电流$K_f<1$，汲出电流时相反。对于距离保护采用助增系数的概念，它等于电流分系数的倒数，一般用K_z表示，助增电流$K_z>1$，汲出电流时相反。

Ⅰ段无需考虑分支系数的影响，因为保护范围不会伸入到下级。Ⅱ段和Ⅲ段在多电源网络中则应进行考虑，通常在整定值不变的情况下，助增电流的存在使得保护范围缩短，汲出电流使得保护范围增长。

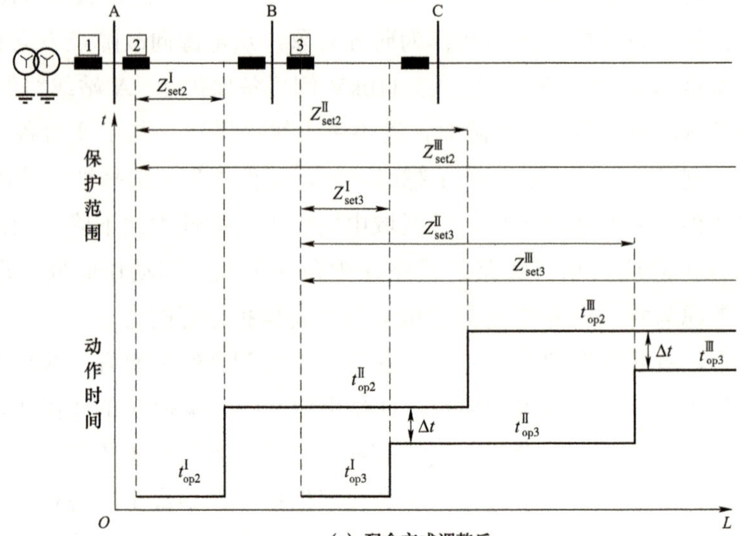

(a) 配合方式调整后

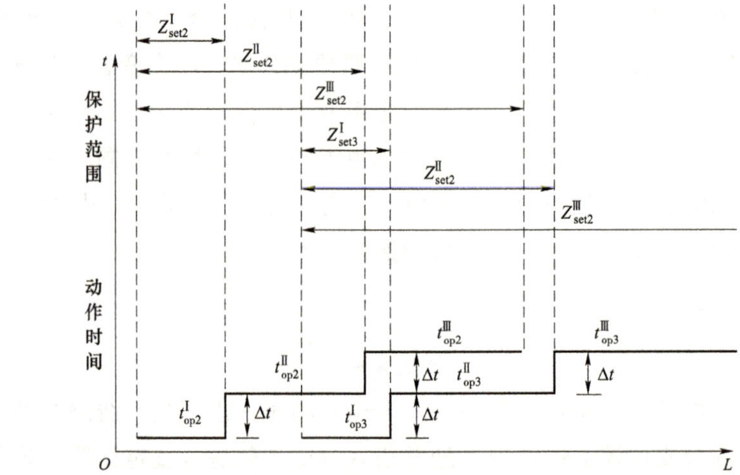

(b) 配合方式调整前

图 3-3　两种配合方式下距离保护整定关系对比图

2. 可靠系数、返回系数、时间级差的选择

（1）可靠系数用 K_K 系数。无时限保护、动作速度较快保护、不同原理保护配合或考虑因素较多难以精确计算时，选择较大的可靠系数；相互配合的延时保护，选择较小的 K_K。

（2）返回系数选择。微机保护一般取 0.95。

（3）时间级差选择。微机型保护装置固有的动作时间精度较高，定时限保护级差 0.3～0.5s，反时限保护级差 0.5～0.7s。

3. 方向元件的配置

保护设置方向元件，是提高保护可靠性、灵敏性的有效手段。通用原则如下：

（1）单端电源线路，各保护均不经过方向元件控制。

（2）双侧电源线路不采用方向元件的情况，在最不利运行方式和不利故障下，保护均能与背侧保护配合，可不经过方向元件控制。一种是电流定值大于背侧最大三相短路电流；另一种是保护动作时间比背侧保护动作时间长。除此之外，保护应增加方向。

（3）多电源、环网供电网络中，各保护宜经方向元件控制，可极大简化保护整定配合。

（4）最末一段后备保护均不应带方向，一是因为动作时间长，二是防止因方向元件控制而失去最后一道后备保护。

五、配电网典型保护配置

110kV 及以下配电网保护一般采用远后备原则，由两套独立的保护装置作为主保护和后备保护，分别作用于不同断路器，采用三相一次重合闸。

110kV 线路保护，以距离保护、电流差动保护及零序电流保护为主，承担网络属性的线路配置光纤电流差动保护；66kV、35kV 及以下的线路保护以相电流保护为主；中性点经小电阻接地 10（20）kV 系统投入零序电流保护。

110kV 及以下主变主保护采用比率差动保护、差动速断保护和气体保护。后备保护采用复压闭锁（方向）过电流、零序（方向）过电流、零序过压、间隙保护、过负荷保护，本体保护为轻瓦斯和重瓦斯保护、油温油压保护。

6～35kV 配电网目前主要为中性点不接地或经消弧线圈接地系统。当系统电容电流超过 150A，采用小电阻接地系统，配置线路零序保护。

35kV 线路保护常规配置三段式复合电压闭锁电流保护/方向电流保护、三相一次重合闸等。如因电网结构或运行方式影响，电流保护不能兼顾灵敏度和选择性要求时，可配置距离保护。小发电并网线路应根据系统需要配置电流差动保护，联络线电网侧宜配置重合闸，宜采用检无压重合。

10kV、6kV 线路保护一般配置两段式电流保护/方向电流保护、三相一次重合闸等；特殊情况如环供线路、分布式电源接入线路等，可配置光纤电流差动保护。

10kV 配电线路为短线路、电缆线路、并联连接的电缆线路可采用光纤电流差动保护作为主保护，配置电流后备保护。环网线路宜开环运行，平行线路不宜并列运行。合环运行的配电网线路应配置光纤电流差动保护。

典型区域的保护配置见示例表 3－1。

表 3－1 配电网典型供电区域继电保护配置示例表

供电区域	A+	A	B	C	D
直辖市、省会	市核心区或$\sigma\geqslant 30$	市中心区或 $15\leqslant\sigma<30$	市区或 $6\leqslant\sigma<15$	城镇或 $1\leqslant\sigma<6$	农村或$\sigma<1$
地级市	地级市$\sigma\geqslant 30$	市核心区或 $15\leqslant\sigma<30$	市区或 $6\leqslant\sigma<15$	城镇或 $1\leqslant\sigma<6$	农村或$\sigma<1$
县（县级市）	—	— $\sigma\geqslant 15$	县城或 $6\leqslant\sigma<15$	城镇或 $1\leqslant\sigma<6$	农村或$\sigma<1$
继电保护配置	光纤电流差动 重合闸装置 备用电源自动投入装置（有条件）	光纤电流差动（宜） 电流保护 重合闸装置 备用电源自动投入装置（有条件	电流保护（主） 重合闸装置 备用电源自动投入装置（宜） 光纤电流差动（有条件）	电流保护（宜） 重合闸装置 备用电源自动投入装置（有条件）	电流保护（推荐） 重合闸装置 备用电源自动投入装置（有条件）

注 1. σ为供电区域的负荷密度（MW/km^2）；供电区域面积一般不小于 $5km^2$；计算负荷密度时，应扣除 110kV 专线负荷，以及高山、戈壁、荒漠、水域、森林等无效供电面积。

2. 对于经济技术开发区或工业园区，可综合考虑级别（国家级、省级、市级）和负荷密度，参照 A、B、C 类供电区域进行合理划分。

习 题

1. 有一台 Y/△－11 接线、容量为 31.5MVA、变比为 115/10.5kV 的变压器。一次侧电流为 158A，二次侧电流为 1730A。一次侧电流互感器的变比 K_{TAY}：300/5，二次侧电流互感器的变比 $K_{TA\Delta}=2000/5$，在该变压器上装设差动保护，试计算差动回路中各侧电流及流入差动继电器的不平衡电流分别是多少？

2. 为保证电网保护的选择性，上、下级电网保护之间逐级配合应满足什么要求？

3. 定值计算完成后应检验每一项定值在其保护范围内灵敏系数，灵敏系数应根据最不利的故障类型进行校验，请说明大电流接地系统的线路零序电流保护应如何校核灵敏系数？

第二节 多源配电网继电保护与安全自动装置

学习目标

1. 掌握分布式电源接入配电网的故障特征
2. 掌握分布式电源对配电网保护的影响及解决措施

知识点

一、分布式电源接入配电网的故障特征

以新能源为主体的分布式电源发电形式多为光伏发电，本节以光伏发电作为以变流器形式并网的分布式电源代表进行故障特性分析。

（一）网络呈现多源性

分布式光伏分布在用户侧，一种是直接接入公共配电网，另一种是经用户专变升压连接到公共配电网或再经专线连接到变电站母线，后者的并网点在较低电压等级，公共连接点在较高电压等级。分布式光伏分布广泛，数量众多，大量余电汇集到公共配电网，使网络呈现多电源特征，配电网不再为简单的受馈端，配电线路由单端辐射线路变为多端电源线路。由于电源与负荷相互渗透，网络特性复杂。

（二）潮流具有往复性和随机性

分布式光伏高比例接入用户侧配网，在当地消纳后富裕电力汇集并入公共配电网，在配电网内部形成双向潮流。当一个 110kV 供电区域的分布式光伏发电功率超过当地负荷，经中低压配电网逐层汇集后，具有了向上一级配电网甚至输电网倒送潮流的能力。由于光伏的发电特性，潮流变化频繁并具有随机性。

（三）光伏电源故障特征

光伏电源并网接线示意图如图 3–4 所示。

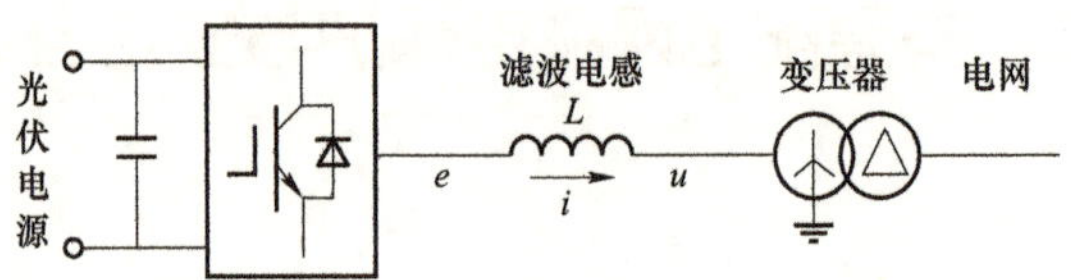

图 3-4 光伏电源并网接线示意图

光伏逆变器为电力电子设备，光伏电源的故障特性与光伏逆变器控制策略有关。与传统交流电源相比，光伏电源的故障特征呈如下特征：

1. 弱馈特征

光伏电站接入后，系统具有双向潮流的特点。当发生故障时，故障点电流仍然主要是由大电网提供，光伏电站也向故障点提供一部分短路电流。光伏电源故障后所提供的短路电流最大为额定电流的 1.5 倍[1]，短路电流有限，对故障电流分布影响小，总体呈现弱馈特征，但是其规模化后对上一级电网短路电流将产生不可忽略的影响。

根据国网典型设计要求，分布式光伏接入 10kV 配电网单个并网点的容量通常最大为 6MW，光伏电源最大能够提供 1.5 倍额定电流计算，单个并网点所能提供的最大短路电流为

$$I_f = 1.5 \times \frac{6 \times 10^6}{\sqrt{3} \times 10 \times 10^3} = 520\text{A} \qquad (3-1)$$

2. 序阻抗

光伏电源故障期间的等值阻抗受控制策略影响，序阻抗为一变量，且正负序阻抗不相等；对于采取负序抑制的逆变型电源，其负序阻抗无穷大。

在对称故障情况下，光伏电源逆变器输出的电流与并网点的电压幅值有关，可等效为压控电流源；在不对称故障情况下，光伏电源输出的正序电流与并网点正序电压幅值有关，可等效为一个正序压控电流源，而光伏电源严格限制负序电流输出，负序电流指令值设置为 0，因此，其等效负序阻抗无穷大。

光伏逆变器均经交流变压器接入上级电网，交流变压器高压侧为三角形接线，从电网侧看去其零序阻抗为无穷大，光伏电源的接入不影响现有配电网零序电流回路，不影响现有单相接地故障分布特征。

[1] Q/GDW 11147—2013《分布式电源接入配电网设计规范》5.4 短路电流计算 b）分布式变流器型发电系统提供的短路电流按 1.5 倍额定电流计算。

二、分布式电源对配电网保护的影响及解决措施

配电网主要由 110～35kV 高压配电网、10（20）kV 中压配电网以及 220/380V 低压配电网构成。其中，110～35kV 高压配电网以辐射+链式接线为主，10（20）kV 中压配电网以多分段多联络接线为主，220/380V 低压配电网以多分支辐射接线为主。配电网继电保护主要包括主变保护、线路保护、母线保护、备自投以及重合闸等。配电网继电保护典型配置图如图 3–5 所示。某 10kV 线路发生故障时各分级保护故障电流示意图如图 3–6 所示。下文基于图 3–6 所示的配电网典型继电保护配置系统进行影响分析。

（一）对 10kV 线路分级保护影响

分级保护是 10kV 线路设置在分段、分支及分界开关上的保护，在配电网线路发生故障时，可以实现各开关的有序跳闸，缩小停电范围，是提高供电可靠性的重要手段。分布式光伏发电汇入 10kV 线路后，提供一定的短路电流与支撑电压，将首先影响各分级保护的可靠性，需要对线路上的分级保护适应性进行分析。

10kV 线路分级保护配置目前多采用阶段式电流保护，保护功能可部署在配电自动化终端或独立的配电线路保护装置。如图 3–5 所示。根据变电站出线开关电流保护时间定值级差裕度，一般情况下配置 2～4 级，分别是变电站中压配

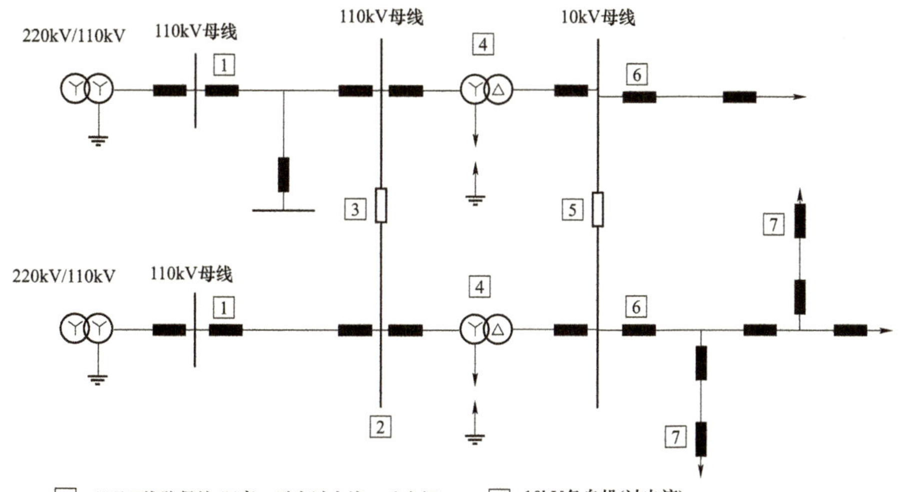

图 3–5　配电网继电保护典型配置图

电线路出线开关、线路分段开关、分支开关，以及用户分界开端四级保护。分级保护整定原则以变电站出线作为单端电源为出发点，对各级保护定值采用逐级配合的方式进行整定。目前全省各县区分级保护配置水平参差不齐，一是分级少、不满足可靠性要求，二是分级保护信息化程度低，不具备信息上送功能，三是分级保护功能单一，智能化程度低。

（1）光伏助增与汲出效应使多级保护配合困难：分布式光伏高比例接入后，由于潮流倒送，改变了配网传统潮流方向，使配网呈现多端电源特性，对目前适应单向潮流、以阶段式电流保护为基础的保护配置及整定原则带来挑战，与分级保护的配合原则产生冲突与影响。

在图 3-6 中，K1 点发生故障，P2 所在分支分布式光伏产生助增短路电流 I_2，使得流过 P3 处分级保护的故障电流 I_3 变大，保护范围发生伸长，即各级分级保护在大规模分布式光伏接入的场景下，保护范围将发生变化，并随着光伏发电的时序性变化，保护范围也将多变且难以固定，因此上下级完全配合的整定方式难以实现。

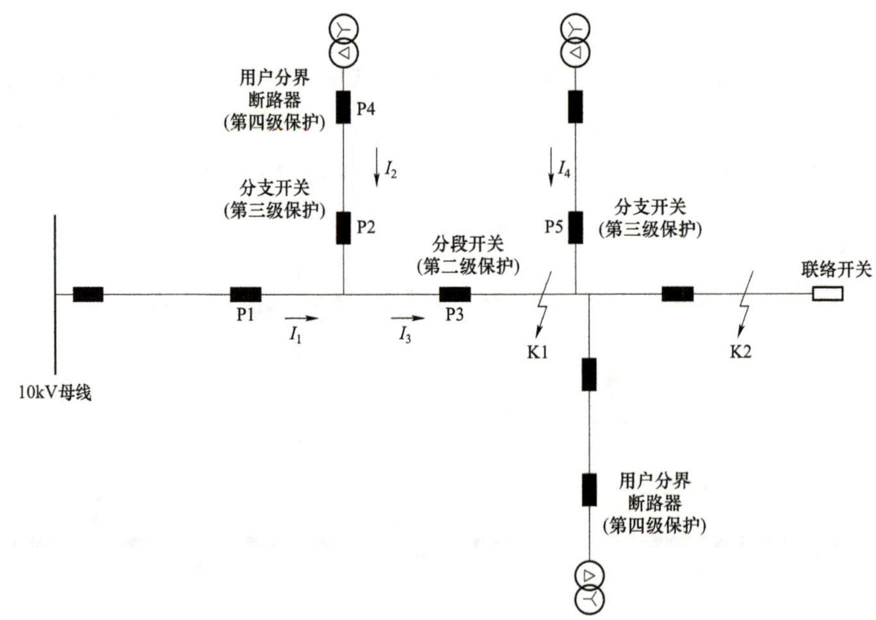

图 3-6 某 10kV 线路发生故障时各分级保护故障电流示意图

（2）缺少方向元件带来误动风险：农村地区部分 10kV 线路的最远供电路径达 20km 以上，线路末端故障时短路电流相当于甚至小于主干线负荷电流，此时变电站出线开关过电流保护定值对其没有灵敏度。假设图 3-6 中 K2 点为

长线路末端，其两相短路时变电站出口处故障电流约为 500A，P5 处分级保护为对下方线路故障有灵敏度，按灵敏度 1.5 计，则 P5 处的分级保护定值必然小于 333A。当 P5 所在分支下的分布式光伏装机容量达到 3845kVA 时，其理论上产生的短路电流 I4 为 1.5 倍装机容量额定电流，将达到 P5 处分级保护定值，引起该分支分级保护误动。因此，分级保护的整定计算将既要考虑重新校核本线路的灵敏度，又要考虑防止失去选择性而误动。

（二）对高压与中压配电线路保护的影响

10～35kV 线路保护目前多为单套阶段式过电流保护，远后备方式，少数涉及小电厂等专线采用光纤差动保护。35kV 阶段式电流保护通常启用瞬时电流速断保护、限时电流速断保护、过电流保护；10kV 配电线路一般采用两段式电流保护，为限时电流速断保护和过电流保护，用户专线且瞬时速断保护有保护范围，则启用瞬时电流速断保护。为保证可靠动作，目前阶段式电流保护不投入方向判别。此外，经小电阻接地的变电站 10～35kV 出线投入不经方向判别的零序电流保护。

缺少方向元件导致保护误动风险：当分布式光伏接入后，10～35kV 母线或相邻线路故障，本线路下方大量分布式电源聚合提供可观的故障电流，可能导致本线路保护过电流Ⅲ段反方向误动作风险增加。

某 10kV 线路发生故障时故障电流流向示意图如图 3-7 所示。假设 P1 处线

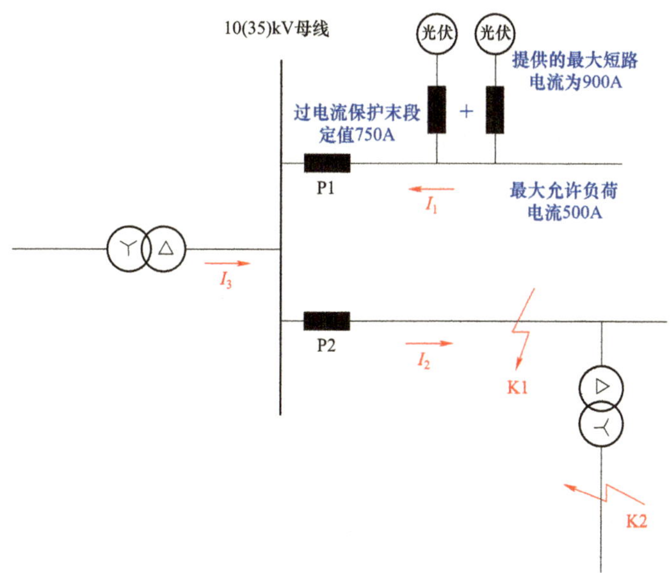

图 3-7　某 10kV 线路发生故障时故障电流流向示意图

路保护过电流Ⅲ段定值为 750A，该线路最大允许负荷电流为 500A，长期稳定负荷电流约 200A，则依据反向负载率不超过 80%的要求，此时线路可接入额定电流为 600A（500×80%+200=600A）的分布式光伏。若此时相邻线路 K1 点发生故障，则该线路理论上可由分布式光伏提供 1.5 倍额定电流，即 900A，远大于 P1 处保护过电流Ⅲ段 750A 的电流定值。

本线路区内故障，相邻线路接入的分布式光伏对本线路具有助增作用，影响本线路线路保护不满足保护选择性。譬如，在用户内部 K2 点发生故障，原过电流Ⅱ段整定值可躲过用户配变副变故障，但由于相邻线路分布式光伏接入引起的助增作用，此时流过 P2 处保护的故障电流 I_2 将包含相邻线路分布式光伏电源提供的电流 I_1 和上级主变压器提供的电流 I_3，相较于未接入分布式光伏时，流过 P2 处保护的电流明显增大，换言之，P_2 处保护过电流Ⅱ段保护范围发生延伸。

措施如下：

（1）投入方向判别元件：因 10～35kV 线路保护通常均已接入母线电压，现场保护具备方向判别功能，建议将线路保护过电流Ⅲ段投入方向判别。

（2）提高过电流门槛：在确保灵敏度的前提下，综合考虑其他相邻线路的助增作用，优先从定值上进行调整，适当提高过电流定值门槛，以避免过电流保护范围延伸导致与下级保护失去配合。对仍无法满足选择性的线路考虑进行保护改造。

（三）对线路重合闸影响

重合闸装置是将因故跳开后的断路器按需要自动投入的一种自动装置。由于配电网线路绝大多数的故障都是瞬时性的，在由继电保护动作切除短路故障之后，电弧将自动熄灭，短路处的绝缘可以自动恢复。重合闸经短暂延时后将线路自动投入，不仅提高供电可靠性，减少停电损失，而且提高了电力系统的暂态稳定水平。然而，重合闸重合于永久性故障或非同期合闸会产生不利影响：电力系统又一次受到故障冲击，断路器短时间连续切断电弧，工作条件变得更加严重；非同期合闸产生冲击性电流，损坏电气设备，扰乱电网稳定。因此，在分布式光伏大规模接入的背景下，如何合理地利用重合闸并提高重合闸成功率意义重大。

目前 10～110kV 线路重合闸通常采用无检定三相一次重合闸传统负荷侧重合闸停用；少数小发机组并网通道线路电网侧通入检无压重合闸，电厂侧重合闸停用。10～35kV 线路接入的大量分布式光伏对重合闸的影响，如图 3-8 所

示。包括：

（1）重合闸成功率降低：线路发生故障跳闸，系统侧保护动作跳开断路器，大量分布式光伏由于潮流平衡状态，脱网动作延时长、甚至可能不能正常解列脱网，将向故障点继续提供电压支撑；对于110kV线路负荷侧保护不投跳闸，开关未跳，此时若110kV主变压器低压侧存在大量分布式电源不脱网，则会通过110kV主变压器向线路反送故障电流，上述将延长故障点熄弧时间，可能将瞬时性故障升级为永久性故障，导致重合闸失败。

（2）非同期合闸的风险：反向负载率较高的线路故障时线路无检定电压的重合闸在延长自动重合闸时间的情况下，依然存在非同期合闸的风险，给配电网网络带来一定的冲击，对线路上用户的电气设备产生破坏。

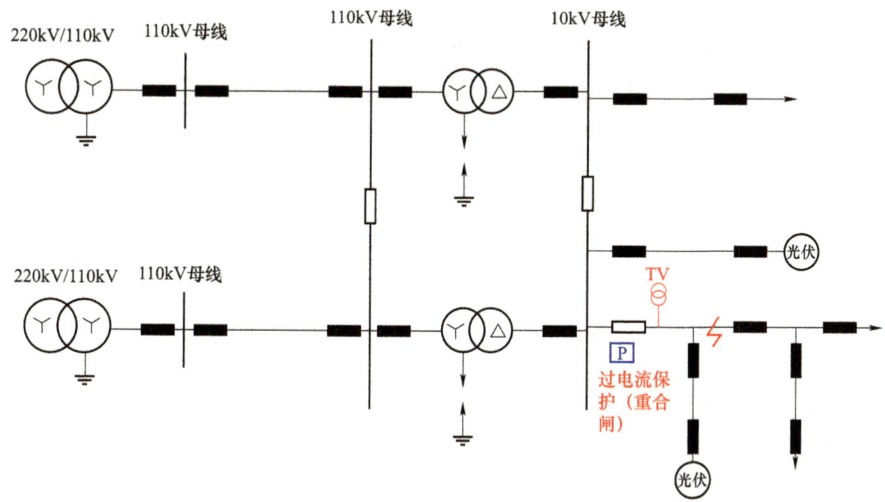

图3-8　分布式光伏接入对10～35kV线路重合闸的影响

措施分析如下：

（1）优化重合闸整定时间：加强光伏逆变器型式试验、出厂试验和验收，提升光伏电源防孤岛保护功能的可靠性，并优化调整线路重合闸延时，使得线路重合闸与光伏防孤岛保护动作时间配合，从整定时间上躲过非同期合闸。

（2）加装线路压变，采用检无压重合策略：建议在基建和技改工程中，考虑对变电站10～110kV线路配置线路压变，为重合闸采用检线路无压方式创造条件。同时改变重合闸策略，传统电网侧检线路无压重合，分布式光伏大规模接入后的负荷侧检母线无压重合，重合闸时间按与光伏逆变器防孤岛动作时间配合，恢复对负荷的供电。对于无法暂时装设线路电压互感器且反向负载率较高的线路，应退出重合闸，做好事故防范，并逐步安排出线间隔改造。

（3）改造 110kV 线路光纤差动保护，光差装置改造暂时不具备时，可采用光纤远跳方式，从线路两侧快速切除故障，加快熄弧，为重合闸成功创造有利条件。

（四）对变电站备自投影响

随着分布式光伏的大规模接入，发生事故时变电站站内母线电压将发生变化，正常供电时的进线电流亦不比从前，现有备自投装置的动作逻辑受到影响，易发生拒动或误动，轻则损失部分用电负荷，重则导致变电站全站失电，因此如何解决备自投装置可靠性下降问题值得深入研究。

目前在运备自投装置均以母线电压作为核心动作判据，通过母线电压的大小判定工作电源是否失去，再加上进线电流等电气量、手动分闸等开关量作为辅助判据，对备自投进行闭锁，避免由于二次电压空开偷跳、人工分闸等情况导致备自投误动作。线路备自投方式动作逻辑如图 3-9 所示，以线路备自投为例，备自投动作逻辑具体为：两段母线电压均低于无压定值，工作进线无流，备用进线有压，延时跳工作进线断路器及失压母线联切出口，确认工作进线断

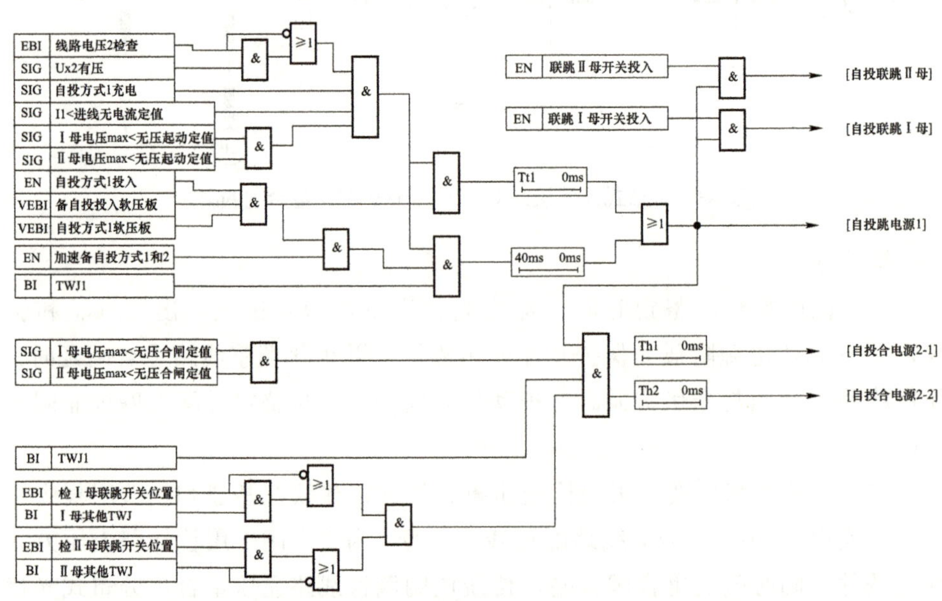

图 3-9　线路备自投方式动作逻辑（PCS-9651 系列备自投为例）

路器跳开后，延时合备用进线断路器❶。

（1）备自投闭锁拒动风险：分布式光伏接入后，当系统电源因故障跳开，考虑分布式光伏防孤岛动作时间上限为2s，这段时间内分布式光伏可对系统侧母线提供可观的电压支撑，当母线电压大于无压启动定值时，则备自投无法立即进入启动逻辑，影响恢复供电。若部分分布式光伏2s后仍未顺利脱网，则当支撑母线电压大于无压启动定值且小于有压定值并保持15s后，以南瑞继保PCS－9651系列为代表的部分备自投装置分段备投放电，发生拒动。

（2）备自投误动风险：当分布式电源的出力与负荷接近平衡时，系统侧电源进线断面的电流几乎为0，小于进线无流定值项可整定的最小值，备自投进线有流闭锁功能失效，此时若发生二次电压回路断线、二次电压空开偷跳或被人为误分闸，备自投将误动作并发生非同期合闸，可能会给光伏电源及用户的电气设备产生一定影响。备自投装置分段自投潮流平衡方式下误动示例如图3－10所示。

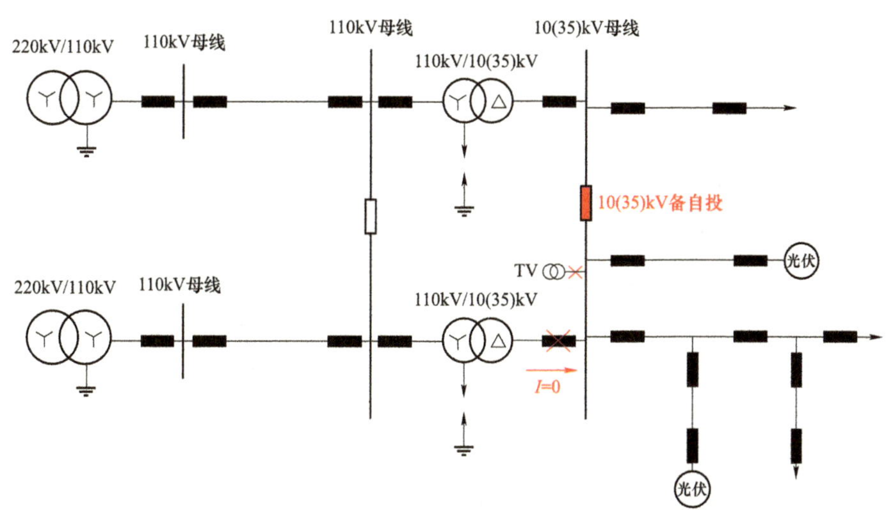

说明：1. 主变压器低压侧大量光伏与负荷潮流平衡，主变压器低压侧总开关电流基本为0。
2. 场景假设：母线电压互感器熔丝熔断或空气开关偷跳。

图3－10 备自投装置分段自投潮流平衡方式下误动示例

❶ Q/GDW 10766—2015《10kV～110（66）kV线路保护及辅助装置标准化设计规范》8.1.2.1.1 进线备自投方式 c）备自投动作逻辑：两段母线电压均低于无压定值，工作进线无流，备用进线有压，延时跳工作进线断路器及失压母线联切出口，确认工作进线断路器跳开后，延时合备用进线断路器。

现有备自投动作逻辑对多源网络的适用性，针对分布式光伏规模化接入实际情况，及时对备自投逻辑进行调整、完善和升级，进一步规范备自投功能逻辑。同时，加强光伏逆变器型式试验、出厂试验和验收，提升光伏电源防孤岛保护功能的可靠性，防止非同期合闸。

（五）对 110kV 主变保护影响

目前 110kV 主变压器中性点接地安排受限于系统零序阻抗控制，一片供电区域中只有极少数指定的 110kV 主变压器中性点接地运行，大多数 110kV 变电站主变压器中性点不接地。110kV 主变保护普遍配置间隙过电压和间隙零序过电流通过“或”门共同构成的间隙保护，间隙保护的作用是保护变压器中性点的绝缘安全，以流过变压器中性点的间隙电流及电压互感器开口三角形电压作为危及中性点安全判据来实现的。间隙零序电压定值一般整定为 150～180V，间隙零序过电流定值一般整定为 40～100A，保护动作后带 0.3～0.5s 延时跳变压器各侧断路器[1]。

110kV 线路绝大多数按单侧电源馈线原则配置保护，即仅在电源侧配置距离零序保护，受电端不配置保护。分布式光伏接入后，当 110kV 线路发生接地故障后，现有保护仅跳电源侧开关，会导致故障点未完全隔离，且系统接地点丢失，系统由中性点直接接地系统变为中性点不接地系统。由于光伏对下游电网电压的支撑作用，导致 110kV/10kV 变压器间隙保护动作，跳开变压器各侧开关，隔离故障。如变压器间隙保护未能可靠动作，还可能造成 110kV 系统设备绝缘破坏。

当 110kV 线路发生接地故障后，现有保护仅跳开系统侧开关，负荷侧断路器未跳开，带故障点运行，负荷侧系统由中性点直接接地系统变为中性点不接地系统，有可能导致 110kV 主变间隙保护动作扩大了动作范围，甚至导致负荷损失。分布式光伏的接入对 110kV 主变保护的影响如图 3-11 所示。

系统侧线路保护动作开关跳开后，主变压器低压侧接入的分布式光伏带变电站负荷形成非计划孤岛。110kV 进线发生单相接地故障，主变中性点电压偏移情况如图 3-12 所示。线路保护动作前后，110kV 主变压器中性点电压波形图。可知，中性点电压在保护动作前后由 20V 升高至 260V 左右，远大于间隙保护整定值。

---

[1] DL/T 584—2017《3～110kV 电网继电保护装置运行整定规程》7.2.14.8 变压器 110kV 中性点放电间隙零序电流保护的一次电流定值一般可整定为 40～100A，保护动作后带 0.3～0.5s 延时跳变压器各侧断路器。7.2.14.9 中性点经放电间隙接地的 110kV 变压器的零序电压保护，其 $3U_0$ 定值一般整定为 150～180V（额定值为 300V）或 120V（额定值为 173V），保护动作后带 0.3～0.5s 延时跳变压器各侧断路器。

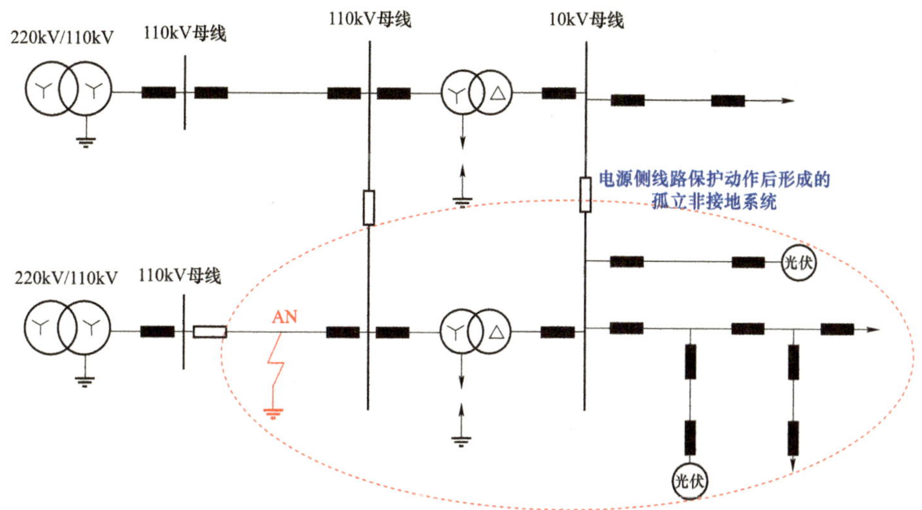

图 3-11　分布式光伏的接入对 110kV 主变保护的影响

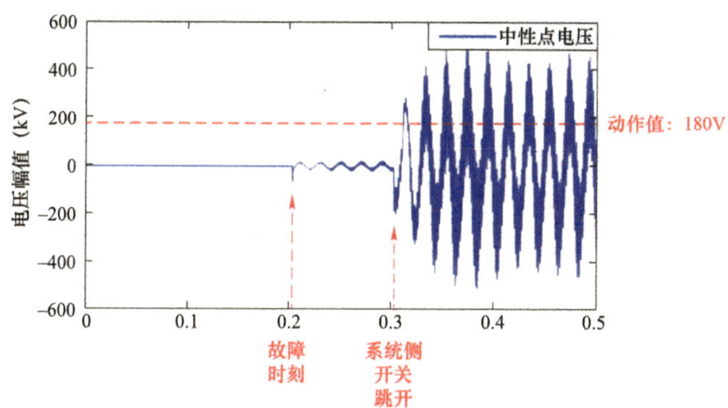

图 3-12　单相接地故障主变压器中性点电压偏移情况

习　题

1. 分布式电源接入配电网的故障特征是什么？

第三节　新能源接入与展望

学习目标

1. 了解新能源接入配电网的运行特性
2. 新能源接入对配电网调度工作的影响及解决措施

知识点

一、新能源接入配电网的运行特征

（一）新能源对配电网电压的影响

1. 造成配电网电压频繁、大幅波动

以分布式光伏为主的新能源发电功率受天气影响较大，如季风期间云系迅速变化，光伏出力产生间歇性大幅波动，在光伏汇集区域，往往造成变电站母线电压频繁波动甚至跳变。如图 3-13 所示，2019 年受台风利奇马影响，江苏某地区光伏出力大幅频繁波动，某 220kV 主变压器 35kV 母线潮流上送断面的功率分钟变化量为该母线接入分布式光伏总装机容量的 11%，引发 35kV 母线电压发生跳变。

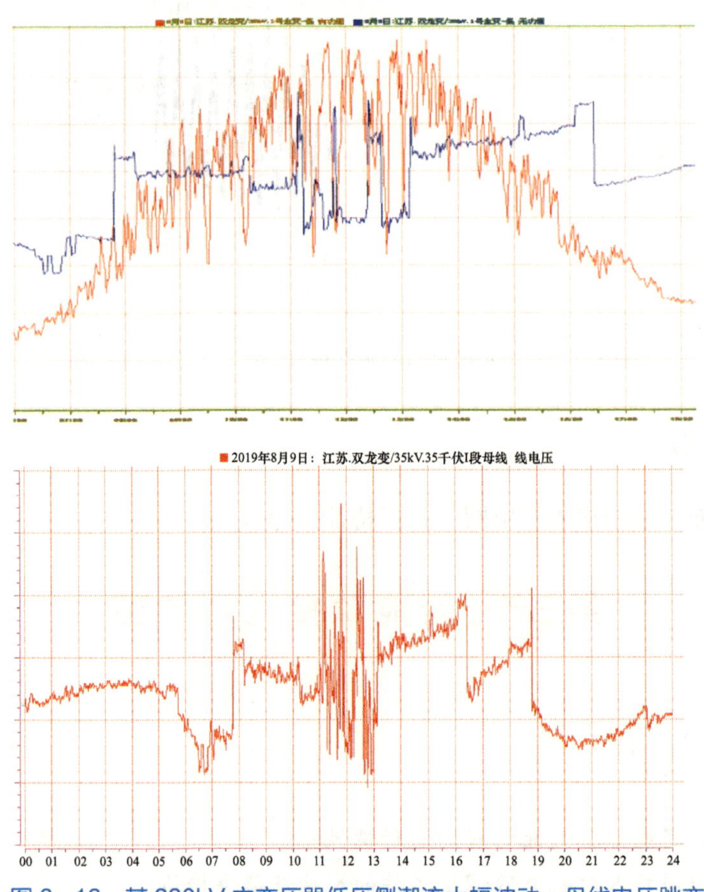

图 3-13　某 220kV 主变压器低压侧潮流大幅波动、母线电压跳变

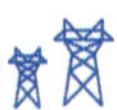

2. 抬升配电网电压

新能源接入配电线路，发电期间将抬升并网点电压，严重时影响周边用户电压质量，甚至因并网点电压超 1.1 倍额定电压导致光伏逆变器脱网。当分布式电源发电功率超过当地负荷，形成倒送潮流时，将影响汇集（点）母线电压；

线路电压损耗示意图如图 3-14 所示，线路首末端电压分别是 U_1、U_2，I 为电流，一般近似用 ab 的长度（横向压降）作为 U_1、U_2 的电压损耗，则线路电压损耗为 $\Delta U=\dfrac{PR+QX}{U_1}$，当 P 增大时，ΔU 增大。分布式电源发电时，潮流倒送，则并网点电压抬升，高于线路首端电压水平。

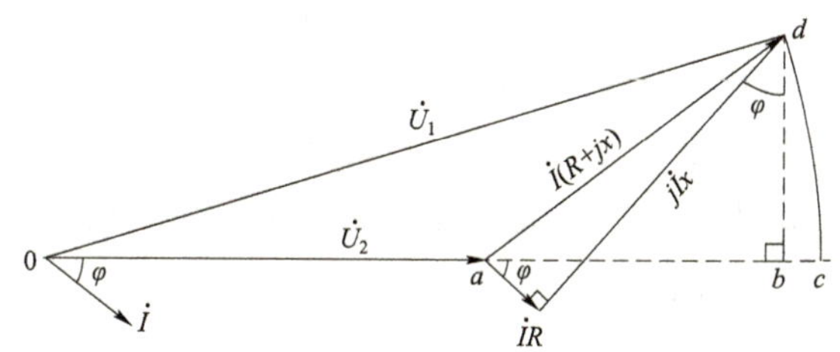

图 3-14　线路电压损耗示意图

如图 3-15 所示，某 110kV 变电站 10kV 出线接入大容量分布式光伏，在光伏发电期间明显抬升了变电站 10kV 母线电压。

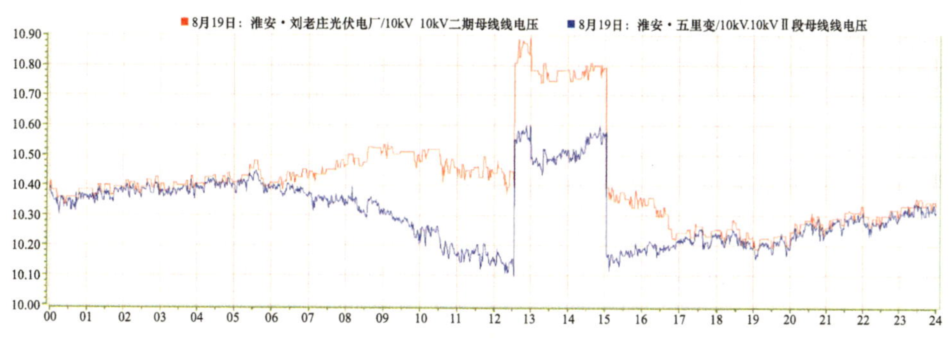

图 3-15　10kV 线路末端光伏发电抬升母线电压

（二）新能源对调度运行的影响

1. 新能源对配电网承载力的影响

传统电网的潮流方向是高电压等级向低电压等级送电，新能源大量接入后，随着新能源渗透率不断提升，产生了可能从低压向高压反向送电的问题，改变了电网潮流原有的形态，新电源接入电网承载力影响主要体现在新能源反向送电可能超过电网主设备限额要求，甚至影响电网安全稳定运行。作为主要评价依据，从配电网新能源可接纳容量、一次设备运行适应性、继电保护及安自装置适应性、变电站接入条件等多维度开展定量和定性分析，以确定配电网对新能源的接纳能力是满足、基本满足或不满足。

定期开展配电网新能源承载能力评估，用来指导新能源并网评审，引导新能源接入推荐区域，根据新增电源处于不同的控制区，采取差异化的一次接入网架完善和二次系统建设要求；同时，电网接纳新能源评估报告用于指导电网一次设备技术改造与配电网网架建设规划，对限制接入的区域及时开展技术改造，从源头提高系统接纳能力，保证新能源高质量运行。

在开展配电网接纳新能源能力评估时，需注意以下几点：① 实际评估要避免主网电源和配电网电源承载力评估割裂的情况；② 应对所有电源同时进行接入评估，实际评审中，分布式电源接入还是集中式电源接入应因地制宜，避免人为造成限制分布式新能源接入；③ 配电网对新能源承载力评估充分考虑主网的汇集后承载能力，由主配电网分界面逐级向下评估。

2. 新能源对运行方式影响

配电网多源化造成方式调整复杂化。方式调整除重点考虑线路载流量、用户供电可靠性等因素，还要考虑电网潮流变化、保护配合、自动装置适应性等。配电网网络化运行特征带来方式安排多样化。随着联络点增多，检修、故障条件下存在多种方式安排可能，提高电网运行灵活性与供电可靠性的同时，也对方式管理水平提出更高要求。

新能源渗透率提高后，其随机性波动性使电网负荷特性逐步发生变化，开展新能源发电功率预测对电网运行方式安排十分重要，功能建设主要包括以下内容：一是建设布局合理的气象资源监测终端，提供气象监测数据，加强网格化数值天气预报应用，支持分布式功率预测、母线负荷预测；二是建立配电网负荷全景预测体系，融合多元数据，利用人工智能、大数据等技术，提升配电网负荷预测准确率。

二、新能源接入配电网的调度技术手段

（一）新能源影响对调度技术手段的需求

目前配电网调度对调管范围内分布式新能源的感知与控制能力不足，电网与电源运行信息直接采集能力不足，需要依托多种信息渠道，广泛接入配电自动化及用电信息采集等多源信息，全面感知中压配电网及 35kV、10kV 分布式

光伏运行状态。

配电网向有源化、网络化、市场化转变，运行特性更加复杂，传统模式进行电话下令、人工拟票，工作量大、效率低下。调度管理技术正面向大数据、人工智能等新技术，以实现电网运行自动监视、预警、自愈等功能，构建“网络下令、在线防误”的网络化调度作业新模式，并利用智能诊断技术，提高配电网调度效率和安全性。

（二）对新能源功率控制的技术方法

配电网对新能源的功率控制主要包括 AGC 与 AVC 系统。AGC 系统主要进行新能源电站的负荷曲线计划与下达，并结合辅助储能系统开展局部功率平衡，提高系统运行经济型；AVC 系统传统模式只控制变电站主变压器 OLTC 与电力电容器，新能源接入后，将新能源电站 AVC 子站纳入电网 AVC 系统统一协调，系统应充分利用新能源并网逆变器（变流器）的无功双相限调节与连续调节能力，有效改善新能源带来的电压越限与频繁波动问题。

调度端 AVC 主站下发调节指令，新能源 AVC 子站应在接收调节指令后将其作为当前调节目标数值，并同时以遥测量返送 AVC 主站。调节对象分两种：电压模式、无功模式。调节指令有以下几种：

（1）电压调整量指令：调节指令数据为电压调整值，即电压增减量。

（2）电压目标指令：调节指令数据为电压目标值和参考值，参考值即当前电压值。

（3）无功调整量指令：调节指令数据为单个数值，数值为无功调整值，即无功增减量。

（4）无功目标指令：调节指令数据为无功目标值和参考值，参考值即当前无功值。

（5）无功带宽指令：调节指令数据为，无功上限值和无功下限值，即目标无功调节范围。

习 题

1. 请阐述为什么要开展新能源对配电网承载力的影响评估？主要考虑哪些影响因素？具体评估时，如何处理好新能源与其他电源、配电网与主网的关系？

2. 简述新能源接入对配电网电压的影响及控制措施。

第四节　配电网新技术简介

学习目标

1. 了解配电网应用的新技术的基本概念
2. 了解这些技术的基本构架、工作原理等
3. 了解目前新技术在配电网调度中的应用

知识点

一、智慧物联网技术

（一）物联网的概念

物联网（Internet of Things，IoT），即物－物相联的互联网，是通过装置在对象（人或物）上的各种信息感知设备，感知描述物体特征的各种信息；然后按照约定的协议，通过相应的接口，把物品与互联网互联，进行信息交换和通信；最终目的是实现对象的智能化识别、定位、跟踪、监控和管理的一种巨大网络。

（二）物联网的体系架构

物联网在功能上超越了传统互联网和通信网以传输为主的功能，在技术上融合了感知、网络、处理和应用等多项技术，在系统体系架构上从信息技术终端延伸到了感知物理世界和多项应用业务。因此，物联网实质上已经不仅仅是传统网络的范畴，而成为以数据为核心、多业务融合的“虚拟＋实体”的信息化系统。其体系结构可以分为：感知互动层、网络传输层和应用服务层。

（三）物联网的关键技术

物联网系统的关键技术主要包括感知和识别技术、融合和接入技术、网络传输技术、智能处理技术等。

1. 感知和识别技术

感知和识别技术，即对物理世界各类信息的获取技术，主要设备有传感器、

RFID（Radio Frequency Identification，RFID）、条形码等。

（1）传感器。传感器（Sensor）是能够感受制定的被测量，并按照一定规律转换成可用输出信号的期间或装置，主要完成信息监测任务，相当于物联网的“神经元”。

传感器按照监测信号的原理分为两类，一是各种非接触式敏感性元件，如光敏、声敏、热敏、湿敏等；二是接触监测式元件，如温度传感器、液位传感器、流量传感器、压力传感器等。

（2）射频识别技术。RFID是20世纪90年代开始兴起的一种自动识别技术，由“标签（射频卡）+阅读器+天线”组成。其原理是利用无线射频信号通过空间交变电磁场耦合原理，实现非接触双向通信和信息自动识别。高速公路电子收费系统（Electronic Toll Collection System，ETC）就是RFID技术的一个典型应用。

（3）条形码。商品的外包装上的一组灰白相间条纹的标签，就是条形码。它是商品通行于国际市场的“共同语言”，是全球统一识别系统和通用商业语言中最重要的标识之一。

现在的条形码是指由一组规则排列的条、空及对应字符组成的标识，用以标识一定商品信息的符号，通过条形码识读设备（红外或光电感应器等）扫描识读。根据表达信息维数的不同，可以分为一维条形码、二维条形码、三维条形码。

一维条形码只是在一个方向（一般是水平方向）表达信息，其特点是信息录入快，差错率低，但数据容量较小，条形码遭到损坏后便不能阅读。

二维条形码是在水平和垂直方向的二维空间存储信息，其特点是信息密度高、容量大，不仅能防止错误，而且能纠正错误，即使条形码部分损坏，也能将正确的信息还原出来，适用于多种阅读设备进行阅读。

近几年又出现了3DBarcode即三维条码。三维条码是在二位条码的基础上，加入色彩或者灰度作为第三维。第三维的加入提高了条形码的存储信息量，增加了单位面积信息存储密度。因此，相对于一维和二位条形码，具有明显的优点，存储信息量大，清晰度质量高等。

2. 融合与接入技术

“融合与接入”是指实现各种感知信息与不同传输网络的融合和接入的短距离通信技术。典型的有现场总线、蓝牙、Wi–Fi、ZigBee等技术，其中现场总线属于有线接入通信技术，而其他则属于无线接入通信技术。

（1）现场总线（Fieldbus）。现场总线是20世纪80年代末、90年代初发展形成的一种有线数据传输网络，主要用于制造自动化、过程自动化、楼宇自动化等领域的现场智能设备互连通信网络。它作为工厂数字通信网络的基础，沟通了生产过程现场及控制设备之间及其与更高控制管理层次之间的联系。

现场总线设备的工作环境处于过程设备的底层，作为工厂设备级基础通信网络，要求具有协议简单、容错能力强、安全性好、成本低的特点，并满足有一定的时间确定性和较高的实时性要求。目前常用的典型现场总线有LonWorks、Profibus、CAN（Controller Area Network）、WorldFIP、HART（Highway Addressable Remote Transducer）等。

（2）蓝牙技术（Bluetooth）。蓝牙技术是一种短距离、低速无线通信技术，通过测量信号的强度进行定位。它可以支持便携式计算机、移动电话以及其他移动设备之间的相互通信，进行数据和语音传输。民用蓝牙技术的覆盖范围为8～30m。

蓝牙技术的优势是：蓝牙工作的频段是ISM频段（即工业、科研和医用频段），是全球通用且无需许可的频段；可实时进行数据和语音传输；具有很好的抗干扰能力；具有很强的移植性，可应用于多种通信场合；蓝牙设备功耗低，容易实现，便于推广，对人体危害也小。蓝牙主要应用于无线设备、图像处理设备、安全产品、消费娱乐、汽车产品、家用电器等诸多领域。

（3）Wi-Fi技术。Wi-Fi是Wirelessfidelity（无线保真）的缩写，是一种无线电技术，其主要作用是能够实现计算机之间以及计算机与因特网的无线通信。

与蓝牙技术一样，Wi-Fi技术也属于在办公室和家庭中使用的短距离无线通信技术。但蓝牙技术在数据安全性方面要好一些，而Wi-Fi技术在电波覆盖范围方面则要略胜一筹，Wi-Fi的覆盖范围可达100m左右。

（4）ZigBee技术。ZigBee技术是一种近距离、低功耗、低速率、低成本，可以实现双向无线通信的数据传输技术。ZigBee技术的通信距离从标准的75m到几百米、几千米，并支持无限扩展，主要用于近距离无线连接。应用领域包括工业控制、消费性电子设备、汽车自动化、家庭和楼宇自动、医用设备控制等。

（5）无线传感网（WSN）。无线传感网（Wireless Sensor Newworks，WSN）是由部署在监测区域内大量廉价微型传感器节点组成，通过无线通信方式形成的一个自组织网络。

无线传感器网络是一种全新的信息获取平台，能够实时监测和采集网络分布区域内的各种监测对象的信息，并将这些信息发送到网关节点，以实现复杂

的指定范围内的目标检测与跟踪，具有速度快、抗毁性强等特点，有着广阔的应用前景。

3. 智能处理技术

物联网系统的管理和应用层，运用包括数据整理与分析、数据挖掘、模式识别、专家系统、云计算等高端数据处理技术，完成了对海量信息的智能处理，提升了对物理世界、经济社会的各种活动和变化的洞察力，实现智能化的决策和控制。

4. 智能控制技术

智能控制技术是控制技术与人类智能活动的结晶，由此出现的各种智能化设备和智能控制系统，使人类生活更接近智能化。

（四）物联网技术在电网调度中的应用

1. 电网调度数据管理

物联网技术对电网调度数据管理具体涵盖了调度基础数据、调度计划数据、安全校核数据与生产监控数据管理等几方面内容。调度基础数据管理包括设备的基本参数、额定参数等，还包括电力生产、计划、营运等数据；调度计划数据管理涵盖了发电用电规划、水库调整规划、电力营销规划、电力负荷重点调整规划、水文预报数据等；安全校核数据具体涵盖了对电网系统电压值的监测、对电压失稳率进行测算、静态性失稳故障和暂时性失稳故障调整情况的监督与管理等，从而维护与提升电网系统运行的安稳性；生产监控是对电网历史电量数据等进行监管，进而提升电力资源配送的安全性。

2. 电网业务数据管理

物联网技术在电力业务数据中的应用，最大的实用价值体现在对电力业务信息系统整体监管与调整方面上，涵盖生产、调度、销售、运转等环节。调度始终被视为电力资源生产期间的重心，与电力生产、电力计划、电力设备设施构建、电力资源销售、运行安稳性监管以及紧急状况处理等多个业务相关联。在物联网技术的支撑下，电力设备在运行期间产生的数据信息得到动态式监管与测量，对相关参数信息进行实时调整，借此维护与强化电力企业各类业务运行的安全性与有效性。

二、大数据技术

（一）大数据的概念

随着大数据技术的发展，对大数据的定义也呈现多样化的趋势。本质上，大数据不仅意味着数据的大容量，还体现了一些区别于“海量数据”和“非常大的数据”的特点。比较主流的定义主要有以下三种。

属性定义：国际数据中心 IDC 在 2011 年的报告中定义了大数据：“大数据技术描述了一个技术和体系的新时代，被设计于从大规模多样化的数据中通过高速捕获、发现和分析技术提取数据的价值”。这个定义刻画了大数据的 4 个显著特点，即容量（volume）、多样性（variety）、速度（velocity）和价值（value）。

比较定义：2011 年，McKinsey 公司的研究报告中将大数据定义为“超过了典型数据库软件工具捕获、存储、管理和分析数据能力的数据集”。这种定义说明了什么样的数据集才能被认为是大数据。

体系定义：美国国家标准和技术研究院（National Institute of Standards and Technology，NIST）则认为“大数据是指数据的容量、数据的获取速度或者数据的表示限制了使用传统关系方法对数据的分析处理能力，需要使用水平扩展的机制以提高处理效率”。

综合上述的定义，大数据相较传统数据分析，具有以下几个显著特点：首先，数据集的容量是区分大数据和传统数据的关键因素；其次，大数据有三种形式：结构化、半结构化和无结构化。传统的数据通常是结构化的，易于标注和存储；再次，大数据的速度意味着数据集的分析处理速率要匹配数据的产生速率；最后，利用大量数据挖掘方法分析大数据集，可以从低价值密度的巨量数据中提取重要的价值。

（二）大数据的处理方式

大数据分析是通过在功能强大的支撑平台上运行分析算法，来发现隐藏在大数据中潜在价值的过程，例如隐藏的模式（pattern）和未知的相关性。根据处理时间的需求，大数据的分析处理可以分为两类。

流式处理：流式处理假设数据的潜在价值是数据的新鲜度（freshness），因此流式处理方式应尽可能快地处理数据并得到结果。在数据连续到达的过程中，只有小部分的数据被保存在有限的内存中。流处理方式用于在线应用，通常工作在秒或毫秒级别。

批处理：在批处理方式中，数据首先被存储，随后被分析。

通常情况下，流处理适用于数据以流的方式产生且数据需要得到快速处理获得大致结果。因此流处理的应用相对较少，大部分应用都采用批处理方式。

（三）大数据系统构架

大数据系统是一个复杂的、提供数据生命周期（从数据的产生到消亡）的

不同阶段数据处理功能。典型的大数据系统分解为 4 个连续的阶段，包括数据生成、数据获取、数据存储和数据分析。如图 3-16 所示。

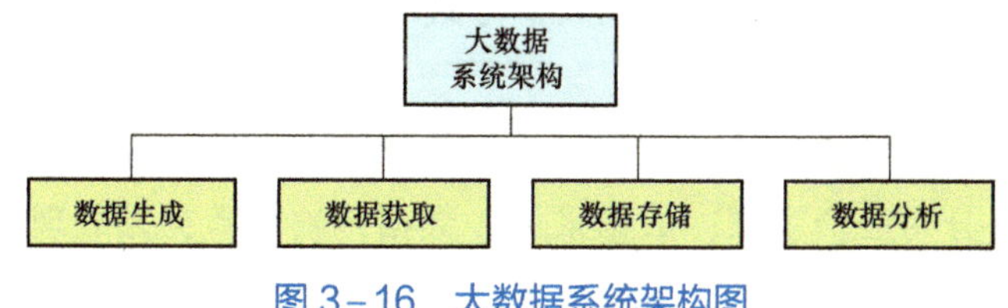

图 3-16 大数据系统架构图

1. 数据生成

（1）数据源。近些年，由于视频、互联网和摄像头的普及使用，世界上的数据产生了爆炸式的增长。由于数据必须依靠信息通信技术才能读取其中的信息，发现数据中存在的价值，因此结合信息通信技术发展历程，数据生成的模式可分为 3 个顺序的阶段。

阶段 1：数字技术和数据库系统的广泛使用。20 世纪 90 年代，许多企业组织的管理系统存储了大量的数据，如银行交易事务、购物中心记录和政府部门归档等。这些数据集是结构化的，并能通过基于数据库的存储管理系统进行分析。

阶段 2：Web 系统的日益流行。20 世纪 90 年代末期，以搜索引擎和电子商务为代表的 Web1.0 系统产生了大量的半结构化和无结构的数据，包括网页数据和事务日志等。之后，许多 Web2.0 应用从在线社交网络（如论坛、博客、社交网站和社交媒体网站等）中产生了大量的用户创造内容。

阶段 3：移动设备（如智能手机、平板电脑、传感器和基于传感器的互联网设备）的普及。移动互联网的快速发展，产生了大量高度移动、位置感知、以个人为中心和上下文相关的数据。

可以发现，数据生成模式是从阶段 1 的被动记录到阶段 2 的数据主动生成，再发展到阶段 3 的自动生成。

（2）数据属性。普适感知和计算产生出前所未有的复杂的异构数据，这些数据集在规模、时间维度、数据类型的多样性等方面有着不同的特性。例如，移动数据和位置、运动、距离、通信、多媒体和声音环境等相关。NIST 提出了大数据的 5 种属性。

1）容量：数据集的大小。

2）速度：数据生成速率和实时需求。

3）多样性：结构化、半结构化和无结构的数据形式。

4）水平扩展性：合并多数据集的能力。

5）相关限制：包含特定的数据形式和查询。数据的特定形式包括时间数据和空间数据；查询则可以是递归或其他方式。

2. 数据获取

数据获取阶段的任务是以数字形式将信息聚合，以待存储和分析处理。数据获取过程可分为三个步骤：数据采集、数据传输和数据预处理。数据传输和数据预处理没有严格的次序，预处理可以在数据传输之前或之后。

（1）数据采集。数据采集是指从真实世界对象中获得原始数据的过程。数据采集方法的选择不但要依赖于数据源的物理性质，还要考虑数据分析的目标，以下是3种常用的数据采集方法。

1）传感器。传感器常用于测量物理环境变量并将其转化为可读的数字信号以待处理。传感器包括声音、振动、化学、电流、天气、压力、温度和距离等类型。信息通过有线或无线网络传送到数据采集点。

2）日志文件。日志是广泛使用的数据采集方法之一，由数据源系统产生，以特殊的文件格式记录系统的活动。和物理传感器相比，日志文件可以看作是“软件传感器”。

3）Web 爬虫。爬虫是指为搜索引擎下载并存储网页的程序，是网站应用如搜索引擎和 Web 缓存的主要数据采集方式。

（2）数据传输。原始数据采集后必须将其传送到数据存储基础设施等待进一步处理。数据传输过程可以分为两个阶段，IP 骨干网传输和数据中心传输。

IP 骨干网提供高容量主干线路将大数据从数据源传递到数据中心。传输速率和容量取决于物理媒体和链路管理方法。

数据中心传输是指数据传递到数据中心后，将在数据中心内部进行存储位置的调整和其他处理的过程。

（3）数据预处理。数据集由于干扰、冗余和一致性等因素的影响具有不同的质量，因此在大数据系统中需要数据预处理技术提高数据的质量。

1）数据集成（Data Integration）。数据集成技术在逻辑上和物理上把来自不同数据源的数据进行集中，为用户提供一个统一的视图。数据集成在传统的数据库研究中是一个成熟的研究领域，如数据仓库（Data Warehouse）和数据联合（Data Federation）方法。其中，数据仓库由3个步骤构成：提取、变换和装载。

a. 提取：连接源系统并选择和收集必要的数据用于随后的分析处理。

b. 变换：通过一系列的规则将提取的数据转换为标准格式。

c. 装载：将提取并变换后的数据导入目标存储基础设施。

2）数据清洗（Data Cleaning）。数据清洗是指发现数据集中不准确、不合理或不完整数据，并对这些数据进行修补或移除以提高数据质量的过程。

一个通用的数据清洗框架由 5 个步骤构成：定义错误类型，搜索并标识错误实例，改正错误，文档记录错误实例和错误类型，修改数据录入程序以减少未来的错误。

3）冗余消除（Redundancy Elimination）。数据冗余是指数据的重复或过剩，会增加传输开销，浪费存储空间，导致数据不一致，降低可靠性。数据冗余减少机制包括冗余检测和数据压缩等。

除了前面提到的数据预处理方法，还有一些对特定数据对象进行预处理的技术，如特征提取技术，在多媒体搜索和 DNS 分析中起着重要的作用。然而，没有一个普适的数据预处理过程可以用于任何数据集的处理，必须综合考虑数据集的特性、需要解决的问题、性能需求和其他因素，来选择合适的数据预处理方案。

3. 数据存储

大数据系统中的数据存储子系统将收集的信息以适当的格式存放以待分析和价值提取。为了实现这个目标，数据存储子系统应该具有如下两个特征：

（1）存储基础设施应能持久和可靠地容纳信息；

（2）存储子系统应提供可伸缩的访问接口供用户查询和分析巨量数据。

从功能上，数据存储子系统可以分为硬件基础设施和数据管理软件。硬件基础设施实现信息的物理存储，数据管理软件解决的是如何以适当的方式组织信息以待有效地处理。

4. 大数据分析

（1）数据分析和处理，其目标是提取数据中隐藏的数据，提供有意义的建议以及辅助决策制订。数据分析的方式主要分为：

1）描述性分析：基于历史数据描述发生了什么。

2）预测性分析：用于预测未来的概率和趋势。

3）规则性分析：解决决策制定和提高分析效率。

（2）数据分析的目标主要包括：

1）推测或解释数据并确定如何使用数据。

2）检查数据是否合法。

3）给决策制订合理建议。

4）诊断或推断错误原因。

5）预测未来将要发生的事情。

（3）尽管目标和应用领域不同，一些常用的分析方法几乎对所有的数据处理都有用。

1）数据可视化：数据可视化的目标是以图形方式清晰有效地展示信息。一般来说，图表和地图可以帮助人们快速理解信息。

2）统计分析：统计分析技术可以分为描述性统计和推断性统计。描述性统计技术对数据集进行摘要或描述，而推断性统计则能够对过程进行推断。

3）数据挖掘：是发现大数据集中数据模式的计算过程。许多数据挖掘算法已经在人工智能、机器学习、模式识别、统计和数据库领域得到了应用。

（四）大数据技术在电网中的应用实例

1. 用电负荷预测

目前调度掌握的数据已经能够涵盖到用户负荷层面，基于每个用户的负荷与气象、典型日曲线、设备检修等数据，建立各类影响因素与负荷预测之间的量化关联关系，利用大数据技术有针对性地构建负荷预测模型，实现更加精确的短期、超短期负荷预测，保障电力供应的可靠性。

2. 发电计划预测

针对大规模新能源并网与消纳问题，通过多源数据融合、模式识别、偏好决策、模糊决策等数据分析技术预测电网母线负荷，并以此为依据，结合经济发展、气象以及其他各类信息来源，对发电计划进行持续滚动动态优化，从而科学、合理地制订月度（周度）、日前、日内等不同周期机组的电量计划、开停机计划和出力计划，最大限度地保证电力电量平衡。

3. 电网运行监测

通过汇总区域内各级设备台账、负荷、电网运行、网架结构等海量数据，对线损进行实时计算和处理，实现电能损耗的有效控制。通过利用实时用电负荷、实时变压器负荷、设备运行状态信息，估算出配电设备的负载情况，对配电设备进行重过载预警，有效减少电压不稳定、频繁停电等现象。

4. 电网故障诊断

电网发生故障后会经历电气量变化、保护装置动作、断路器跳闸三个阶段，其中包含大量反映电力系统故障的数据信息。监测系统将采集到的海量故障数据从自动装置上送至调度中心，剔除时空交错的复杂数据中冗余信息，只保留电网故诊断所需信息，将多源故障数据进行融合，利用专家知识、粗糙集理论、数据建模等分析技术，实现故障类型的诊断与判定。根据故障分析结果，调度运行人员及时进行事故处理，快速恢复供电，保证电网安全、可靠运行。

5. 电网风险预警

通过对电网运行数据的监测分析、深度挖掘，基于大数据技术开展电网运行状态评估，计算电网运行风险指数，判断出风险类型，预测从当前到未来一段时间内电网运行面临的风险情况；根据风险类型辨识结果，生成相应的预防控制方案，供调度决策人员参考。对突发性风险和累积性风险进行准确区分并生成针对性预防控制方案，依据对多源异构数据的深度分析，将风险准确定位到局部，实现全网各区域风险状况的集中辨识、定位以及预防控制。

三、云计算技术

（一）云计算的定义

云计算是一种动态的、易扩展的、且通常是通过互联网提供虚拟化的资源计算方式，是并行计算、分布式计算、网格计算、效用计算、虚拟化、面向服务架构（Service-Oriented Architecture，SOA）、网络存储等众多计算机技术和网络技术融合发展的产物，能够大大提高对各种分析计算任务的数据存储能力和计算能力。

提供资源的网络称为“云”，用户不需要了解“云”的内部细节，也不必具有“云”的专业知识或直接控制基础设施。在用户看来，云资源是可以无限扩展的，可以随时获取，按需使用，按使用付费。它提供的服务具有超大规模、虚拟化、可靠安全等独特功效，可以是 IT 和软件、互联网相关的，也可以是任意其他的服务。

综合所述，可得出云计算的几个主要特点：具有超强的计算和存储能力、易于扩展和管理、采用虚拟化技术把资源抽象成服务、可靠性高、极其廉价等。

（二）云计算的体系结构

云计算的一个核心理念就是将大量用网络连接的计算资源统一管理和调度，构成一个计算资源池向用户按需服务，通过不断提高“云”的处理能力，进而减少用户终端的处理负担，最终使用户终端简化成一个单纯的输入输出设备，并能按需享受“云”的强大计算处理能力。

云计算的一个本质特征是采用虚拟化技术，云计算平台对整合的所有计算和存储资源均进行虚拟化，形成“云”，对用户来讲“云”就是一个单一的实体。云计算的体系结构如图3－17所示。

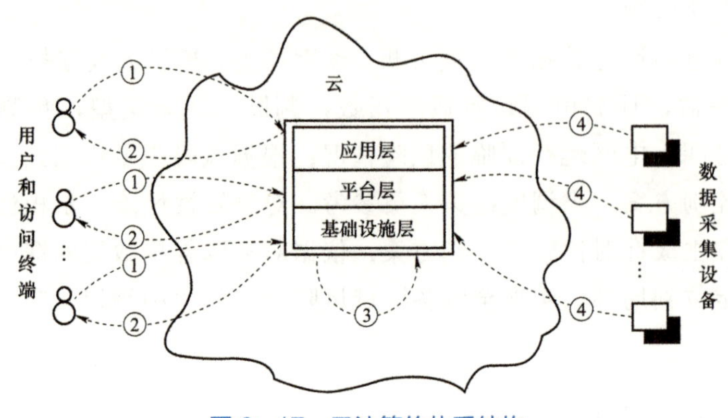

图3－17　云计算的体系结构

云计算平台可以将用户的任务放到“云”中的同一设备中，也可以将任务进行拆分，分别运行在“云”中多台设备中，即云计算平台可以根据用户的任务动态分配“云”中的各种计算和存储资源。另外，云计算利用虚拟化技术将“云”中的资源抽象成服务的形式提供给用户，一般服务包括3个基本层次：基础设施层（Infrastructure as a Service，IaaS）、平台层（Platform as a Service，PaaS）和应用层（Software as a Service，SaaS）。

（1）基础设施层，是虚拟化了的大量广源异构硬件资源及相关的管理功能集合。基础设施层中硬件资源通过网络（如Internet或专属网络等）连接在一起，利用集群或分布式控制技术实现硬件设备的协同工作。该层能运行多种操作系统和软件，根据用户需求动态提供丰富的计算和存储资源。通过IaaS，用户相当于在使用一台具有超级计算和存储能力的计算机。

（2）平台层，构建在基础设施层之上，是具有基础性和可重复利用性的软件集合，为用户提供软件开发和测试平台。通过应用程序编程接口（Application Programming Interface，API）和软件开发工具包（Software Development Kit，SDK）等提供软件开发测试环境，并提供各种软件所需的运行环境。PaaS让用户可以方便地将所开发的应用软件发布在云计算平台的应用层，加快了应用服务的部署，有利于应用服务的扩展。

（3）应用层，是云计算平台上发布的所有应用软件集合。用户通过Internet便能直接访问SaaS上的应用软件，无需本地安装，更不需要维护和升级软件，软件的开发、测试、运行、维护和升级均由应用程序开发者负责，因此极大地

方便了用户对应用软件的使用。

（三）云计算技术在电网中的应用实例

1. 调度控制云平台

调度控制云平台（简称“调控云”）是面向电网调度业务的云服务平台。为适应电网一体化运行特征，以电网运行和调控管理业务为需求导向，依托云计算、大数据等 IT 技术，构建调控云，形成 “资源虚拟化、数据标准化、应用服务化”的调控技术支撑体系。调控云的目标是建立统一和分布相结合的分级部署设计，形成国分（国调、国调分中心）主导节点和各省级协同节点的两级部署，共同构成一个完整的调控云体系。构建全网统一的模型、运行和实时数据资源池，实现与实际一、二次系统一致的全网准确、完整的模型。推动各类运行数据的云端存储和应用，实现电网实时数据云端获取。构建开放、共享的调控云应用服务体系，打造体现 “全网、全景、全态”特征的电网一张图，支撑运行分析、安全管控和辅助决策等业务应用场景。按照组件开放、架构开放、生态开放的原则，国（分）、省级两级“$1+N$”中的每个调控云节点均建立业务双（多）活的两（多）个站点，每个站点内由基础设施层（IaaS）、平台服务层（PaaS）和应用服务层（SaaS）、3 个层级组成。

调控云及其基础应用功能已在华北、华东、华中、山东、天津、冀北、四川、湖南、江苏、浙江、福建、上海等十余个省级及以上调控中心部署，平台在实际中得到充分验证，取得了较好的应用效果。

2. 基于云架构的一体化调度培训仿真技术

调度员仿真（Dispatcher Training System，DTS）是通过数字仿真技术模拟电力系统的静态和动态响应及事故恢复过程，使调度员在与实际电网相同的调度环境中进行正常操作、事故处理及系统恢复的培训，以提高调度员的各项基本技能，尤其是事故时快速反应的能力。新一代 DTS 基于调控云平台，进一步具备调控一体化仿真及多级电网全范围的联合反事故演练功能，支持各级电网同时进行联合反事故演习，以提高协同管理电网、协同处理故障、协同保障电网运行的能力。

基于云架构的调控一体化仿真培训由调度员培训模拟和监控员培训模拟应用功能构成，两者均包括电力系统仿真、控制中心仿真、教员台控制等模块，其中监控员培训模拟应用功能在共享部分调度员培训模拟应用功能基础上，对电力系统仿真、控制中心仿真、教员台控制等模块进行扩展，实现保护信号、保护装置与一次设备的自动关联，使监控员仿真模拟更加真实可靠。

四、移动互联网技术

（一）移动互联网的定义

中国工业和信息化部电信研究院在2011年的《移动互联网白皮书》中对移动互联网的定义为："移动互联网是以移动网络作为接入网络的互联网及服务，包括3个要素：移动终端、移动网络和应用服务。"

（1）移动终端，包括手机、专用移动互联网终端和数据卡方式的便携电脑。

（2）移动网络，包括2G、3G、4G、5G等。

（3）应用服务，包括Web、WAP（无线应用协议）方式。

（二）移动互联网的架构

移动互联网的特点和业务模式，要求移动互联网技术架构中应具有接入控制、内容适配、业务管控、资源调度、终端适配等功能，这需要从终端技术、承载网络技术、业务网络技术各方面综合考虑来构建架构。

移动互联网的典型体系架构模型包括：

（1）业务应用层：提供给移动终端的互联网应用，包括典型的互联网应用，比如网页浏览、在线视频等，也包括基于移动网络特有的应用，如定位服务等。

（2）移动终端模块：从上至下包括终端软件架构和终端硬件架构。

1）终端软件架构：包括应用 App、用户 UI、支持底层硬件的驱动、存储和多线程内核等。

2）终端硬件架构：包括终端中实现各种功能的部件。

（3）网络与业务模块：从上至下包括业务应用平台和公用接入网络。

1）业务应用平台：包括业务模块、管理与计费系统、安全评估系统等。

2）公共接入网络：包括接入网络、承载网络和核心网络等。

（三）移动终端技术

1. 网络访问加速技术

目前接入网络包括WIFI、WLAN、4G、5G等多种类型，要确保移动互联网用户在各种复杂网络环境下，均能获得良好的体验，是移动应用开发中的关键问题之一。

总体指导原则为：能够动态感知用户的网络状况，调整应用处理逻辑和应用内容展现机制。当出现网络切换、中断、网速异常下降等情况时，能够及时进行处理，不影响用户的主流程操作；在代码中做多重异常保护措施，增强代码的健壮性，防止应用因为网络不稳定导致闪退等问题。

2. 能耗控制技术

移动应用的耗电控制是开发过程中重点考虑的因素之一。应用耗电控制的技术包括系统级电源管理、无线通信节能机制等，涉及应用开发方法和应用网络访问等诸多方面。

在应用开发中，网络频繁访问和大数据交互也是应用耗电的一大重要原因，因而在应用设计过程中，需要考虑应用网络访问的频度并减少不必要的数据交互。

3. 定位技术

定位，也称为位置感知，是指借助已知空间中的一组参考点的位置来获得该空间中移动用户的位置的过程，是移动终端在使用中非常重要的功能需求。定位技术主要有 3 类：卫星定位技术、网络定位技术和感知定位技术。

4. 终端硬件技术

随着移动互联网技术的不断发展，移动终端硬件发展呈现出以下趋势：

（1）智能化发展趋势，实现功能更丰富。

（2）处理能力更强，存储空间更大。

（3）模块化发展趋势：手机设备已经出现了硬件及软件架构向通用化发展的动向，大量采用嵌入式操作系统与中间件软件，关键零部件也呈现出标准化发展趋势。

5. 终端软件技术

移动互联网终端软件主要包括操作系统和第三方应用软件，其特点是以智能终端操作系统为基础，结合各种层次或类别的中间件实现对应用服务的支持。

基于目前情况来看，终端操作系统的发展趋势是：开放性、安全性；终端应用软件的发展趋势是开发操作本地化、服务全能化以及传统电信业务替代产品。

6. 终端开发框架

开发框架主要定义了整体结构、类和对象的分割及其之间的相互协作、流程控制、强调设计复用，便于应用开发者能集中精力于应用本身的实现细节。

移动互联网终端应用的统一架构包括移动互联网终端应用的统一开发框架和开发环境两部分。其中，统一开发框架采用分层架构，减少了模块间的耦合，使得应用组件、系统中间件具有良好的扩充性。开发环境是应用开发人员物理上感知到的最前端，让开发者可以通过简单易用的开发工具，基于开发框架和模板开发，快速构建移动应用。

7. 人机交互界面（user interface，UI）

人机交互界面是用户操作应用终端的第一环境，人机交互接口是否友好、功能是否强大，直接影响到用户对终端使用的满意度和业务的成功率。

8. 远程服务的调用技术

远程服务调用是移动应用与后台服务之间数据交换的实现方式，移动应用通常使用基于超文本传输协议（HTTP）的 WebService 协议来实现终端和服务器之间的数据交换。

WebService 通常基于简单对象访问协议（SOAP）的标准方式和基于表述性状态转移（REST）两种方式。前者由于数据传输量较大，应用场景受限；后者能基于可扩展标记语言（XML）和 JSON 等的多种方式。

（四）移动互联网在配电网调度中的应用

1. 配电网调度网络化下令

基于移动互联网技术，通过在配电网调度技术支持系统中建设智能操作票、检修申请单功能模块，实现智能拟票、模拟预演、安全校核、预令、正令管理、检修许可等功能，在移动作业平台部署配电网调度网络化下令 App 功能模块，具备与智能操作票、检修申请单功能模块双向信息交互等功能，采用 VPN、VLAN 等构建虚拟专网方式保障移动通信网络安全。值班调度员和现场运维人员通过网络化方式实现操作票的预令下发、正令下令、复诵、调度确认、回令、收令等环节，替代电话下令等手段，减少操作时接打电话对调度人员时间的占用，规避传统电话模式带来的语音歧义、信息缺失、监护盲点、误读、误记、误解等危险点，促使串行的调度操作向并行开展，促进调度与现场高效协同，极大地提升调度操作效率。

2. 配电终端信息自助验收

基于移动互联网技术，通过在配电网调度技术支持系统中建设配电终端信息接入与验收管理 Web 功能模块，实现信息表管理、信息接入（变更）管理、自助验收管理等功能，在移动作业平台部署配电终端信息自助验收 App 功能模块，具备与配电网调度技术支持系统双向信息交互、通信异常提醒等功能。现场运维人员手持自助验收 App 终端，能够随时随地和主站开展配电终端信息接入验收业务，实现配电终端信息接入（变更）规范化、现场验收自助化、信息验收并行化、验收报告数字化，促进配电网调控终端信息接入与验收业务模式向数字化、自动化、智能化方向转变，有效降低一线调控人员工作承载力。

五、人工智能技术

（一）人工智能研究内容

从人工智能的发展历程来看，20 世纪 80 年代的算法创新研究为人工智能带来了突破性发展。之后，大数据、计算力、深度学习等方面的进展促进了人工智能的高速发展。算法、计算力、大数据是人工智能的基础支撑层，而建立在这之上的基础技术便是计算机视觉、自然语言理解、语音识别。人工智能通过这三种技术，使机器能够看懂、听懂人类世界，用人类的语言和人类交流。

1. 人工智能的基础支撑层

（1）算法。算法是指用系统的方法描述解决问题的策略机制，能够基于一定规范的输入，在有限时间内输出所要求的结果。

近几年，新算法的发展提升了机器学习的能力，尤其是深度学习理论的成熟。目前，很多企业将先进算法封装于易用的产品中，采用云服务或开源方式向行业提供先进技术，这种方式大大推动了人工智能技术的发展。目前，很多厂家都在搭建通用的人工智能机器学习和深度学习计算底层平台，如谷歌的 TensorFolw 软件、微软的 Computational Network Toolkit 深度学习工具包、亚马逊的 AWS 分布式机器学习平台、百度的 AI 开放平台等。

（2）计算力。人工智能对计算力的要求很高。以往受制于单机有限的计算力，对人工智能的研究进展缓慢。近几年，云计算的发展大大提升了计算力。机器学习，特别是深度学习，是极耗计算资源的，而云计算可以达到每秒 10 万亿次的运算能力。此外，图形处理器的进步也很好地推动了人工智能的发展，这种多核并行计算流的方式能够大大提高运算速度。

（3）大数据。移动互联网的爆发式发展，使当今社会积累了大量数据。随着对数据价值的挖掘，各种管理和分析数据的技术得到了较快发展。人工智能中很多机器学习算法需要大量数据作为训练样本，如图像、文本、语音的识别，都需要大量样本数据进行训练并不断优化。现在这些条件随处可得，大数据是人工智能发展的助推剂，为人工智能的学习和发展提供了非常好的基础。

2. 人工智能的技术方向

人工智能涉及的学科非常多，包括数学、认知学、行为学、心理学、生理学、语言学等。人工智能技术方向主要分为计算机视觉、自然语言处理、语音识别三个部分，即首先要能看得懂、听得懂，这样才能精准的执行指令。

（1）计算机视觉。通俗来说，计算机视觉就是让机器能“看”懂，其作用在于从图像或视频中提取符号与数值信息，分析计算该信息的同时，进行目标的识别、检测和跟踪等。

计算机视觉处理的图像一般分为静态图像和动态图像。识别静态图像比较容易，只需对采集到的图像上传到计算机的数据库进行模糊对比即可；而识别动态图像时则比较麻烦，需要对拍摄场景中的所有信息进行整理和分类，然后再通过智能设备进行处理分析，而智能设备的处理能力尤为关键。

近年来，计算机视觉借助人工智能的理念与思路也发展了许多产业项目：手机的人脸识别解锁和支付功能，识别动植物的 App，电子监控系统，车间生产零件的自动化控制处理等。

（2）自然语言处理。自然语言处理是研究人与计算机可通过自然语言进行有效通信的技术（又称为人机对话）。

通过计算机模拟人们日常交际的语言习惯，让计算机能够理解和运用社会中人类普遍使用的语言：如汉语、英语等。当人们与计算机进行对话时，计算机就可以对人们提出的请求快速处理：例如实时翻译，文献查找等。

自然语言处理是人与计算机直接沟通的桥梁，但却也是非常复杂的一步。因为自然语言不像机器编程语言一样严谨，而且不同的人有不同的说话方式和习惯，甚至还有口音的很大差异。如果计算机无法明白甚至曲解其含义，执行成错误的结果，会带来不必要的麻烦。

（3）语音识别。语音识别是把语音信号转化为文字或执行命令的一个过程，主要方法为模式匹配法，即首先将用户的词汇存入到计算机的数据库中，然后再与数据库里的每个模板进行相似度匹配，相似度最高的被筛选作为识别结果输出。

目前，语音识别技术已经应用在各类生活服务终端及通信，比如小爱同学、Siri 等智能终端语音助手等。研究语音识别技术也是现在的主流趋势，要大力推动智能语音识别等人工智能的应用，取代大量、重复、烦躁的人工服务和工作内容，提高工作水平与效率。

（二）人工智能技术在电网调度中的应用

1. 停电事故恢复方案优化

对各变电站及线路的负荷能力数据、位置关系数据、各区域用户用电需求进行判断，并对各类用户失电恢复优先级进行标注，基于经济、社会影响等多方面因素综合考虑用户失电恢复优先级，结合对可调用资源的统筹和对用户重要性的判断，基于人工智能技术，生成故障恢复方案模型，为指挥人员处理停

电事故提供辅助参考。

2. 智能调度机器人

通过主要需求理解、对话控制及底层的自然语言处理、知识库等技术实现智能语音处理，对口音、方言、口语化表达习惯、专业词汇、环境背景杂音、句子停顿等多种因素进行综合处理，积累适应当地表达特色的自然语言样本，结合实际业务场景持续更新术语及需求信息，实现典型业务场景机器人“智能调度”的功能。

江苏地区试点的配电网智慧大脑，成功打造了模式创新、管理提质、技术增效的全数字化配电网调控管理体系，将多轮人机对话、复杂语音语义识别技术、知识图谱、深度学习、图神经网络等 AI 技术与调度业务相结合，建成集虚拟全能调度、实时影子监护、故障应急响应等核心功能于一体的配电网智慧大脑，贯通了 DMS、OMS、调度电话系统、网络发令系统，实现调度操作有效性校核并同步完成收发令、开关模拟置位、挂牌等调度员日常计划检修类操作，极大地提升配电网调度业务整体运营效率。

3. 设备事态趋势感知

利用设备参数、运行年限、状态信息、历史故障、缺陷隐患、在线监测等各类数据进行设备画像，对设备未来趋势进行智能诊断，辨识设备存在的运行风险。通过人工智能技术感知设备运行状况，对设备的健康状况进行科学状态评价，指导调控人员重点关注存在隐患的电力设备，制订预控措施。

4. 故障自动研判

利用积累的大量历史跳闸动作报告和故障录波的波形、现场实际故障点照片、故障原因分析，对跳闸动作报告和故障录波的故障波形、现场实际故障点照片、故障原因分析等数据进行标注，进行人工智能的深度学习、分类，对故障类型、故障点、故障原因进行综合分析评估，指导调控人员事故处理决策。

六、区块链技术

（一）区块链技术概述

2008 年，被称为“比特币”的数字货币首次出现，比特币的设计初衷是在不信任环境下进行数字货币的支付，通过哈希函数、非对称加密、签名等密码学方法来实现用户的匿名以及交易的确认，通过共识机制对共同维护的数据达成一致，对信任危机提出了一种新的解决思路。自比特币问世以来，比特币的底层技术——区块链技术也在不断发展，目前区块链的发展可分为 3 个阶段。

（1）区块链 1.0。区块链 1.0 阶段也可以被称为可编程货币阶段，区块链使互不信任的人在没有权威机构介入的情况下，可以直接使用比特币进行支付。比特币以及随后出现的莱特币、狗狗币等电子货币，凭借其去中心化、跨国支付、随时交易等特点，对传统金融造成了强烈的冲击。

（2）区块链 2.0。区块链 2.0 阶段可以被称为可编程金融阶段。受比特币交易的启发，区块链技术被应用到包括股票、清算、私募股权等其他的金融领域。区块链技术的应用使金融行业有希望摆脱人工清算、复杂流程、标准不统一等带来的低效和高成本，使传统金融行业发生颠覆性改变。

（3）区块链 3.0。区块链 3.0 阶段可被称为可编程社会阶段。随着区块链的发展，人们逐渐探索将区块链应用到各种有需求的领域。例如应用区块链匿名性特点的匿名投票领域，利用区块链溯源特点的供应链、物流等领域。区块链将不可避免地对未来的互联网以及社会产生巨大的影响。

（二）区块链架构

通常把区块链平台分为 5 层，分别是数据层、网络层、共识层、合约层和应用层。

1. 数据层

数据层是最底层，通过封装的链式结构、非对称加密、共识算法等技术手段来完成数据的存储和交易的安全实现，通常选择 LevelDB 数据库来存储索引数据。

区块链使用更简单、运算更快的哈希指针来完成区块之间的链接。每个区块都是由区块头和区块体两部分组成。区块头中通常存放着前块哈希、时间戳、Merkle 根、随机值、难度目标等数据，区块体中存放着交易数据。通过每个区块头中包含的前块哈希（除创世区块外）使当前区块指向前一区块，从而将一个个孤立的区块在逻辑上连接起来，形成一条链状结构。目前，数据存储模型主要分为基于交易的模型和基于账户的模型，比特币采用的是基于交易的模型。

2. 网络层

区块链通过对等节点（Peer-to-Peer）的方式完成组网，消息和数据的传输直接在节点之间完成，节点可以选择在任意时刻加入或退出网络而无需中间环节或中心服务器的参与，因此网络层采用 P2P 协议作为传输协议。

3. 共识层

在一个区块链的分布式系统中，互不信任的节点通过某一机制在短时间内

排除恶意节点的干扰，对正确结果达成一致，即称各节点之间达成共识。

相较于传统系统，区块链提出“不可能三角”评价标准，即去中心化、可扩展性、安全性不能同时满足。从解决传统分布式共识问题的经典共识算法到解决区块链共识的 PoW，PoS 算法，共识算法经历了长足的发展与改进。

4. 合约层

区块链 2.0 在区块链 1.0 的基础上引入了智能合约，智能合约从本质上来说是通过算法、程序编码等技术手段将传统合约内容编码成为一段可以在区块链上自动执行的程序，是传统合约的数字化形式。智能合约使区块链在保留去中心化、不可篡改等特性的基础上增加了可编程的特点。

5. 应用层

区块链目前的应用场景主要集中在数字货币、金融交易、数据鉴证、选举投票、物流等方面，另外区块链与一些前沿研究领域如物联网、AI 等也有了不错的交互。应用层除了根据具体的应用业务独立开发一些专用的应用之外，还可以通过对下层数据和业务的集成来提供服务，构建适应性较强的区块链通用服务平台，如微软公司的 Azure BaaS。

（三）区块链技术在电网调度中的应用

1. 基于区块链的虚拟电厂应用

虚拟电厂既要满足海量分布式能源资源实时参与电力市场交易，又要有效控制分布式电源并网行为以确保电力系统安全、可靠地运行，其协调控制技术从机制设计到技术实现均具有较大难度。区块链技术的不可篡改性、分布记账特性，能够为解决上述问题提供新的研究思路。区块链因其分布式记账特性能够为虚拟电厂的电力交易和调度提供透明、公开、可靠和低成本的去中心化平台，使不同类型的分布式电源产生的数据能够高效、快速地交叉验证和可信共享。采用区块链技术的虚拟电厂与各分布式能源之间可以在信息对称的情况下进行双向选择，分布式的信息系统和虚拟电厂内部分布式能源相匹配，各发电单元自愿加入虚拟电厂并共同进行系统的维护工作。每当有新的分布式能源加入虚拟电厂时，通过数字身份验证对各分布式能源的信息进行验证，并保证其受已定的激励政策和惩罚机制约束，从而使得区块链技术能在虚拟电厂与分布式能源之间生成有效的智能合约，并保证自动且稳定地执行。

通过区块链激励机制将虚拟电厂协调控制手段和分布式电源的独立并网行为有机联动，在确保电力系统安全、可靠运行的基础上，实现分布式发电的高渗透、高自由、高频率、高速度并网。

2. 基于区块链的透明调度

构建基于区块链的调度信息交互和数据存储中心，有效地将区块链技术在数据存储、信息安全、数据互操作性方面的优势引入调度系统中。通过区块链实时发布发电信息及用电需求，基于区块链智能合约自动匹配需求并制订电力调度计划，可实现电网自适应调度和运行，提升运行效率和信息安全能力，促进能源更合理消纳。基于区块链的透明调度运行总体思路：

（1）参与到调度系统的各个用电单元，将各自的用电需求信息提交到交易市场，交易市场将用电信息汇总，并提交到区块链平台。

（2）通过共识算法形成发电单元索引列表，各个用电单元都可以根据发电单元索引信息寻找适合自己的发电单元。基于智能合约可以根据不同的情形确定各个用电单元对接的发电单元集合，从而实现最优的供需交易结果。

（3）在发电计划匹配成功后，各发电单元完成自己的发电任务，通过输电系统运营商进行电力配送，最终将电能输送到相应的用电单元。输电系统运营商与区块链平台不断进行信息的审核确认，将电力交易信息上传至区块链平台存证，以保证每笔用电交易都准确完成。

3. 基于区块链的电力调度考核评价

基于区块链的电力调度考核评价系统，实时采集发电企业 PMU 子站、RTU/测控装置、边缘代理装置等数据信息并进行上链存证操作，有效保证源头数据的真实性和完整性。利用区块链的智能合约技术构建“两个细则”指标考核模型，将智能合约通过广播发送到区块链中，与其他区块链节点进行同步，在多方节点下共同完成指标考核计算，并将考核结果进行对外发布，实现电力调度考核评价全过程的公开透明、真实可信和可追溯。

七、虚拟电厂技术

（一）虚拟电厂的定义

目前，世界各国虚拟电厂的应用形式有着显著的不同，欧洲各国的虚拟电厂亦各具特色。欧洲现已实施的虚拟电厂项目，如欧盟虚拟燃料电池电厂（Virtual Fuel Cell Power Plant，VFCPP）项目主要针对实现分布式电源（Distributed Generation，DG）可靠并网和电力市场运营的目标考虑而来，DG 占据分布式能源（Distributed Energy Resource，DER）的主要成分；而美国的虚拟电厂主要基于需求响应计划发展而来，兼顾考虑可再生能源的利用，因此可控负荷占据主要成分。

综合看来，虚拟电厂概念的核心可以总结为“通信”和“聚合”。虚拟电厂可认为是通过先进信息通信技术和软件系统，实现DG、储能系统、可控负荷、电动汽车等DER的聚合和协调优化，以作为一个特殊电厂参与电力市场和电网运行的电源协调管理系统，并未改变每个DG并网方式。

虚拟电厂的概念更多强调的是对外呈现的功能和效果，更新运营理念并产生社会经济效益，其基本的应用场景是电力市场。这种方法无需对电网进行改造而能够聚合DER对公网稳定输电，并提供快速响应的辅助服务，成为DER加入电力市场的有效方法，降低了其在市场中孤独运行的失衡风险，可以获得规模经济的效益。同时，DER的可视化及虚拟电厂的协调控制优化大大减小了以往DER并网对公网造成的冲击，降低了DG增长带来的调度难度，使配电管理更趋于合理有序，提高了系统运行的稳定性。

（二）虚拟电厂的关键技术

1. 协调控制技术

虚拟电厂协调控制的重点和难点是聚合多样化的DER实现对系统高要求的电能输出。例如，一些可再生能源发电站（如风力发电站和光伏发电站）具有间歇性或随机性以及存在预测误差等特点，因此，将其大规模并网必须考虑不确定性的影响。这就要求储能系统、可分配发电机组、可控负荷与之合理配合，以保证电能质量并提高发电经济性。

虚拟电厂的控制结构主要分为集中和分散控制。

在集中控制结构下，虚拟电厂的全部决策由中央控制单元——控制协调中心（Control Coordination Center，CCC）制定。虚拟电厂中的每一部分均通过通信技术与CCC相互联系，CCC多采用能量管理系统（Energy Management System，EMS），其主要职责是协调机端潮流、可控负荷和储能系统，根据接收到的信息，EMS可以选择最佳解决方案，以实现最优化运行的目标。

在分散控制结构中，决策权完全下放到各DG，且其中心控制器由信息交换代理取代。信息交换代理只向该控制结构下的DER提供有价值的服务，如市场价格信号、天气预报和数据采集等。由于依靠即插即用能力，因而分散控制结构比集中控制结构具有更好的扩展性和开放性。

2. 智能计量技术

智能计量技术是实现虚拟电厂对DG和可控负荷等监测和控制的重要基础。智能计量系统最基本的作用是自动测量和读取用户住宅内的电、气、热、水的消耗量或生产量，即自动抄表（Automated Meter Reading，AMR），以此为虚拟电厂提供电源和需求侧的实时信息。

对于用户而言，所有的计量数据都可在电脑上显示，用户能够直观地看到自己消费或生产的电能以及相应费用等信息，以此采取合理的调节措施。

3. 信息通信技术

虚拟电厂采用双向通信技术，它不仅能够接收各个单元的当前状态信息，而且能够向控制目标发送控制信号。应用的通信技术主要有基于互联网协议的服务、虚拟专用网络、电力线路载波技术和无线技术等。根据不同的场合和要求，虚拟电厂可以应用不同的通信技术。

（三）虚拟电厂技术在电网调度中的应用

1. 清洁能源消纳

由于分布式电源的波动性和间歇性，大规模分布式电源直接接入电网会给电力系统的安全稳定运行、供电质量带来较大挑战。为协调电网和分布式发电的矛盾，充分挖掘分布式发电为电网和用户带来的价值，目前虚拟电厂已被公认为是分布式电源最有效的利用方式之一。通过基于虚拟电厂的源网荷储协调优化技术将分布式发电机组、储能变电站、可以远程控制的可控负荷整合成一个新的系统，共同参与电力系统调度控制，促进电能管理更加合理有序，从而解决新能源发电间歇性问题，提升电网清洁能源消纳水平。

2. 经济调度运行

在计及安全约束的前提下，采用不同目标函数，通过合理分配各分布式电源及各类可控负荷实现虚拟电厂的经济调度。由于分布式能源以可再生能源为主要特征，可再生能源发电的随机性、污染物排放量小等特点，使得虚拟电厂的经济调度相对于传统的电网优化调度引入了新的研究内容。虚拟电厂经济调度常见的方式有：

（1）以电厂为单位参与电网的优化调度，电网根据虚拟电厂的成本或报价函数参与电网的整体调度。

（2）基于互动调度的虚拟电厂与配电网协调运行模式，虚拟电厂以电源和负荷的双重身份参与调度，重在消除虚拟电厂运行的不确定性。

虚拟电厂的经济调度还要考虑分布式电源随机因素的影响，目前考虑随机因素的最优潮流主要分为两类：概率最优潮流和随机最优潮流。其中：概率最优潮流考虑确定性调度下，随机变化的功率对系统的变量如线路功率、节点电压等波动的影响；而随机最优潮流的模型及优化过程均考虑随机因素，因而其最终调度方案对随机因素具有耐受性。

3. 安全可靠供电

虚拟电厂不改变分布式电源及用户的并网方式，其通过先进的控制计量通信等技术聚合分布式电源、储能系统、可控负荷、电动汽车等不同类型的分布式能源，按照一定的优化目标运行，有利于资源的合理优化配置及利用。通过虚拟电厂将分布式电源和负荷综合优化管理后统一接入电网有利于电力系统安全调度和提高负荷供电可靠性。虚拟电厂一般接入配电网中，接入电压等级与其内部发电单元和负荷的规模有关。当虚拟电厂的规模较大时会影响电网的机组组合和功率优化调度。虚拟电厂可相当于常规发电厂参与电网优化调度，具有灵活快速的控制能力，可以大大改善配电网的运行性能，保障安全可靠供电。

习 题

1. 物联网的体系架构由哪几部分组成？
2. 大数据相较传统数据分析，具有哪几个显著特点？
3. 简述本节介绍的区块链面临的 5 种常见攻击方式。

第四章

电网操作

第一节 一次设备操作

学习目标

1. 学习并掌握配电网一次设备、二次设备及特殊运行方式下的操作方法
2. 学习并掌握配电网一次设备、二次设备及特殊运行方式下的操作指令

知识点

一、线路操作

（一）35kV 馈供线路停复役典型操作票

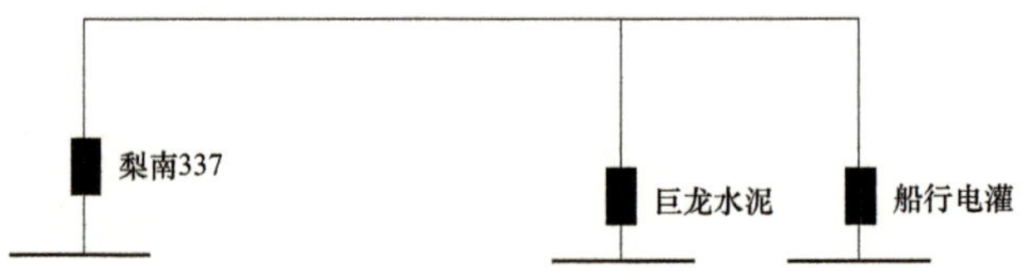

梨南 337 线路停役操作：

操作目的：梨南 337 线路停役			
1	发令	×厂站	将梨南 337 线路由运行改为检修。 备注：（1）若调管单侧开关，前核巨龙水泥、船行电灌进线开关设备用。 （2）若调管两侧开关，则由调度下令将用户侧开关先转冷备，再操作变电站侧线路转检修

梨南 337 线路复役操作：

操作目的：梨南 337 线路复役			
1	发令	×厂站	将梨南 337 线路由检修改为运行。 备注：（1）后告巨龙水泥、船行电灌线路已带电。 （2）且调控中心调管变电站单侧开关。若调管两侧开关，则线路带电后由调度下令将用户侧开关转运行

（二）35kV 联络线路停复役典型操作票

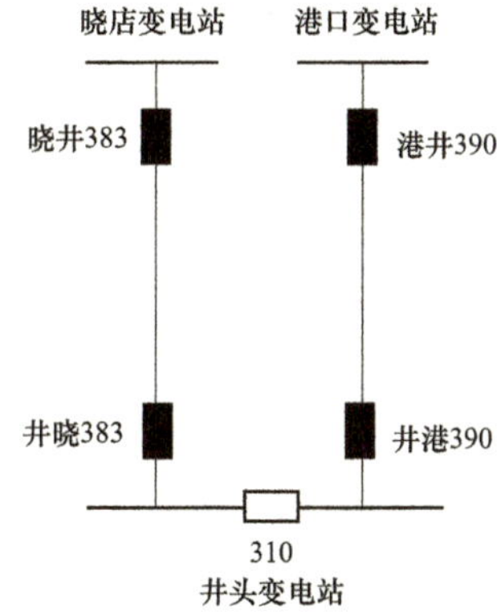

晓井 383 线路停役操作：

操作目的：晓井 383 线路停役			
1	发令	井头变电站	（1）将 35kV 备自投停用。 （2）合上 35kV 母联 310 开关（合环）。 （3）将井晓 383 开关由运行改为冷备用（解环）。 备注：前核具备合环条件
1	发令	晓店变电站	将晓井 383 开关由运行改为冷备用
1	发令	井头变电站	将井晓 383 线路由冷备用改为检修
1	发令	晓店变电站	将晓井 383 线路由冷备用改为检修

晓井 383 线路复役操作：

操作目的：晓井 383 线路复役			
1	发令	晓店变电站	将晓井 383 线路由检修改为冷备用
1	发令	井头变电站	将井晓 383 线路由检修改为冷备用
1	发令	晓店变电站	将晓井 383 开关由冷备用改为运行
1	发令	井头变电站	（1）将井晓 383 开关由冷备用改为运行（合环）。 （2）拉开 35kV 母联 310 开关（解环）。 （3）将 35kV 备自投启用。 备注：前核具备合环条件

二、开关操作

（一）常规变电开关停复役典型操作票

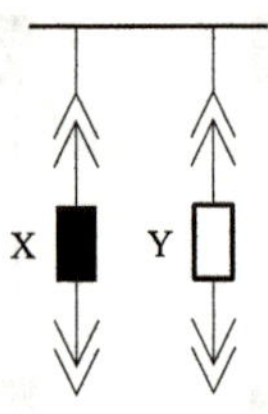

×开关停役操作：

操作目的：×厂站×开关停役			
1	发令	×厂站	将×开关由运行改为冷备用

×开关复役操作：

操作目的：×厂站×开关复役			
1	发令	×厂站	将×开关由冷备用改为运行

（二）旁路兼母联开关接线方式代出线开关停、复役典型操作票

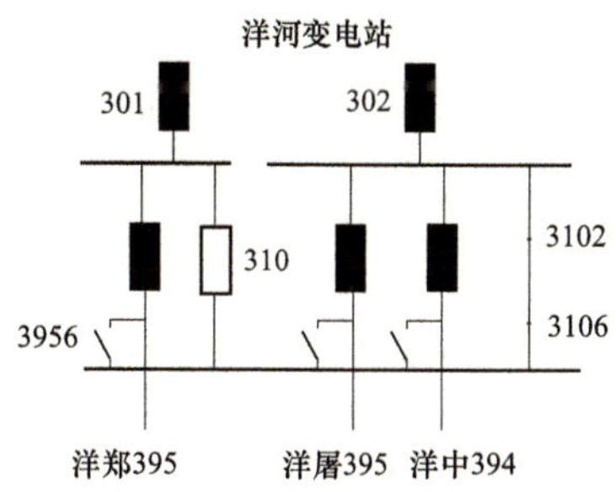

洋郑 395 开关停役操作：

操作许可模式：

操作目的：洋河变洋郑 395 开关停役			
1	许可	洋河变电站	洋郑 395 开关停役，旁路代

操作指令模式：

操作目的：洋河变洋郑 395 开关停役			
1	发令	洋河变电站	（1）将 35kV 备自投停用。 （2）拉开 35kV 旁路兼母联 3106 刀闸。 （3）拉开 35kV 旁路兼母联 3102 刀闸。 （4）合上洋郑 3956 刀闸。 （5）将 35kV 旁路兼母联 310 开关保护改为洋郑 395 开关线路保护。 （6）将 35kV 旁路兼母联 310 开关重合闸改为洋郑 395 开关重合闸。 （7）合上 35kV 旁路兼母联 310 开关（合环）。 （8）将洋郑 395 开关由运行改为冷备用（解环）

洋郑 395 开关复役操作：

操作许可模式：

操作目的：洋河变洋郑 395 开关复役			
1	许可	洋河变电站	洋郑 395 开关复役

操作指令模式：

操作目的：洋河变洋郑 395 开关复役			
1	发令	洋河变电站	（1）将洋郑 395 开关由冷备用改为运行（合环）。 （2）拉开 35kV 旁路兼母联 310 开关（解环）。 （3）将 35kV 旁路兼母联 310 开关重合闸停用。 （4）将 35kV 旁路兼母联 310 开关保护停用。 （5）拉开洋郑 3956 刀闸。 （6）合上 35kV 旁路兼母联 3102 刀闸。 （7）合上 35kV 旁路兼母联 3106 刀闸。 （8）将 35kV 备自投启用

（三）配电网线路开关停复役典型操作票

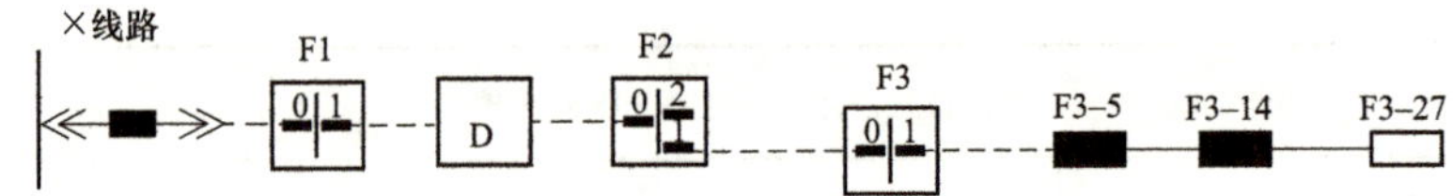

×线 F1 电缆分接箱 F11 开关停役操作：

操作目的：×厂站×线 F1 电缆分接箱 F11 开关停役			
1	发令	×配电网运维班	拉开×线 F1 电缆分接箱 F11 开关

×线 F1 电缆分接箱 F11 开关复役操作：

操作目的：×厂站×线 F1 电缆分接箱 F11 开关复役			
1	发令	×配电网运维班	合上×线 F1 电缆分接箱 F11 开关

×线 F3–14 号杆开关停役操作：

操作目的：×厂站×线 F3—F14 号杆开关停役			
1	发令	×配电网运维班	拉开×线 F3—F14 号杆开关

×线 F3–14 号杆开关复役操作：

操作目的：×厂站×线 F3—F14 号杆开关复役			
1	发令	×配电网运维班	合上×线 F3—F14 号杆开关

三、母线操作

单母分段接线的母线停复役典型操作票：

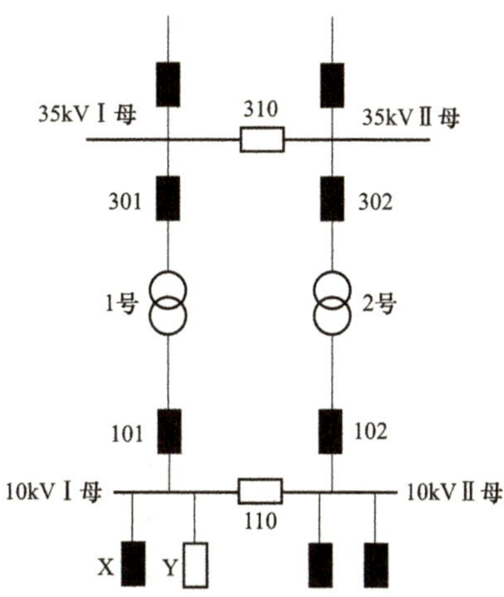

单母分段接线的母线停役操作：

操作许可模式：

操作目的：×厂站 10kV Ⅰ 母停役			
1	许可	×厂站	10kV Ⅰ 母改为冷备用

操作指令模式：

操作目的：×厂站 10kV Ⅰ 母停役			
1	发令	×厂站	（1）将 X 开关由运行改为冷备用。 （2）将 Y 开关由热备用改为冷备用。 （3）将 10kV 分段备自投停用。 （4）将 10kV 母联 110 开关由热备用改为冷备用。 （5）将 1 号主变压器 101 开关由运行改为冷备用。 （6）将 10kV Ⅰ 母 TV 由运行改为冷备用

单母分段接线的母线复役操作：

操作许可模式：

操作目的：×厂站 10kV Ⅰ母复役			
1	许可	×厂站	10kV Ⅰ母改为运行

操作指令模式：

操作目的：×厂站 10kV Ⅰ母复役			
1	发令	×厂站	（1）将 10kV Ⅰ母 TV 由冷备用改为运行。 （2）将 1 号主变压器 101 开关由冷备用改为运行。 （3）将 10kV 母联 110 开关由冷备用改为热备用。 （4）将 10kV 分段备自投启用。 （5）将 X 开关由冷备用改为运行。 （6）将 Y 开关由冷备用改为热备用

四、电压互感器操作

电压互感器停复役典型操作票：

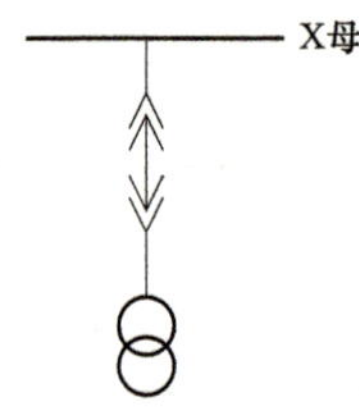

电压互感器停役操作：

操作目的：×厂站×kV×母 TV 停役			
1	发令	×厂站	将×kV×母 TV 由运行改为冷备用

电压互感器复役操作：

操作目的：×厂站×kV×母 TV 复役			
1	发令	×厂站	将×kV×母 TV 由冷备用改为运行

五、主变压器操作

（一）常规两圈主变压器停复役典型操作票

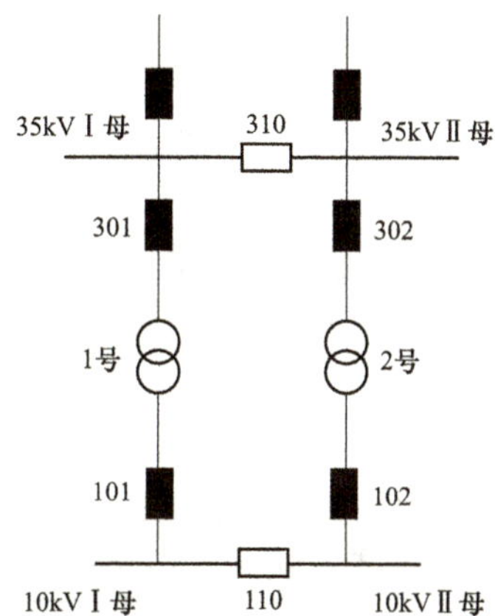

1 号主变压器停役操作：

操作目的：×厂站 1 号主变停役			
1	发令	×厂站	（1）将 10kV 备自投停用。 （2）合上 10kV 母联 110 开关（合环）。 （3）将 1 号主变 101 开关由运行改为冷备用（解环）。 （4）将 1 号主变 301 开关由运行改为冷备用。 备注：前核：1）具备合环条件。2）1 号主变压器停电后 2 号主变不过负荷

1 号主变压器复役操作：

操作目的：×厂站 1 号主变复役			
1	发令	×厂站	（1）将 1 号主变 301 开关由冷备用改为运行。 （2）将 1 号主变 101 开关由冷备用改为运行（合环）。 （3）拉开 10kV 母联 110 开关（解环）。 （4）将 10kV 备自投启用。 备注：前核具备合环条件

（二）内桥接线主变压器停复役典型操作票

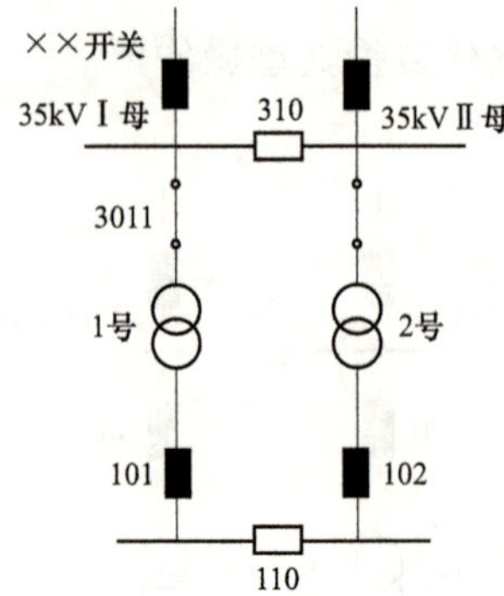

1 号主变压器停役操作：

操作目的：×厂站 1 号主变停役			
1	发令	×厂站	（1）将 10kV 备自投停用。 （2）将 35kV 备自投停用。 （3）合上 10kV 母联 110 开关（合环）。 （4）将 1 号主变 101 开关由运行改为冷备用（解环）。 （5）拉开××开关。 （6）拉开 1 号主变 3011 刀闸。 （7）合上××开关。 （8）将 35kV 备自投启用。 备注：前核具备合环条件

1 号主变压器复役操作：

操作目的：×厂站 1 号主变复役			
1	发令	×厂站	（1）将 35kV 备自投停用。 （2）拉开××开关。 （3）合上 1 号主变 3011 刀闸。 （4）合上××开关。 （5）将 1 号主变 101 开关由冷备用改为运行（合环）。 （6）拉开 10kV 母联 110 开关（解环）。 （7）将 35kV 备自投启用。 （8）将 10kV 备自投启用。 备注：前核具备合环条件

六、电容器操作

电容器停复役典型操作票

电容器停役操作：

操作许可模式：

操作目的：×厂站×kV×号电容器停役			
1	许可	×厂站	×kV×号电容器改为冷备用

操作指令模式：

操作目的：×厂站×kV×号电容器停役			
1	发令	×厂站	将×kV×号电容器由运行（热备用）改为冷备用

电容器复役操作：

操作许可模式：

操作目的：×厂站×kV×号电容器复役			
1	许可	×厂站	×kV×号电容器改为运行（热备用）

操作指令模式：

操作目的：×厂站×kV×号电容器复役			
1	发令	×厂站	将×kV×号电容器由冷备用改为运行（热备用）

七、接地变压器操作

接地变压器停复役典型操作票：

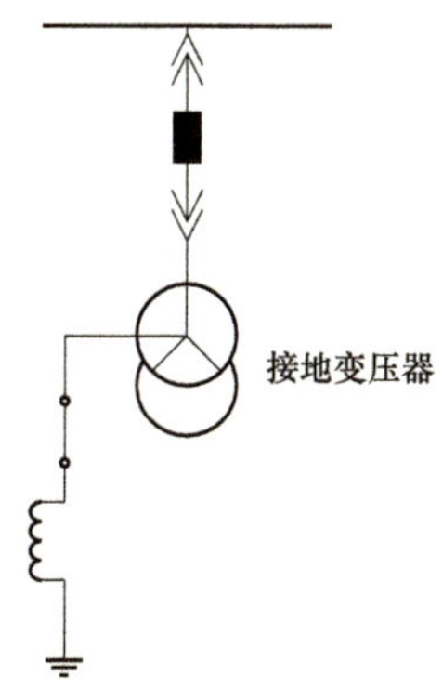

接地变压器停役操作：

操作许可模式：

操作目的：×厂站×kV×号接地变压器停役			
1	许可	×厂站	×kV×号接地变压器改为冷备用

操作指令模式：

操作目的：×厂站×kV×号接地变压器停役			
1	发令	×厂站	将×kV×号接地变压器由运行改为冷备用

接地变压器复役操作：

操作许可模式：

操作目的：×厂站×kV×号接地变压器复役			
1	许可	×厂站	×kV×号接地变压器改为运行

操作指令模式：

操作目的：×厂站×kV×号接地变压器复役			
1	发令	×厂站	将×kV×号接地变压器由冷备用改为运行（消弧线圈停用）

习　题

1. 开关操作的基本要求是什么？
2. 电容器操作基本要求是什么？

第二节　二次设备操作

学习目标

掌握二次设备的操作方法和操作指令

知识点

继电保护与安全自动装置操作

（一）变电开关线路保护停复役典型操作票

线路保护停役操作：

操作目的：×厂站×开关线路保护停用			
1	发令	×厂站	将×开关线路保护停用

线路保护复役操作：

操作目的：×厂站×开关线路保护启用			
1	发令	×厂站	将×开关线路保护启用

（二）配电网线路开关保护停复役典型操作票

配电网线路开关保护停役操作：

操作目的：×厂站×线路×开关保护停用			
1	发令	×配网运维班	将×线路×开关保护停用

配电网线路开关保护复役操作：

操作目的：×厂站×开关线路保护启用			
1	发令	×配网运维班	将×线路×开关保护启用

（三）主变保护停复役典型操作票

差动保护停役操作：

操作目的：×厂站×号主变第×套差动保护停用			
1	发令	×厂站	将×号主变第×套差动保护停用

差动保护复役操作：

操作目的：×厂站×号主变第×套保护启用			
1	发令	×厂站	将×号主变第×套差动保护启用

本体重瓦斯保护停役操作：

操作目的：×厂站×号主变本体重瓦斯保护停用			
1	发令	×厂站	将×号主变本体重瓦斯保护由跳闸改接信号

本体重瓦斯保护复役操作：

操作目的：×厂站×号主变本体重瓦斯保护启用			
1	发令	×厂站	将×号主变本体重瓦斯保护由信号改接跳闸

有载调压重瓦斯保护停役操作：

操作目的：×厂站×号主变有载调压重瓦斯保护停用			
1	发令	×厂站	将×号主变有载调压重瓦斯保护由跳闸改接信号

有载调压重瓦斯保护复役操作：

操作目的：×厂站×号主变有载调压重瓦斯保护启用			
1	发令	×厂站	将×号主变有载调压重瓦斯保护由信号改接跳闸

后备保护停役操作：

操作目的：×厂站×号主变×开关第×套低后备保护停用			
1	发令	×厂站	将×号主变×开关第×套低后备保护停用

后备保护复役操作：

操作目的：×厂站×号主变×开关第×套低后备保护启用			
1	发令	×厂站	将×号主变×开关第×套低后备保护启用

（四）备自投装置停复役典型操作票

备自投停役操作：

操作目的：×厂站×kV×号备自投停用			
1	发令	×厂站	将×kV×号备自投停用

差动保护复役操作：

操作目的：×厂站×kV×号备自投启用			
1	发令	×厂站	将×kV×号备自投启用

（五）开关重合闸停复役典型操作票

开关重合闸停役操作：

操作目的：×厂站×开关重合闸停用			
1	发令	×厂站	将×开关重合闸停用

开关重合闸复役操作：

操作目的：×厂站×开关重合闸启用			
1	发令	×厂站	将×开关重合闸启用

（六）线路 FA 功能停复役典型操作票

线路 FA 功能停用操作：

操作目的：×kV×线 FA 功能停用			
1	发令	配网调控班	将×kV×线 FA 功能由自动/交互模式改为离线模式

线路 FA 功能启用交互模式操作：

操作目的：×kV×线 FA 功能启用交互模式			
1	发令	配网调控班	将×kV×线 FA 功能由离线模式改为交互模式

线路 FA 功能启用自动模式操作：

操作目的：×kV×线 FA 功能启用自动模式			
1	发令	配网调控班	将×kV×线 FA 功能由离线模式/交互模式改为自动模式

线路 FA 功能由自动模式改为交互模式操作：

操作目的：×kV×线 FA 功能改交互模式			
1	发令	配网调控班	将×kV×线 FA 功能由自动模式改为交互模式

线路 FA 功能由交互模式改为自动模式操作：

操作目的：×kV×线 FA 功能改自动模式			
1	发令	配网调控班	将×kV×线 FA 功能由交互模式改为自动模式

习 题

1. 对于继电保护及安全自动装置启停用调度如何发令？
2. 继电保护及安全自动装置工作需要操作一次设备时有何要求？

第三节 其他特殊操作

学习目标

掌握外来线路串供母线运方调整的操作方法和操作指令

知识点

外来线路串供母线运方调整典型操作票：

 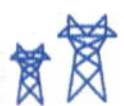

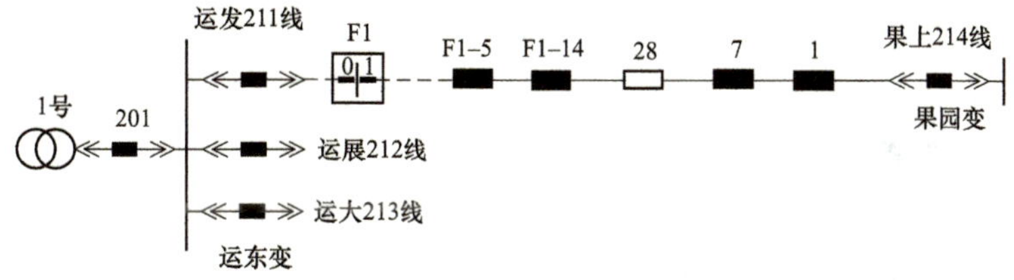

1 号主变压器停役运方调整操作（果上 214 线串供运东变 20kV Ⅰ母）：

操作目的：运东变 1 号主变压器停役运方调整			
1	发令	配网运维班	合上果上 214 线 28 号杆开关（合环）。 备注：前核具备合环条件
1	发令	运东变	（1）将 1 号主变压器 201 开关由运行改为冷备用（解环）。 （2）将运发 211 开关线路保护停用。 （3）将运发 211 开关重合闸停用。 （4）将运展 212 开关重合闸停用。 （5）将运大 213 开关重合闸停用

1 号主变压器复役运方调整操作：

操作目的：运东变 1 号主变压器复役运方调整			
1	发令	运东变	（1）将运发 211 开关线路保护启用。 （2）将 1 号主变压器 201 开关由冷备用改为运行（合环）。 （3）将运发 211 开关重合闸启用。 （4）将运展 212 开关重合闸启用。 （5）将运大 213 开关重合闸启用。 备注：前核具备合环条件
1	发令	配网运维班	拉开果上 214 线 28 号杆开关（解环）

习 题

1. 采用外来电源串供方式调度要进行哪些方式调整操作？
2. 合解环操作基本要求是什么？

第五章

电网异常与故障处理

第一节　单相接地处理技术

学习目标

1. 掌握配电网单相接地分析判断知识
2. 掌握配电网单相接地处理方法

知识点

一、配电网单相接地分析判断

（一）中性点接地方式

我国电力系统中性点接地方式主要有两种，即：

（1）中性点直接接地方式（包括中性点经小电阻接地方式）。中性点直接接地系统（包括中性点经小电阻接地系统），发生单相接地故障时，接地短路电流很大，这种系统称为大电流接地系统。大电流接地系统发生单相接地时会立即跳闸，有利于线路安全，但也引起了停电事故。

（2）中性点不接地方式（包括中性点经消弧线圈接地方式）。中性点不接地系统（包括中性点经消弧线圈接地系统），也称为小电流接地系统。发生单相接地时由于不构成短路回路，所以短路电流很小，而且三相之间的线电压仍然对称，对负荷的供电没有影响，可允许继续运行，一般不超过

2h。但在单相接地后，其他两相对地电压升高为线电压，为防止故障进一步扩大为两点、多点接地短路，要及时发出信号，以便运行人员采取措施予以消除。

划分标准在我国为：$X_0/X_1 \leqslant 4\sim5$ 的系统属于大电流接地系统，$X_0/X_1 > 4\sim5$ 的系统属于小电流接地系统。其中 X_0 为系统零序电抗，X_1 为系统正序电抗。

（二）单相接地故障原因分析

引起配电网单相接地的原因很多，一部分是自然原因，如雷击断线或避雷器被击穿，配电变压器高压引下线被小动物破坏，树枝、塑料袋等漂浮物被风带到线路上等；但更多是维护不到位或人为破坏所致，如导线在绝缘子上绑扎不牢而致落地或搭在横担上，鸟类筑巢长时间未得到清理，沿线路通道树枝、藤蔓未及时裁剪，绝缘子脏污、破裂没有及时清理、更换，汽车误撞、工程施工误伤、风筝挂线、砍伐树木误碰导线等。在上述各种原因中绝缘子击穿、导线断线、树木碰线引发了 80%以上的单相接地故障。

（三）单相接地电压特征

配电网母线电压发生异常一般有以下情况：

（1）系统单相接地。一相电压下降（金属性接地时为 0），两相电压上升（金属性接地时为线电压），线电压保持不变。

（2）电压互感器高压熔丝熔断。熔断相电压缓慢下降但不到零，与熔断相相关的线电压下降，未熔断两相间线电压正常。

（3）电压互感器低压空气开关跳开。故障相电压为零，与故障相相关的线电压下降为相电压，未跳开两相间线电压正常。

（4）线路一相或多相断线。断线相电压升高，正常相电压降低。

（5）谐振过电压引起的虚幻接地。三相电压保持平衡并周期性波动，最大幅值可超过线电压。

配调值班调控员应对系统接地指示信号和母线相电压、线电压等进行全面正确的分析并处理。

二、配电网单相接地处理

（一）中性点直接接地系统

中性点直接接地系统单相接地故障处理模式为变电站出线保护+配电自动

化。接地故障发生后，由变电站出线开关实现接地故障切除；配电自动化主站根据配电自动化终端等上送单相接地故障告警或故障录波数据、故障方向等进行故障定位，开展故障点隔离，完成非故障区域恢复供电。

针对具备零序保护、接地保护跳闸功能的用户分界开关，当下游发生单相接地故障时，可通过与变电站保护的级差配合，就地快速切除接地故障。

（二）中性点不接地系统

消弧线圈接地系统单相接地故障处理模式为变电站选线装置＋配电自动化。当线路永久接地后，调控员应使用单相接地智能研判模块进行拉路，拉路时优先考虑变电站选线装置的选线结果；配电自动化主站根据配电自动化终端上送故障告警、暂态零序电流录波、故障方向等数据，结合变电站选线装置选线或跳闸结果，进行故障定位、隔离以及恢复非故障区域供电。

（1）中性点不接地系统配调值班调控员应按以下方法寻找单相接地故障：

1）对双母线双电源并列运行的可用分排的方法，缩小寻找范围，但应考虑主变压器所带负荷是否过载。

2）拉开运行中的电容器及空充旁路母线的开关。

3）无“小电流接地选线”装置（或停用）时，可用接地试探的方法寻找。

4）无接地试探功能及重合闸不投的线路以试拉、合开关的方法寻找。

5）若线路全部检查后仍未找到接地故障，现场运维人员应对母线及有关设备进行详细检查。

6）当接地试探线路开关重合闸未动时，应立即将开关合上。

（2）在采用短时停电方法寻找接地线路的过程中，应遵循以下原则：

1）不得用闸刀切除接地故障的电气设备；不得用闸刀切除消弧线圈。

2）原则上不得将接地系统与正常系统并列。

3）若装有小电流接地检测装置，应先试拉该装置反映的异常线路。其次选择空线、分支线较多且较长的线路。有重要客户的线路放在最后试拉，且在试拉前与其联系。

4）有发电机并网的线路，应先令发电机解列后再试拉。

（3）使用接地智能研判模块的操作要求：

1）智能研判模块的控制方式正常情况下选择程序默认设置的“连续控制”模式，由模块连续完成控制序列中线路开关的分、合操作并自动研判接地线路。

2）在智能研判模块自动执行过程中，调控员应密切监视程序执行信息。

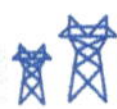

若程序发出异常告警并暂停执行，调控员分析异常信息，判断是否可跳过异常步骤并继续执行。因调度自动化系统、智能研判模块本身及其他外部原因导致智能研判无法进行时，对单相接地故障的处理采用人工控制方式继续处理完成。

3）若所有线路开关拉、合后，未查找出接地故障，可经人工确认启动再次试拉，此时程序将每拉开一条线路不再合上，直至查找出接地故障。

4）对于间歇性单相接地处理故障的处理，禁止采用智能研判模块进行接地查找。

案例分析

案例一：同名相接地案例

如图 5-1 所示，长江变 10kV 起始方式为：101、102 开关运行，100 开关热备用。现 10kV Ⅰ段母线 A 相接地（$U_a=0.3$kV；$U_b=10.3$kV；$U_c=10.4$kV），无选线信号，故障为中兴 123、汇鑫 125 同名相接地，请简述处理要点。

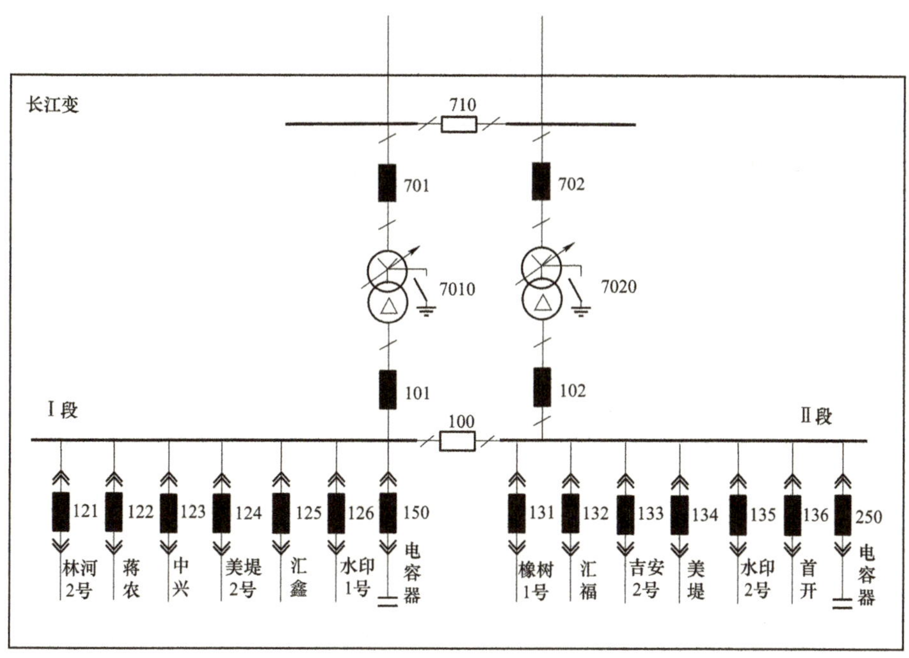

图 5-1 长江变 10kV 系统接线图

处理过程：

（1）巡视 10kV Ⅰ段母线上有无运行电容器，如有则拉开，看接地是否消失；

（2）通知 95598：长江变 10kV Ⅰ段母线接地查找，相关用户可能短时停电；

（3）对 10kV Ⅰ段母线上的所有出线进行接地查找，依据是否电缆、负荷大小、用户重要性等合理安排拉路顺序，经过逐一接地查找后接地依然存在；

（4）逐一拉开出线并不再送电，直至接地消失，则最后一条线路为接地线路之一。试送其他线路，当再次出现接地现象则可发现其他接地线路；

（5）通知 95598、运检单位等，进行停电信息发布、故障查线等工作。

案例二：非同名相接地案例

如图 5-1 所示，长江变 10kV 起始方式为：101、102 开关运行，100 开关热备用。现中兴 123 开关保护动作，事故分闸（重合闸停用），同时 10kV Ⅰ段母线 B 相接地（$U_a=10.3$kV；$U_b=0.3$kV；$U_c=10.4$kV），无选线信号，请简述处理要点。

处理过程：

（1）通知 95598：中兴 123 线路跳闸失电；长江变 10kV Ⅰ段母线接地查找，相关用户可能短时停电。

（2）通知配电工区对中兴 123 线开展查线。

（3）对 10kV Ⅰ段母线开展接地查找，拉开运行电容器，然后对出线进行接地查找，依据是否电缆、负荷大小、用户重要性等合理安排拉路顺序，查找出接地点在汇鑫 125 线路。

（4）配电检查发现中兴 123 线路上避雷器 A 相击穿，判断为中兴 123 线 A 相接地，同时汇鑫 125 线 B 相接地，因汇鑫 125 开关 TA 只有 A、C 相，故中兴 123 开关跳闸。

（5）通知 95598、运检单位等，进行停电信息发布、故障处理等工作。

案例三：接地复合压变故障案例

如图 5-1 所示，长江变 10kV 起始方式为：101、102 开关运行，100 开关热备用。现 10kV Ⅰ段母线 A 相接地（$U_a=0.3$kV；$U_b=4.3$kV；$U_c=10.4$kV），无选线信号，接地点在中兴 123 线，请简述处理要点。

处理过程：

（1）初步判断为 10kV Ⅰ段母线 A 相金属性接地，同时压变 B 相高压熔丝故障。通知变电运维检查所内设备，并准备拉路。

（2）通知 95598：长江变 10kV Ⅰ段母线接地查找，相关用户可能短时

停电。

（3）对 10kV Ⅰ段母线上的所有出线进行接地查找，依据是否电缆、负荷大小、用户重要性等合理安排拉路顺序，查找出接地点在中兴 123 线路。

（4）通知 95598、运检单位等，进行停电信息发布、故障查线等工作。

（5）变电运维确认 10kV Ⅰ段母线压变 B 相高压熔丝故障。调整 10kV 方式为 2 号主变压器带 10kV 所有负荷，拉开压变高压闸刀，许可压变故障处理。

案例四：35kV 电压显示异常的判断实例分析

系统接线如图 5–2 所示，A 站 35kV Ⅰ段母线发“A 相单相接地”信号，请问如何处理？

母线电压：U_{AO}=0.08kV，U_{BO}=36.2kV，U_{CO}=37.1kV

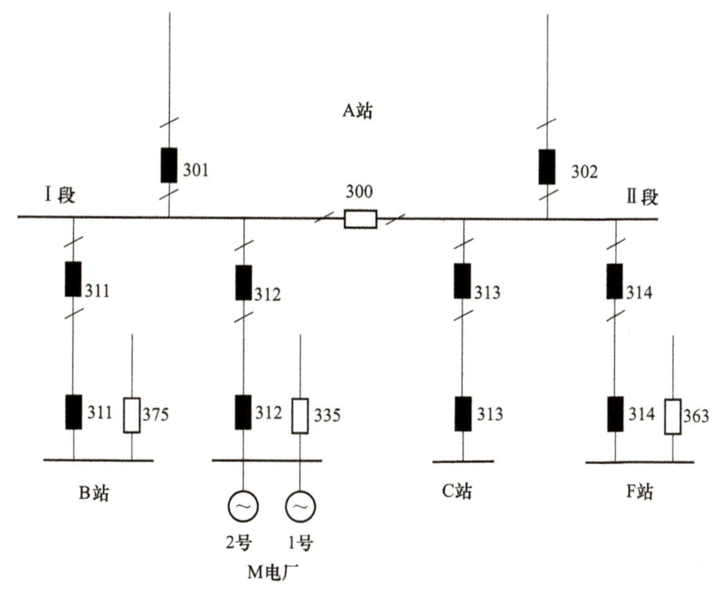

图 5–2 系统接线图

处理过程：

（1）通知 A 站、B 站、M 厂内设备检查；

（2）A 站、B 站、M 厂汇报：站内设备检查均无异常；

（3）通知客服中心，35kV 311.312 线路将有瞬时失电现象；

（4）试撤 311 线，接地仍然存在；

（5）通知 M 厂解列，待解列后试撤 312 线路，接地消失；

（6）通知线路工区对 312 线带电巡线；

（7）通知 M 厂调 335 线路并网。

案例五：某 110kV 变电站（正常并列运行）。

现象：Ⅰ段电压 U_{AO}=0kV，U_{BO}=37kV，U_{CO}=34kV；Ⅱ段电压 U_{AO}=28kV，U_{BO}=37kV，U_{BO}=22kV“Ⅰ段，Ⅱ段母线接地”。

参考答案：

拉开 35kV 母分开关后，电压显示为：

Ⅰ段电压 U_{AO}=22kV，U_{BO}=22kV，U_{CO}=21kV；Ⅱ段电压 U_{AO}=28kV，U_{BO}=27kV，U_{CO}=21kV“Ⅱ段母线接地”。

表明Ⅰ段正常，接地在Ⅱ段。检查发现，35kVⅡ段母线压变 A，C 相低压熔丝熔断，更换低压熔丝后，Ⅱ段电压 U_{AO}=3kV，U_{BO}=36kV，U_{CO}=33kV，表明 A 相接地。试拉Ⅱ段上出线发现，接地在兰黄 3526 线路。现象：Ⅱ段电压 U_{AO}=25kV，U_{BO}=27kV，U_{CO}=13kV 母线接地，出线变电站电压正常。

处理：从相关变电站电压正常判断，应为Ⅱ段压变高压熔丝熔断，但电压升高属反常。

为防万一合上 35kV 母分开关，电压值仍不变，可以彻底排除单相接地和谐振。检查低压熔丝完好，更换Ⅱ段压变高压熔丝后，电压不变。只可能是二次回路异常，经查发现确实是二次小线已烧熔。

最后判断结果是Ⅱ段压变 B 相高压熔丝熔断（当时值班员换上了仍是已熔断的熔丝），同时二次回路异常。

习　题

1. 中性点不接地系统单相接地时最多允许继续运行（　　）。

2. 小电流系统单相接地时，非故障相电压之间的夹角为（　　）。

A. 120°　　B. 90°　　C. 60°　　D. 0°

3. 一般情况下，配电线路发生概率最大的故障类型是（　　）。

A. 三相短路　　B. 两相接地短路

C. 两相短路　　D. 单相接地短路

4. 10kV 配电网单相接地后为什么允许故障运行 2h？

5. 中性点接地方式有几种？

第二节　隔离开关异常处理

学习目标

1. 掌握隔离开关异常分析判断知识
2. 掌握隔离开关异常处理原则及方法

知识点

隔离开关，简称刀闸，是电网中的重要一次设备之一。隔离开关的主要特点不具备断路能力，即无灭弧能力，只能在没有负荷电流的情况下分、合电路。隔离开关的主要作用为分闸后，建立可靠的绝缘间隙，将需要检修的设备或线路与电源用一个明显断开点隔开，以保证检修人员和设备的安全。隔离开关常见异常主要有隔离开关发热、隔离开关本体缺陷和隔离开关分合不到位。

隔离开关发热。隔离开关在电力系统中使用广泛，发生异常的概率也相对较大，因此必须高度重视隔离开关的发热异常。高压隔离开关的动静触头及其附属的接触部分是其安全运行的关键部分。因为在运行中，经常的分合操作、触头的氧化锈蚀、合闸位置不正等各种原因均会导致接触不良，使隔离开关的导流接触部位发热。

隔离开关本体缺陷。隔离开关是手控电器中最简单而使用又较广泛的一种电气设备，一般可分为户外式和户内式两种。户外式高压隔离开关运行中，经常受到风雨、冰雪、灰尘的影响，工作环境较差，容易导致发生各种异常。

隔离开关分合不到位。高压隔离开关由于其结构，一般情况下采用三相联动操作。在实际工作中，由于隔离开关操作连杆锈蚀卡死、插销脱落、触头接触不良，刀口严重不到位或开转角度不符合运行要求等原因，导致在操作过程中出现一相或者多相分合不到位等情况，必须充分认识到该缺陷的危害，并及时处理。隔离开关操作过程中合不到位，将导致隔离开关接触电阻增大，引起发热、损坏设备；一相或者多相分合不到位还会导致线路三相不平衡，需要尽快处理。

一、隔离开关发热的处理原则

运行中的隔离开关发热时，应迅速采取有效措施降低该元件的潮流，并按照下列原则进行处理。

（1）对于双母线接线的母线隔离开关发热，一般采用调整结排方式处理，将设备倒至另一组母线运行，将发热的隔离开关拉开；有专用旁路断路器接线时，可用旁路断路器代路运行。

（2）单母线接线的隔离开关或线路隔离开关发热时，有旁路断路器的用旁路代，无旁路可代时应设法转移负荷。

（3）母联隔离开关的发热处理同母联断路器故障处理。

（4）存在发热缺陷的隔离开关，应要求设备主管部门及时消缺处理，尽快恢复电网正常接线方式运行。

（5）隔离开关在运行时发生烧红、异响等情况，应采取措施降低通过该隔离开关的潮流（禁止采用合另一把母线隔离开关的方式），必要时停用隔离开关处理。

二、隔离开关本体缺陷处理原则

隔离开关在电力系统中使用广泛，发生异常的概率也相对较大，因此必须高度重视隔离开关的异常。运行中的隔离开关本体有缺陷时，应按照下列原则进行处理。

1. 隔离开关绝缘子、瓷件

（1）询问现场，查看绝缘子受损情况，根据现场检查结果和工作要求，视情况迅速采取有效措施，尽快处理。

（2）若现场检查，需要立即停电者，应迅速降低该元件的潮流，并尽快采取旁路代供、母联串供、调度停电等各种方法，将其隔离。

（3）若现场检查，不需要立即停电者，如隔离开关支柱绝缘子有裂纹以及裙边有轻微外伤和损坏，如对触头没有影响，且还能保持绝缘，隔离开关还可继续运行，但应要求加强监视，尽快申请进行修复。

（4）存在缺陷的隔离开关，是否能够进行隔离开关操作需获得现场答复，如隔离开关支柱绝缘子有明显裂纹、破损等情况，则该隔离开关应禁止操作，与母线连接的隔离开关的支柱绝缘子有裂纹的应尽可能采取母线与回路同时停电的处理方法。

2. 操作传动

（1）合闸时触头三相到位但辅助开关触点翻转不到位。在合闸时，如果发生隔离开关触头三相到位但辅助开关触点翻转不到位的情况，则该回路的控制或保护屏会有相应的光示牌或信号发生。

对于连杆传动型的隔离开关辅助开关，现场可采用推合连杆使之辅助触点翻转到位的方法，其他形式传动的隔离开关辅助开关触点翻转不到位，可将隔离开关拉开后再进行一次合闸，如辅助开关触点翻转仍不到位，则应将隔离开关拉开并停止操作，调度员待现场确认后，将该设备停役处理。

（2）分合操作中途停止的异常处理。自动分合操作中途停止情况存在于电动隔离开关的操作中。隔离开关分合操作中途停止的原因主要是机构传动、转动及隔离开关转动部分因锈蚀或卡涩、操作电源熔丝老化等情况而造成操作回路断开，此时隔离开关的触头间可能会拉弧放电。

在隔离开关的分合闸操作过程中出现中途停止时，现场应立即检查隔离开关操作电源，在排除操作电源引起的停止后，可手动将隔离开关拉开或合上。调度员应迅速将该设备停电检修处理。

（3）隔离开关拒合拒分异常处理。当隔离开关发生拒合拒分时应停止操作，现场首先核对所操作的对象是否正确，与之相关回路的断路器、隔离开关和接地开关的实际位置是否符合操作条件，然后区分故障范围。在未查明原因前不得操作，严禁通过按动接触器来操作隔离开关，否则可能造成设备损坏或者母线隔离开关绝缘子断裂倒地而造成的电网事故。

若隔离开关拒动，运行人员应检查操作顺序是否正确，是否为防误装置（如电磁锁、机械闭锁、电气回路闭锁、程序闭锁等）失灵所致。若检查操作程序正确，拒动是由防误装置失灵造成的，运行人员应停止操作，汇报站领导。在确认是防误装置失灵后，方可解除闭锁进行操作，避免误判断导致误操作。在检查过程中，要特别注意机械闭锁的接地开关是否确已拉开。

在操作正确时，隔离开关拒合拒分的原因主要是机械和电气两个方面的故障。机械方面的故障有机械转动、传动部位的卡死，相关轴销的脱销，也有转动、传动连杆焊接脱裂，甚至是隔离开关触头烧熔的情况；电气方面的故障有操作电源失去，接触器损坏或卡涩，电动机损坏，闭锁失灵等。

三、隔离开关分合不到位处理原则

对隔离开关在合闸操作中发生的三相不到位或三相不同期的情况，调度员必须高度重视，并尽快处理。

现场运行人员在操作合隔离开关后，如发现三相不能完全合到位或三相不同期时应拉开重新再合。如重复操作后隔离开关的上述情况依然存在，则应汇报调度及上级部门安排停电检修。

调度员接到现场汇报后，应该根据运行方式，尽快安排停电处理，操作前必须向现场问清楚，是否可以带电操作合闸三相不到位的隔离开关，避免损坏设备。

案例分析

案例一：隔离开关发热

如图 5-3 所示，变电站 110kV 陈 S I9511 隔离开关发热严重，如何处理？

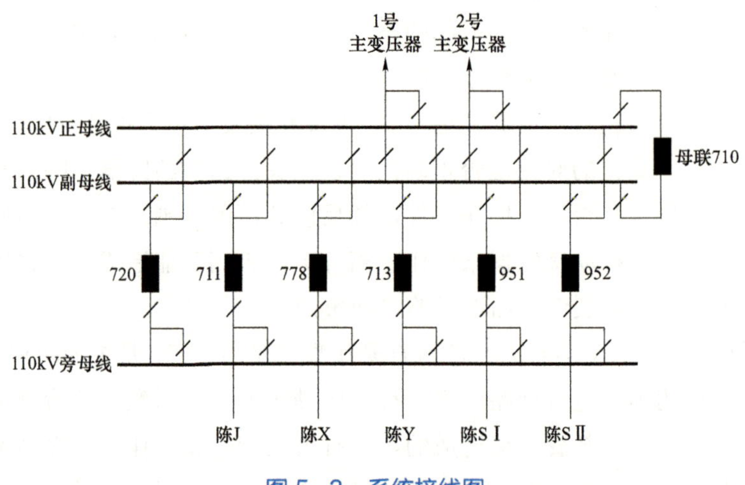

图 5-3 系统接线图

处理过程：

（1）拉开 110kV 陈 S I951 开关，陈 S I951 线路侧隔离开关；

（2）合上 110kV 母联 710 开关，将 110kV 正母线所用设备调至 110kV 副母线运行；

（3）将 110kV 正母线由运行转冷备用；

（4）将 110kV 正母线由冷备用转检修；

（5）许可陈 S I9511 隔离开关发热异常处理。

案例二：隔离开关本体缺陷

110kV 变电站一次接线图如图 5-4 所示，7A 线 1-36 号解头检修（甲站 7A 为线路检修，其余 7A 开关均在冷备用状态），其他方式如图所示。若运行中乙站 7B 母线侧隔离开关机构卡涩，无法操作，要求停电处理。

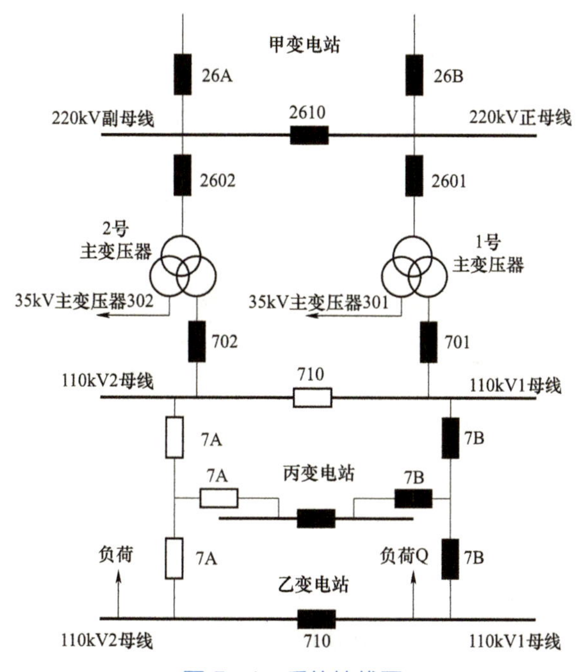

图 5-4　系统接线图

处理过程：

（1）确认 7A 线除甲站出线-36 号杆线路外，其余线路可以正常供电；

（2）乙站将 7A 开关由冷备用改为热备用；

（3）丙站将 7A 开关由冷备用改为运行；

（4）将乙站 Q 负荷全部倒出；

（5）乙站合上 7A 开关，拉开母联 710 开关、7B 开关；

（6）将乙站 110kV1 母线改冷备用；

（7）将乙站 110kV1 母线改检修。

案例三：隔离开关分合不到位

某变电站接线图如图 5-5 所示，某日 716 开关计划大修，现场在停役操作到最后一步“拉开 7161 隔离开关”时，隔离开关操作比较卡涩，用力拉隔离开关，发现隔离开关 AB 相已经分闸到位，C 相不到位，请问该如何处理？

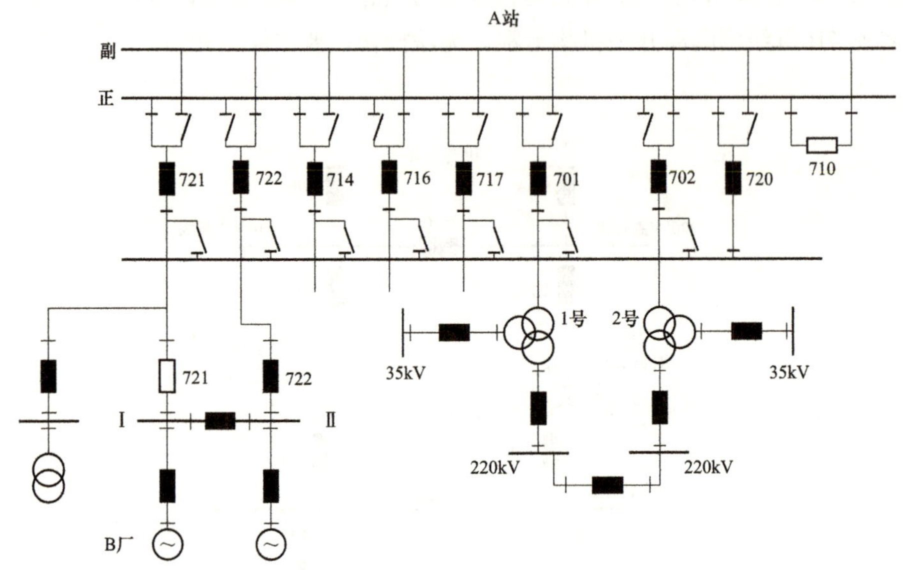

图 5-5 系统接线图

处理过程：

询问现场，是否可以带电处理，若不能，则应根据电网情况，增加停电范围，将副母线及 716 开关一起停电处理：

（1）将除 716 开关外 110kV 副母线所有设备调至正母线运行；

（2）将 716 开关转冷备用；

（3）许可缺陷处理。

习 题

1. 隔离开关的主要作用？
2. 隔离开关发热的处理原则？
3. 隔离开关分合不到位的处理原则？

第三节　断路器异常处理

学习目标

1. 掌握断路器异常分析判断知识
2. 掌握断路器异常处理原则及方法

知识点

断路器是变电站的主要电气设备之一。它不仅在系统正常运行时能切断和接通高压线路及各种空载和负荷电流，而且当系统发生故障时，通过继电保护装置的作用能自动、迅速、可靠地切除各种过负荷电流和短路电流，防止事故范围的发生和扩大。断路器常见异常包括断路器远控失灵、断路器分合闸闭锁和交直流回路断线。

断路器远控失灵。断路器远控失灵的原因包括机械故障和电气控制回路故障。机械故障一般是由于操作机构卡死，脱扣或储能不足造成。电气控制回路故障的原因一般有控制回路断线、操作电源失去（熔丝熔断），分、合闸继电器故障，直流回路两点接地等。

断路器分合闸闭锁。断路器分合闸闭锁的原因包括液压操作机构或空压操作机构压力低于最小或大于允许压力；SF_6断路器气室压力低于允许值（断路器漏气或环境低温引起）。

断路器交直流回路断线。断路器交流回路断线的主要原因有交流所用电失电；交流屏开关端子箱环路电源空开跳闸；断路器端子箱或断路器机构箱交流电源空开跳闸等。开关直流回路断线的主要原因有直流电源异常和控制回路断线。

一、断路器远控失灵处理原则

（1）当发生运行中的断路器远控失灵（拒分）故障时，如现场值班员汇报故障不能马上排除故障，调度员必须立即设法将故障断路器退出运行。

（2）断路器远控操作失灵，若允许断路器可以近控分相和三相操作时，并满足以下条件，则采用近控方式隔离设备：

1）现场规程允许。

2）确认即将带电的设备（线路，变压器，母线等）应属于无故障状态。

3）限于对设备（线路、变压器、母线等）进行空载状态下的操作。

（3）若无法满足上述条件，则调度员应该采用旁路代供、母联串供、调度停电等各种有效措施，将有缺陷的设备停役处理。

1）有旁路母线，可采用等电位操作法，利用该断路器两侧将其隔离，联络线需做好保护的调整。

2）双母线可采用母联断路器串供的方法隔离。

3）3/2 断路器结线 3 串及以上运行时，可拉开该断路器两侧隔离开关；否则，采用调度停电的方式隔离该断路器。

4）母联及分段断路器可采用拉停母线的方式进行处理。

5）无法采用以上方法进行处理时，则需将该断路器上一级（联络线包括对侧）调度停电后再进行隔离。

（4）若电容器组的断路器应机构卡死拉不开，当用变压器次级断路器对（移去负荷的）母线停电时，最好先将母线压变的高压隔离开关拉开后，再对母线停电，否则电容器放电电流可能造成母线压变高压熔丝熔断。

二、断路器分合闸闭锁处理原则

1. 断路器发生闭锁分合闸处理原则

（1）有条件时将闭锁合闸（或闭锁重合闸）的断路器停用，否则将该断路器的综合重合闸等自动装置停用。

（2）闭锁分闸的断路器应改为非自动状态，但不得影响其失灵保护的启用，必要时母差保护做相应调整。

（3）线路断路器闭锁分合闸采取旁路代供或母联串供等方式隔离。特殊情况下，可采取该断路器改为馈供受端断路器的方式运行。

（4）母联断路器闭锁分闸，优先采取合上出线（或旁路）断路器两把母线隔离开关的方式隔离，否则采用倒母线方式隔离。

（5）三段式母线分段断路器闭锁分闸，允许采用远控方式直接拉开该断路器隔离开关进行隔离，否则采用倒母线方式隔离。四段式母线分段断路器采用倒母线方式隔离。

2. 断路器非全相运行且闭锁分合闸处理原则

（1）系统联络断路器，应拉开线路对侧断路器，使线路处于空载状态下，然后采取旁路代供、母联串供或母线调度停电等方式隔离。

（2）馈供线路断路器单相运行，应立即断开对侧断路器后再隔离该断路器。

（3）母联、分段断路器应采用一条母线调度停电的方式隔离该断路器。

（4）3/2 断路器结线 3 串及以上运行时，可拉开该断路器两侧隔离开关；否则采用调度停电的方式隔离该断路器。

三、断路器交直流回路断线处理原则

（一）断路器交流回路断线

断路器交流回路断线主要包括储能电机电源消失和加热器及照明电源消失。

1. 断路器储能电机电源消失的处理

调控员发现断路器储能电机电源消失信息发出，应查看该断路器的合闸弹簧未储能信息是否发出，然后通知运维人员到变电站现场，进行设备检查，如果是其中一台所用电消失引起，则可以送上停用的所用电，或者将端子箱电源切换到运行所变；如果是因为交流电流空气开关跳开造成，且未发现回路中有明显故障，可试送跳开的交流电压空开，试送不成功，通知检修人员处理。如果是电机回路异常，造成热偶继电器跳开，可先复归热偶继电器，无法复归则应拉开电机电源，通知检修人员处理。

2. 断路器加热器及照明电源消失的处理

通知运维人员到变电站现场，进行设备检查（加热器及照明回路正常拉开除外），如为加热器及照明回路电源断路器自动脱扣，现场人员可试送一次，如不成，应填报缺陷并汇报工区及时安排消缺处理。

（二）断路器直流回路断线

1. 直流电源异常处理

（1）断路器直流回路断线时，直流系统异常信号同时发出，故障原因可能是直流屏整流模块故障，整流模块输入的交流电源故障，整流模块交流输入回路避雷器故障，蓄电池输出回路总保险熔断，直流控制母线电压异常，直流系统绝缘监察装置故障，合闸母线和控制母线之间降压硅链故障等。调控人员检查直流控母电压是否正常，加强对变电站直流系统遥测、遥信的检查。及时通知运行人员到变电站现场，对直流系统进行检查。如果运行人员不能找到故障原因，通知二次保护人员处理。

（2）如果单台断路器发直流回路断线，应检查直流支路断路器是否虚合或跳开，拉合一次，如不成，通知二次保护人员处理。

2. 控制回路断线处理

调控人员发现断路器控制回路断线信号发出后，检查断路器的运行状态，对于冷备用的断路器，通知运维人员到变电站现场检查断路器的操作电源是否拉开，若断路器操作电源被拉开，则信号发出是对的，将控制电源空开送上，信号应该复归。

若断路器运行方式为热备用或运行状态，调控人员通知运维人员现场检查，查看控制电源空开是否跳开，如果控制电源空开跳开，试送控制电源断路器，试送成功后，信号应复归。

通知运维人员检查断路器机构箱远方就地切换断路器，是否切在就地位置，若是切在就地位置，由运维人员切到远方位置，此时控制回路断线信号应复归。

控制回路断线与断路器 SF_6 气体压力低闭锁同时发出，调控员立即通知运维人员去现场确认，如确是 SF_6 气体压力低闭锁，按 SF_6 气体压力低闭锁的要求进行处理。

案例分析

案例一：断路器远控失灵

系统接线图如图 5-6 所示。线路工区汇报 722 线路 23 号杆由于被汽车撞杆，有倒杆的危险，需要紧急停电处理，在运方操作拉开 722 开关时，发现开关远控失灵，请问该如何处理？

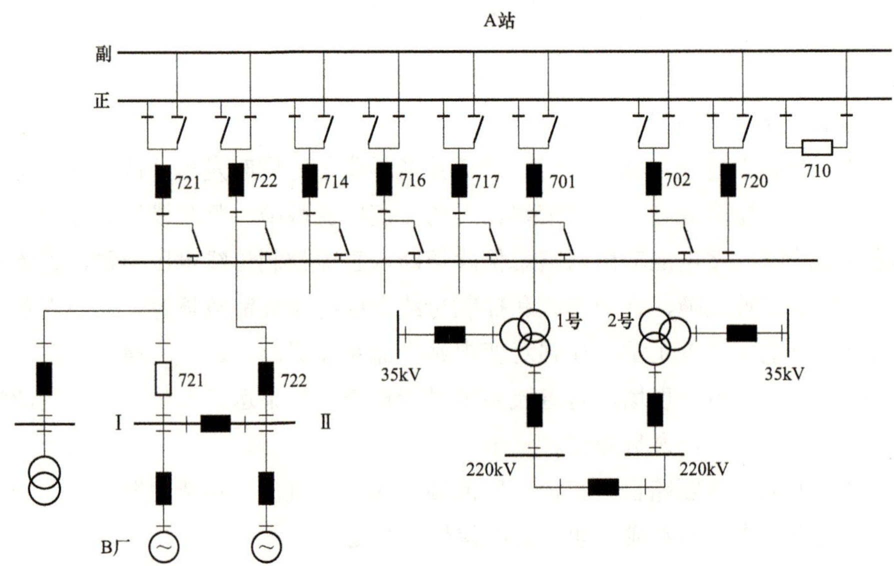

图 5-6 系统接线图

处理过程：

（1）通知操作队，派人至现场操作（现场告知需要 1h 到达现场）。

（2）在条件具备的情况下，适当转移负荷出 A 站；做好 110kV 副母线调度停电的预案。

（3）B 厂调 721 线路供电。

（4）待运行人员至现场后，再次操作试拉 722 开关（现场汇报仍然拉不开）。

（5）用 720 开关旁代 722 开关。

1）拉开 720 开关，将 720 开关调副母线热备用。

2）合上 7226 旁路隔离开关；将 720 开关保护定值调整。

3）合上 720 开关合环，将 720、722 开关改非自动。

4）拉开 7223、7222 隔离开关解环；将 720 开关改为自动。

（6）B 厂调 722 线路供电。

（7）许可 722 缺陷处理。

案例二：断路器分合闸闭锁

运行方式 110kV 某站双母线运行，711、713 开关在 110kV 5 号母线运行，712、714 开关在 110kV 4 号母线运行。母联 745 开关合入，旁路 110kV 6 号母线及 746 开关热备用，746-4、746-6 隔离开关合入，如图 5-7 所示。（本案例仅适用于 110kV 及以下系统操作）

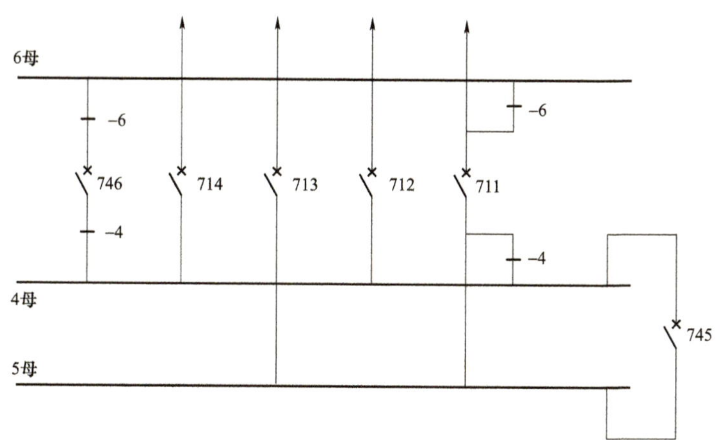

图 5-7　某变电站 110kV 接线图

异常及处理步骤：母联 745 开关无故障跳闸，调度下令合上母联 745 开关，现场报 745 开关无法合上。需将母联 745 开关转检修。调度下令：① 合上 746 开关给 110kV 6 号母线充电，正常后，拉开 746 开关。② 合上 711-6 隔离开关，合上 746 开关，通过 746 开关将 110kV 4 号、5 号母线合环运行后，合上

711-4 隔离开关。③ 拉开旁路 746 开关，拉开 711-6 隔离开关。④ 将 110kV 5 号母线由运行转备用，将母联 745 开关转检修。

案例三：断路器交直流回路断线

某系统接线图如图 5-8 所示。A 站 A714 开关“控制回路断线”光字牌亮；查 A722 开关控制回路断线，开关不能分合闸。如何处理？

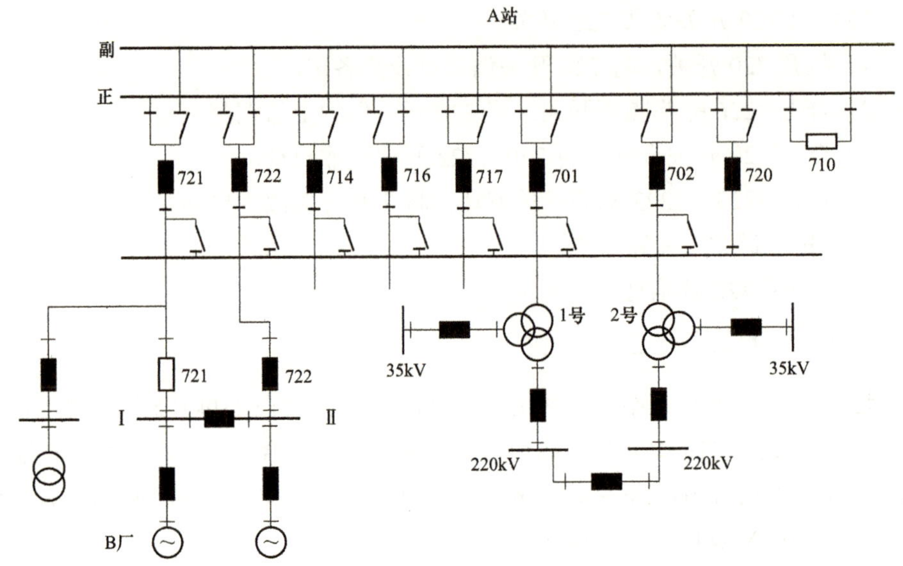

图 5-8　系统接线图

处理过程：

（1）将旁路 720 开关冷倒至 714 开关相同的母线。

（2）将旁路 720 开关保护整定与 714 开关保护相同。

（3）将旁路 720 开关改非自动。

（4）714 开关负荷由 720 开关带出。

（5）将 714 开关改检修。

习　题

1. 断路器远控失灵的原因有哪些？
2. 断路器远分合闸闭锁的原因有哪些？
3. 断路器远分合闸闭锁的处理原则有哪些？

第四节 继电保护及安全自动装置异常处理

学习目标

1. 掌握继电保护及安全自动装置异常基本概念
2. 掌握继电保护及安全自动装置异常处理方法

知 识 点

继电保护及安全自动装置是保证电网安全运行、保护电气设备的主要装置，是组成电力系统整体的不可缺少的重要部分。继电保护及安全自动装置配置使用不当或不正确动作，必将引起事故或使事故扩大，损坏电气设备，甚至造成整个电力系统崩溃瓦解。继电保护及安全自动装置异常主要包括通道异常、二次回路异常、装置异常及其他异常。

一、通道异常

线路的纵联保护、远方跳闸、电网安全自动装置等，需要通过通信通道在不同厂站间传送信息或指令，目前电力系统中的通道主要有载波通道、微波通道及光纤通道。

载波通道主要异常主要有收发信机故障、高频电缆异常、通道衰耗过高、通道干扰电平过高等。光纤通道的主要异常有光传输设备故障，如光端机、PCM等；光纤中继站异常；光纤断开等。

二、二次回路异常

（1）TA、TV 回路的主要异常有 TA 饱和、回路开路、回路接地短路、继电器接点接触不良、接线错误等。

（2）直流回路主要异常有回路接地、交直流电源混接、直流熔断器断开等。

（3）保护出口跳闸、合闸回路异常。

三、装置异常

目前微机保护在电力系统中得到广泛应用，传统的晶体管和集成电路型继电器保护正逐步退出运行。微机保护装置的异常主要有电源故障、插件故障、装置死机、显示屏故障及软件异常等。

四、其他异常

如软件逻辑不合理、整定值不当、现场人员误碰、保护室有施工作业导致振动大等。

案例分析

案例一：保护装置异常案例分析

因某电网220kV YS线发生故障，保护装置异常导致事故扩大，引发220kV SR变全站失压。接线图如图5–9所示。

1. 事故前运行方式

事故前，电网运行正常。SR变电站220kV为双母线并列运行，220kV Ⅰ母带YS线213开关、2号主变202开关，220kV Ⅱ母带GS线212开关、1号主变压器201开关，231开关作母联开关运行，两台主变总负荷为35MW。

2. 事故经过

19时45分，YS线B相故障，重合不成功。YH变电站YS线212开关方向高频、高频闭锁保护动作先跳B相，后跳三相；SR变电站YS线213开关方向高频、高频闭锁保护动作出口，但开关未及时跳闸，启动失灵保护跳220kV Ⅰ母其余元件，即母联231断路器、2号主变压器高压侧202开关A、C相（B相未跳），同时220kV Ⅱ母GS线212开关跳闸，全站失压。但是SR变电站YS线213开关失灵保护动作时间滞后（经录波图分析），最后由后备保护跳开三相。此次事故SR变电站全站失压33min，损失负荷约35.2MW，损失电量25MWh。

3. 事故原因分析

经查，220kV YS线B相故障，SR变电站YS线213开关方向高频、高频闭锁保护动作，但开关延时跳闸，引起失灵保护动作是造成本次事故的主要原因。

在2002年1月SR变电站增加一台主变压器、YS线和增加一段母线的扩建工程中，施工单位未按设计图要求将220kV母差保护跳GS线开关的Ⅰ、Ⅱ母元件出口回路分开，致使不论SR变电站220kV Ⅰ母或Ⅱ母失灵（母差）保护动作均会跳开GS线开关，是本次事故扩大为全站失压的主要原因。

同时，SR变电站2号主变压器高压侧PXT–1222型分相操作箱跳B相开

关插件与插件背板槽接触不良，是造成 2 号主变压器 B 相开关未跳闸的原因。220kVYS 线失灵启动保护装置工作不稳定，分析认为是造成本次事故中失灵保护动作时间滞后的原因。

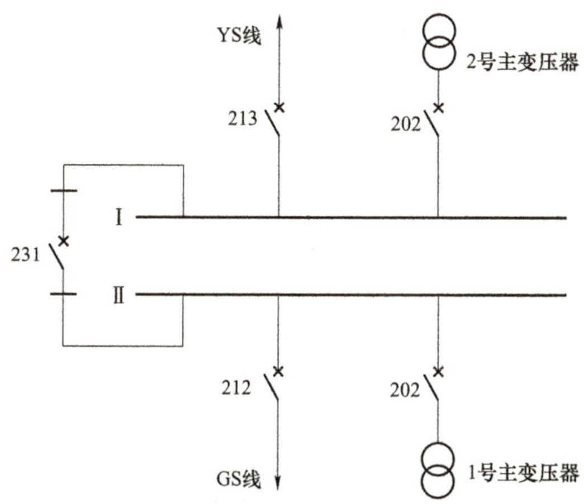

图 5-9　SR 变电站 220kV 主接线图

案例二：保护装置通信异常案例分析

A 变汇报 110kV 北郊 724 开关保护装置通讯出错，需停役开关处理。A 站系统接线图如图 5-10 所示。

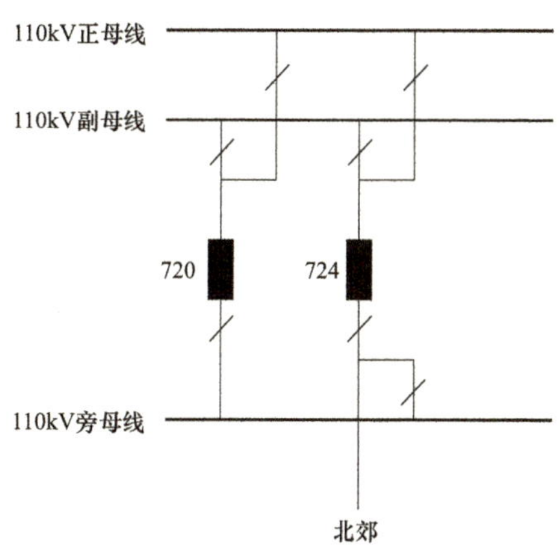

图 5-10　变接线图

处理过程：

令 A 变拉开 110kV 旁路 720 开关，合上 110kV 北郊 7246 旁路隔离开关，将 110kV 720 开关距离、零序保护及无压重合闸按定值单中代 110kV 北郊 724 开关放置并启用，合上 110kV 旁路 720 开关，将 110kV 北郊 724 开关由运行转冷备用。

案例三：保护装置误动案例分析

某35kV变电站接线图如图5-11所示。1号主变压器检修时未退出相关保护压板导致主变压器本体重瓦斯保护动作。

1. 事故前运行方式

事故前，正常运行方式为：某35kV变电站的1号主变压器检修，301开关运行，101开关冷备用，35kV内桥300开关运行，302开关热备用，2号主变压器运行，10kV分段100开关运行，35kV备自投因故障停用。

2. 事故经过

某日处理该变电站1号主变压器35kV侧套管发热，1号主变压器101开关冷备用，3012隔离开关分位。2号主变压器由301开关、300开关供电，在处理1号主变压器35kV侧套管发热过程中发现1号主变压器缺油，检修人员随即对1号主变压器补充变压器油，但是运行人员没有退出1号主变压器相应的保护压板，10时35分，在给1号主变压器加油过程中导致本体重瓦斯动作，跳开301开关和300开关。由于该变电站35kV备自投因故障停用，导致全所失电。

3. 事故原因分析

1号主变压器检修时未退出相关保护压板是导致1号主变压器本体重瓦动作跳闸的主要原因。

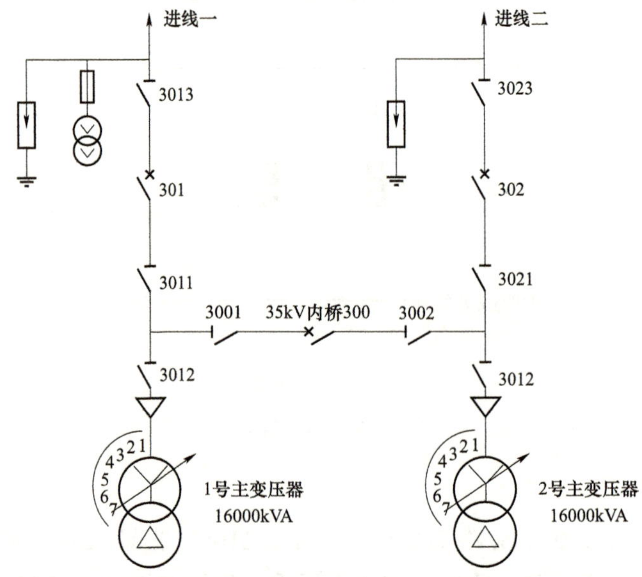

图5-11 某35kV变电站接线图

案例四：安全自动装置误动案例分析

某 110kV 变电站主接线图如图 5-12 所示。某 110kV 变电站 10kV Ⅰ段母线电压互感器二次重动继电器线圈烧坏，使 10kV Ⅰ段母线二次失压，10kV 备自投装置误动。

1. 事故前运行方式

事故前，正常运行方式为：某 110kV 变电站为内桥接线方式，110kV 两条进线（711 开关/712 开关）运行，高压侧桥开关 710 热备用。1 号主变压器供 10kV Ⅰ段母线负荷，2 号主变压器供 10kV Ⅱ段母线负荷，10kV 分段 170 开关热备用，启用 10kV 分段备自投。

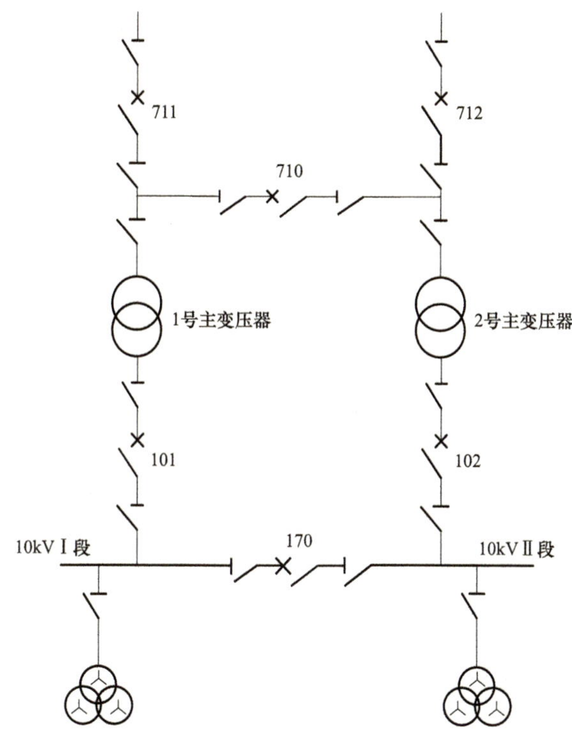

图 5-12　某 110kV 变电站主接线图

2. 事故经过

某日 19 时 45 分，110kV 甲变电站 10kV 备自投保护动作，1 号主变压器 101 开关跳闸，10kV 分段 170 开关合闸，事故没有造成对外停电。

3. 事故原因分析

事故发生时，1 号主变压器低压侧电流只有 24 安培（一次值），低于 10kV 分段备自投装置有流闭锁定值，所以备自投装置已经失去了有流闭锁。同时，

10kV Ⅰ段电压互感器二次重动继电器线圈烧坏，使10kV Ⅰ段母线二次失压，备自投装置误动。该起事故没有造成对外停电，但是事故后所有负荷由2号主变压器单独供电，造成2号主变压器重载运行。

习 题

1. 继电保护及安全自动装置异常主要包括哪些？
2. 保护停用对电网的影响及处理有哪些要求？
3. 保护拒动或误动对电网的影响及处理有哪些要求？

第五节 无功设备故障处理

学习目标

1. 掌握电力电容器、电抗器故障分析判断知识
2. 掌握电力电容器、电抗器故障处理原则及方法

知识点

无功设备在电力供电系统中起提高电网的功率因数的作用，降低供电变压器及输送线路的损耗，提高供电效率，改善供电环境。所以无功功率补偿装置在电力供电系统中处在一个不可缺少的非常重要的位置。合理的选择补偿装置，可以做到最大限度地减少电网的损耗，使电网质量提高。常见无功设备故障包括电力电容器故障和电力电抗器故障。

电力电容器故障。电力电容器是电力系统中重要的设备之一，在电力系统运行中，通过对电容器的投入切换来补偿电力系统的无功功率，提高系统电压从而减少运行中损耗的电能，达到提高功率因数的目的。常见的电容器故障主要有电容器发出异响、电容器外壳膨胀变形、电容器渗漏油、电容器运行温度过高、电容器绝缘子闪络放电和电容器爆炸。

电力电抗器故障。电力系统中所采取的电抗器常见的有串联电抗器和并联电抗器。串联电抗器通常起限流作用，并联电抗器经常用于无功补偿。常见的电抗器故障主要有电抗器局部过热、支柱绝缘子裂纹接地、电抗器漏油、套管

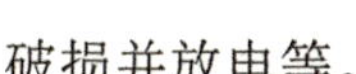

破损并放电等。

一、电容器故障处理方法

（1）当电容器熔断器熔断后，拉开电容器的断路器和隔离开关，更换熔断器后，同时对其进行充分放电，并做好有关安全措施。

检查电容器套管有无闪络痕迹，外壳是否变形、漏油，接地汇流排有无短路现象等，最后用绝缘电阻表（摇表）检查电容器极间和极对地的绝缘电阻值是否合格，若未发现故障现象，就可换上符合规格的熔断器后将电容器投入运行。如果送电后熔断器仍熔断，则应拆出故障电容器，为了确保三相电容值平衡，还应拆出另外两项的非故障相的部分电容。再拆除对地安全保护措施，然后恢复电容器组的供电。

（2）电容器断路器跳闸（熔断器未熔断）。电容器断路器跳闸后应检查断路器、电流互感器电力电缆及电容器外部情况，若无异常现象，可以试送一次。否则应该对保护做全面通电试验，如果还查不出原因，就需要拆开电容器连线逐相逐个检查试验。未查明原因之前不得再试送。

（3）电容器爆炸、起火断路器而跳闸时，首先断开隔离开关将电容器组退出运行。

（4）自动投切的电容器组，当发现自动装置失灵时，应将其停用，改为手动同时通知给有关部门。

（5）母线失压时，电容器低电压保护未动作或保护动作断路器未跳闸时，应该立即用手动将电容器组退出运行。

（6）电容器本身温度超过制造厂家的规定时，应该将其退出运行。

（7）电容器着火及引线发热。电容器着火时首先断开电容器电源，并在离着火的电容器较远一端进行放电，经接地后确保安全情况下用干粉灭火剂等灭火。运行中的电容器引线如果发热至暗红，则必须立即退出运行，避免事故扩大。

二、电抗器故障处理方法

1. 并联电抗器异常及事故处理

（1）电抗器温度高告警。应立即检查电抗器的电压和负荷（无功功率）；到现场检查温度计指示，与控制屏上远方测温仪表指示值相对照；对电抗器的三相进行比较，以查明原因；检查电抗器的油位、声音及各部位有无异常；如果现场温度并未上升，而远方指示温度上升，则可能测温回路有问题，如果现场和远方温度指示都未上升到“温度高”告警时，可能是温度继电器或二次回路故障，应立即向调度报告，申请停用温度保护，以免误跳闸。如果检查电抗器本体无异常，可继续运行，但应加强监视，注意油温上升及运行情况。

（2）电抗器轻瓦斯动作告警。应检查其温度、油位、外观及声音有无异常，检查气体继电器内有无气体，用专用的注射器取出少量气体，试验其可燃性。如气体可燃，可断定电抗器内部有故障，应立即向调度报告，申请停用电抗器。在调度未下令将其退出之前，应严密监视电抗器的运行状态，注意异常现象的发展与变化。气体继电器内的大部分气体应保留，不要取出，由化验人员取样进行色谱分析。如气体继电器内并无气体，可能是轻瓦斯误动，应进一步检查误动原因，如振动、二次回路短路等。

（3）电抗器着火。电抗器着火应立即切断电源（包括线路对侧电源），并用灭火器快速进行灭火，如溢出的油使火在顶盖上燃烧，可适当降低油面，避免火势蔓延。如电抗器内部起火，则严禁放油，以免空气进入引起严重的爆炸事故。

2. 串联电抗器异常及事故处理

（1）电抗器局部过热。发现局部过热时，用试温腊或专用测温计测试其温度，判明发热程度，必要时，可加装强力通风机加强冷却或减低负荷，使温度下降。若无法消除严重发热或发热程度有发展，应停电处理。

（2）支柱绝缘子裂纹接地。支柱绝缘子因短路裂纹接地，或线圈凸出和接地或水泥支柱损伤，均应停电处理。

（3）电抗器断路器跳闸。如电抗器保护动作跳闸，应查明保护装置动作是否正常，检查水泥支柱和引线支柱绝缘子是否断裂，电抗器的部分线圈是否烧坏。电抗器断路器跳闸后，若未查明原因，禁止送电，由检修人员处理合格后方可送电运行。

电抗器故障后，应立即隔离故障点，恢复母线正常运行，并加强监视。

案例分析

案例一：电容器渗油案例分析

A 站值班员汇报 35kV 1 号电容器渗油，要求停役处理，如图 5-13 所示。

处理过程：（1）A 站值班员：35kV 1 号电容器改为冷备用；（2）许可 35kV

 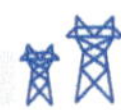

1 号电容器缺陷处理。

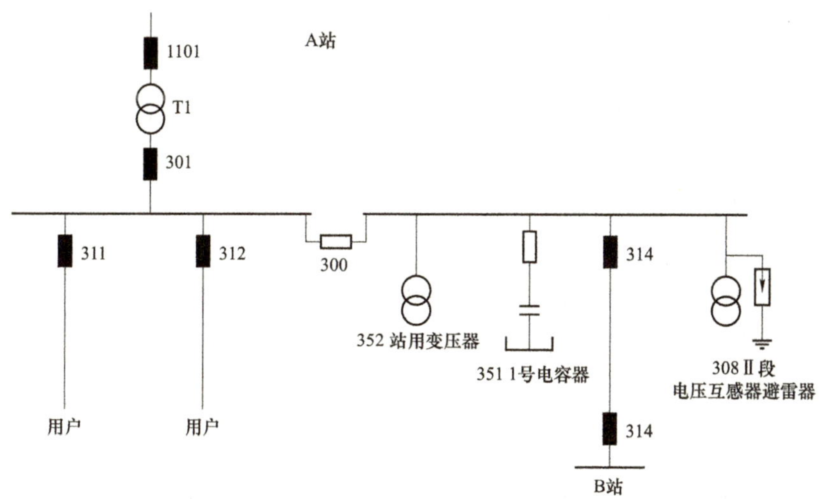

图 5-13　变电站接线图

案例二：10kV 1 电容器故障，1 电容器开关和 1 主变压器低压侧开关拒动造成主变压器越级跳闸

（1）故障现象：某 220kV 变电站 AVC 自动合 1 号电容器 171 开关时，1 号电容器 171 保护动作，1 号主变压器第一套、第二套后备保护动作跳开 2501、801 开关，正母线失电，如图 5-14 所示。

现场检查系 10kV 1 号电容器烧毁，101 开关拒动，1 号主变压器低压侧复压过电流保护Ⅲ时限动作跳开 801、2501 开关。

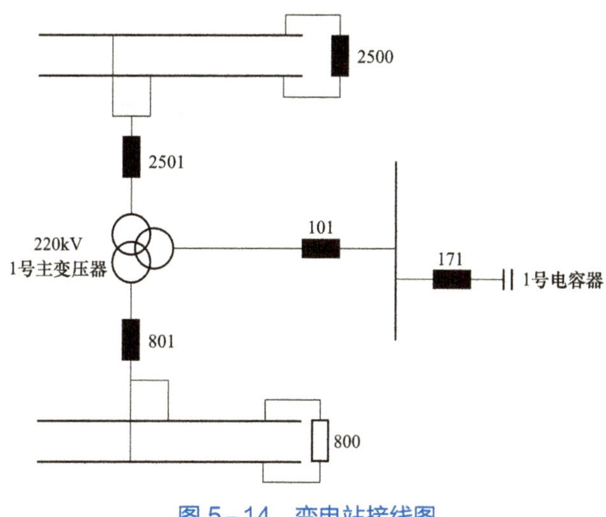

图 5-14　变电站接线图

（2）处理过程：

1）通知操作班到现场进行检查；

2）110kV 正母线上所有负荷转移；

3）1 号主变压器 101 开关，10kV 1 号电容器 171 及开关改检修。

（3）分析：

1）10kV 1 号电容器烧毁导致 1 号电容器 171 开关保护动作。

2）1 号电容器 171 开关拒动，导致 1 号主变压器 101 开关低压侧复压过电流保护Ⅱ时限动作时 101 开关未跳开；Ⅲ时限动作跳开 801、2501 开关。

3）1 号主变压器高压侧后备保护未动作，原因是未达到保护定值。（主变压器高后备对 10kV 侧无灵敏度）

案例三：35kV 电抗器压力释放动作出口跳闸

（1）故障现象：某年某月 13 日 14:01 监控系统发现事故信号告警，某变电站 35kV 1 号电抗器 311 断路器跳闸。光字牌及告警栏：35kV 1 号电抗器 311 断路器跳闸，35kV 1 号电抗器压力释放动作出口跳闸。

（2）处理过程：

14:01 记录时间：查看 311 断路器已跳闸，311 电流及功率为零、35kV 1 号电抗器压力释放动作出口跳闸告警。

14:05 至现场检查：311 断路器已跳开，断路器外观正常。311 电抗器外观完好，气体继电器无气体，油温 47℃，线温 53℃，油位 57%。

14:20 汇报调度：35kV 1 号电抗器，压力释放动作跳闸，现场一次设备无异常，保护显示压力释放动作。

14:25 调度发令：将 35kV 1 号电抗器改为检修。

14:36 调度许可：35kV 1 号电抗器可以工作。

案例四：主变压器低压电抗器永久故障

220kV 安徽变 2 号主变压器 10kV 3 号低压电抗器在低压电抗器内部短路（A、B 相）永久故障，监控后台：220kV 安徽变 2 号主变压器 10kV 3 号低压电抗器 309 开关跳闸闪烁，如图 5-15 所示。

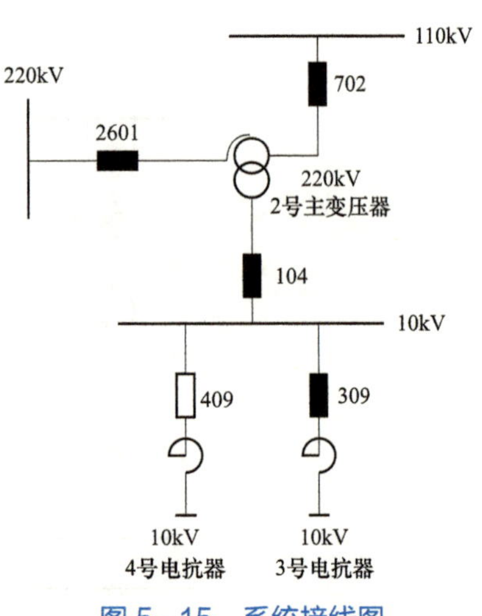

图 5-15 系统接线图

事故处理：

（1）合上 2 号主变压器 4 号低压电抗器 409 开关。

（2）现场检查，2 号主变压器 3 号低压电抗器 309 开关正常，低压电抗器故障。

（3）发令：2 号主变压器 3 号低压电抗器由热备用改为冷备用。

（4）许可进行抢修。

习　题

1. 常见的电容器故障主要有哪些？
2. 遇到哪些故障，应立即停用电容器？
3. 遇到哪些故障，应立即停用电抗器？

第六节　站内交直流故障处理

学习目标

1. 掌握站内交直流故障分析判断知识
2. 掌握站内交直流故障处理原则及方法

知 识 点

变电站站用交流系统是保证变电站安全可靠输送电能的一个必不可缺少的环节，若交流失电，则将严重影响变电站设备的正常运行，甚至引起系统停电和设备损坏事故。变电站直流系统为变电站控制系统、继电保护和自动装置、信号系统提供电源，同时直流电源还可以作为应急的备用电源。若直流系统故障，将直接导致控制回路、保护及自动装置等设备不能正常工作，如果此时发生异常或事故，保护及自动装置不能启动，将引起故障无法有效切除，事故范围扩大，并且无法进行正常操作。

站内交流系统故障。站内交流系统故障的主要原因有上一级电源失电；熔丝熔断；站用变压器故障；低压母线故障；站用电二次回路故障引起跳闸导致交流失电；交流空气断路器拒动，造成站用交流系统越级跳闸；空气小开关质量不合格，接触不良造成交流失电；备自投未动作。

站内直流系统故障。站内直流系统故障的主要原因有熔断器容量小或者不匹配，在大负荷冲击下造成熔丝熔断，导致部分回路直流电源消失；熔断器质量不合格，接触不良导致直流消失；由于直流两点接地或短路造成熔丝熔断导致直流消失；充电机故障或者站内交流失去引起直流消失；直流母线故障或者蓄电池组故障。

一、站用交流系统事故处理一般原则

（1）站用电突然失去时，不论是站用变压器故障还是其他原因使电源消失，均应优先恢复下列回路供电：

1）监控系统电源。

2）主变压器冷却系统电源。

3）直流系统充电电源。

4）通信电源。

5）开关的操作机构电源。

（2）站用变压器高压开关（高压熔断器）跳闸（熔断），是由于变压器内部故障或者某一段低压侧母线上短路，低压开关（熔断器）未跳开（熔断），处理方法是：

1）拉开低压侧断路器（或拉开低压侧隔离开关），检查低压侧母线无问题，再把负荷倒至备用站用变压器或者另一段母线带。

2）对站用变压器外部检查。

3）如未发现异常，应考虑站用变压器存在内部故障的可能，通知专业人员查找。

（3）站用变压器低压侧开关跳闸，应进行以下处理：

1）若系站用变压器失电需手动投入备用电源。

2）若系母线故障则将该段母线上负荷移至另一段母线运行后进行消除或通知检修人员进行处理。

3）如母线上未见明显故障现象或故障点，则应对各负载回路进行检查，必要时可拉开跳闸站用变压器所在母线上全部负荷回路开关，再逐路试送以寻找故障点。

（4）上级电源停电，导致全站站用交流消失，应按以下方法处理：

1）立即上报上级调度，同时加强对主变压器温度、负荷的监视。

2）如果有第三台站用变压器，考虑用第三台站用变压器送电，操作前应拉开失电的两台站用变压器进线断路器和隔离开关。

二、直流系统事故处理一般原则

（1）直流屏空气断路器跳闸，应对该回路进行检查，在未发现明显故障现象或故障点的情况下，允许合开关试送一次，试送不成则不得再行强送。

（2）直流某一段电压消失的检查处理：

1）蓄电池总熔断器熔断，充电机跳闸，应先重点检查母线上的设备，找出故障点，设法消除，更换熔丝后试送，如再次熔断或充电机跳闸，应通知专业人员来处理。

2）直流熔断器熔断，经外部检查无异常现象和气味，可更换熔断器后试送一次，如果故障依然存在，通知检修人员处理，没查出故障点前，禁止用任何方式对其供电。

（3）充电机（或充电模块）故障的处理。

1）如有备用充电机，应改为备用充电机运行。

2）检查交流电源熔丝是否熔断或电源是否缺相，空气断路器是否断开，更换熔丝后试送，如再次熔断或充电机跳闸，应通知专业人员来处理。

3）将该充电模块交流电源开关试送一次。若试送不成功，通知有关专业人员。

案例分析

案例一：交流 400V Ⅰ段母线故障

（1）事故现象：

事故音响、预告警铃响，1 号站用变压器零序过电流动作，1 号、2 号主变风冷电源 1 故障光字牌亮，400V Ⅰ段母线电压为零。

（2）处理过程：

1）记录时间、查看断路器跳闸、400V Ⅰ段母线为零、告警信息（光字牌）、跳闸断路器清闪（复归控制开关），确定 400V Ⅰ段母线失电，

2）立即检查，主变压器电源切换及冷却器运行是否正常，检查相关如充电器交流电源切换是否正常。

3）检查 400V Ⅰ段母线范围，发现Ⅰ段母线桥上有一烧焦的塑料布。取下塑料布，将Ⅰ段母线所带空气断路器拉开。

4）试送 1 号站用变压器低压开关，试送成功。

5）将Ⅰ段母线所带分支送电。

6）将上述情况汇报有关人员，并做好相关记录。

（3）事故处理注意事项：

Ⅰ段母线失压，应检查重要负荷自投情况，包括风冷系统、直流系统等。

案例二：变电站 1 号充电机故障

（1）故障现象：

警铃响，发“Ⅰ段浮充低电压异常”“1 号整流器故障”光字牌及告警信息，Ⅰ段充电机输出电压、电流为零。

（2）处理过程：

1）记录时间，查看光字牌及告警信息，确认直流Ⅰ段母线电压正常范围，并严密监视。

2）检查 1 号充电机屏直流输出电源开关已跳开并复归。

3）用备用充电机（0 号充电机）带Ⅰ段直流母线负荷，如无备用充电机，可考虑 1 号充电机无明显故障，允许复归 1 号充电机信号，进行试送电，试送不成，及直流系统转为并列运行。

4）1 号硅整流器退出运行。

5）将故障情况报告有关人员。为检修 1 号硅整流器做好安全技术措施，等待专业人员处理。

6）填写运行日志、缺陷记录、设备台账、运行月报、缺陷月报，写出事故处理经过报告。

（3）故障处理注意事项：

1）应严密监视直流电压，防止蓄电池电压快速衰减。

2）尽量用备用充电机（0 号充电机）带Ⅰ段直流母线负荷，避免合母联开关用一台充电机带全部负荷。

习 题

1. 站内交流系统故障的主要原因有哪些？

2. 站内直流系统故障的主要原因有哪些？

3. 站用电突然失去时，不论是站用变压器故障还是其他原因使电源消失，均应优先恢复哪些回路供电？

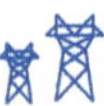

第七节　变压器故障处理

学习目标

掌握变压器基础理论知识及事故处理方法

知识点

对于电网调度人员，变压器故障指变压器因各种原因，导致变压器保护动作，变压器的各侧断路器跳闸。

一、变压器故障的原因

变压器的故障类型是多种多样的，引起故障的原因也是极为复杂。概括而言有：

（1）制造缺陷，包括设计不合理，材料质量不良，工艺不佳；运输、装卸和包装不当；现场安装质量不高。

（2）运行或操作不当，如过负荷运行、系统故障时承受故障冲击；运行的外界条件恶劣，如污染严重、运行温度高。

（3）维护管理不善或不充分。

（4）雷击、大风天气下被异物砸中、动物危害等其他外力破坏。

二、变压器故障的种类

1. 变压器内部故障

（1）磁路故障。即在铁芯、铁轭及夹件中的故障，其中最多的是铁芯多点接地故障。

（2）绕组故障。包括在线段、纵绝缘和引线中的故障，如绝缘击穿、断线和绕组匝、层间短路及绕组变形等。

（3）绝缘系统中的故障。即在绝缘油和主绝缘中的故障，如绝缘油异常、绝缘系统受潮、相间短路、围屏树枝状放电等。

（4）结构件和组件故障。如内部装配金具和分接开关、套管、冷却器等组件引起的故障。

2. 变压器外部故障

（1）各种原因引起的严重漏油。变压器漏油是一个长期和普遍存在的故障现象。据统计，在变压器故障中，产品渗油约占1/4。变压器渗油危害很大，严重时会引起火灾烧损；使绕组绝缘降低；使带电接头、断路器等处在无油绝缘的状况下运行，导致短路、烧损甚至爆炸。

（2）冷却系统故障：冷却器故障、油泵故障等。

（3）分接开关及传动装置及其控制设备故障。

（4）其他附件如套管、储油柜、测温元件、净油器、吸湿器、油位计及气体继电器和压力释放阀等故障。

（5）变压器的引线以及所属隔离开关、短路器发生故障，也会造成变压器保护动作，使变压器跳闸或退出运行。

（6）电网其他元件故障，该元件的断路器拒动，导致变压器后备保护动作。

三、变压器故障的处理

（1）变压器断路器跳闸时，值班调控员应根据变压器保护动作情况进行处理。

1）重瓦斯和差动保护（或速切保护）同时动作跳闸，未查明原因和消除故障之前不得强送。

2）重瓦斯或差动保护（或速切保护）之一动作跳闸，如不是保护误动，在检查外部无明显故障，经过瓦斯气体检查（必要时还要测量直流电阻和色谱分析），证明变压器内部无明显故障后，经公司分管领导同意，可以试送一次。有条件者，应进行零起升压。

3）变压器后备保护动作跳闸，除对变压器和母线作外部检查外，还应检查出线断路器保护是否动作，若经检查变压器外部无异状时，可以试送一次：

a. 如果出线断路器保护动作，而该断路器未跳闸，则应拉开此断路器，然后试送变压器。

b. 如果出线断路器保护均未动作，则应拉开所有出线断路器然后试送变压器，试送成功后再逐路试送各出线。

c. 在出线断路器跳闸的同时，主变压器的该侧断路器亦跳闸，如出线断路器重合成功，则应拉开该出线断路器后，变压器侧断路器可试送一次。

4）变压器断路器跳闸，如有备用变压器，在隔离故障点后，应迅速将备用变压器投入运行。

（2）变压器过负荷时，值班调控员应尽快调整方式降该主变压器负荷，正

常过负荷或事故过负荷按有关规定执行。无法降低负荷并持续过负荷超过规定时间时按紧急拉路顺序执行。确认变压器是过负荷跳闸，可以试送一次。

（3）变压器轻瓦斯动作发信号，值班调控员应通知运维人员检查处理。

（4）变压器冷却系统全停时的处理原则如下：

1）油浸风冷变压器上层油温不超过55℃时可在额定负荷下运行，超过55℃时与环境温度相关，参照有关规定。

2）强油循环风冷变压器在额定负荷下允许运行20min，如油温未达到75℃可继续运行，允许上升至75℃，但切除冷却器后运行不得超过1h。

3）自然循环风冷或自冷的变压器，顶层油温最高不得超 95℃；强油循环风冷变压器顶层油温最高不得超过85℃。

4）值班调控员应根据变压器冷却系统全停时规定的最高层油温或允许运行时间，采取紧急转移负荷、拉限负荷或停运变压器等措施，以防主变压器损坏。

（5）电压互感器发生异常并且经运行维护单位确认可发展成故障要求停用时，其处理原则如下：

1）电压互感器高压侧隔离开关可以远控操作时，应用高压侧隔离开关远控隔离。

2）无法采用高压侧隔离开关远控隔离时，应用断路器切断该电压互感器所在母线的电源，然后再隔离故障的电压互感器。

3）禁止用近控的方法操作该电压互感器高压侧隔离开关。

4）禁止将该电压互感器的次级与正常运行的电压互感器级进行并列。

5）禁止将该电压互感器所在母线保护停用或将母差保护为非固定连结方式（或单母方式）。

6）在操作过程中发生电压互感器谐振时，应立即破坏谐振条件，并在现场规程中明确。

案例分析

案例一：主变差动保护、气体保护动作同时跳闸案例分析

运行方式如图5-16所示：C、D站备自投装置投入。E站793对线路充电供对侧（甲供电公司）备用，线路可以互供。110kV系统线路限额均为70MW，负荷及主变压器容量如图所示。

B站1号主变差动保护、气体保护动作跳闸，试问如何处理？

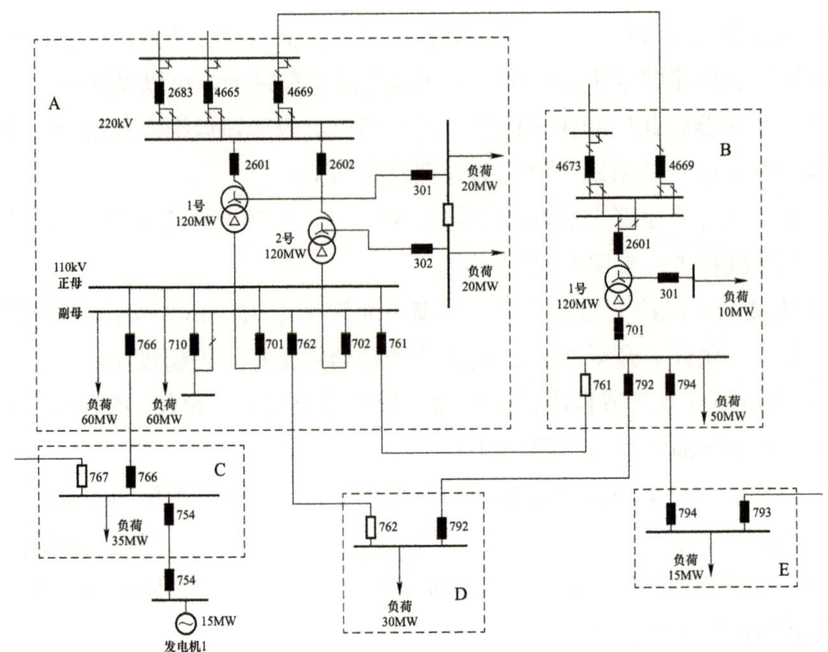

图 5-16　系统接线图

处理过程：

（1）B 站保护动作后，D 站备自投动作，将负荷切至 A 站副母线。

（2）拉开 E 站 794 开关，联系甲供电公司对 E 变电站送电。

（3）B 站事故限电 10MW。

（4）退出 C 站 767 开关备自投，合上 C 站 767 开关合环，拉开 766 开关解环。

（5）合上 B 站 761 开关，恢复 B 站送电。

（6）C 站上级、B 站串供保护作相应调整、D 站退出 762 备自投。

（7）B 站 1 号主变压器转检修处理。

案例二：主变压器故障跳闸，电厂未解列案例分析

（1）事故现象（如图 5-17 所示）：

A 站 1 号主变压器故障，保护动作跳三侧开关；电厂未解列，110kV 正母线与 B 厂孤立运行。

注：220kV 是一个系统。

（2）处理过程：

1）通知现场仔细检查 1 号主变压器及其保护动作情况。

2）A 站：合上 2 号主变压器 302 开关。

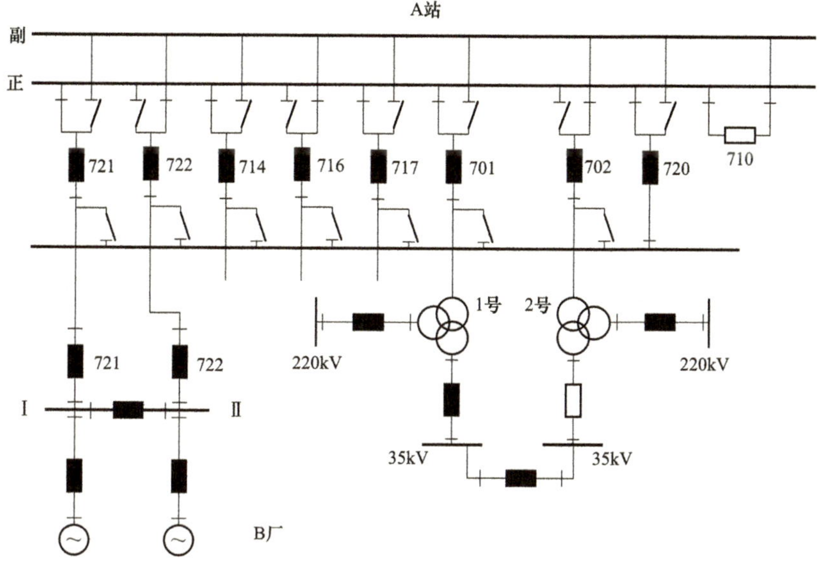

图 5－17　系统接线图

3）确认 B 厂未解列，通知 B 厂准备调频。

4）B 厂：拉开 B722 开关。

5）A 站：A722 开关由 110kV 正母线运行改为副母线运行。（冷倒）

6）B 厂：合上 B722 开关。（并网）

7）A 站：

a. 合上 110kV 母联 710 开关。

b. A722 开关由 110kV 副母线运行改为正母线运行。

8）A 站：

a. 1 号主变压器 301 开关由热备用改为冷备用。

b. 1 号主变压器 701 开关由热备用改为冷备用。

c. 1 号主变压器 2601 开关由热备用改为冷备用。

9）对 A 站 1 号主变压器发事故抢修令。

10）汇报有关领导。

习　题

1. 变压器的故障原因有哪些？
2. 变压器断路器跳闸时，值班调控员应如何根据变压器保动作情况进行处理？
3. 运行中变压器发生哪些情形，应立即安排停役？

第八节 线路故障处理

学习目标

掌握线路各种故障情况处理，包括单相接地故障、相间短路故障、三相短路故障等，并对各种故障典型案例进行分析

知识点

对于电网调度人员，线路故障指线路因各种原因，导致线路保护动作，线路断路器两侧或一侧跳闸。

（1）线路故障的主要原因。

1）外力破坏。

a. 违章施工作业。包括在电力设施保护区内野蛮施工，造成挖断电缆、撞断杆塔、吊车碰线、高空坠物等。

b. 盗窃、蓄意破坏电力设施，危及电网安全。

c. 超高建筑、超高树木、交叉跨越公路危害电网安全。

d. 输电线路下焚烧农作物、山林失火及漂浮物（如放风筝），导致线路跳闸。

2）恶劣天气影响。

a. 大风造成线路风偏闪络。风偏跳闸的重合成功率较低，一旦发生风偏闪络跳闸，造成线路停运的概率较大。

b. 输电线路遭雷击跳闸。据统计，雷击跳闸是输电线路最主要的跳闸原因。

c. 输电线路覆冰。最近几年由覆冰引起的输电线路跳闸事故逐年增加，其中华中电网最为严重。覆冰会造成线路舞动、冰闪，严重时会造成杆塔变形、倒塔、导线断股等。

d. 输电线路污闪。污闪通常发生在高湿度持续浓雾气候，能见度低，温度在−3～7℃之间，空气质量差，污染严重的地区。

3）其他原因。除人为和天气原因外，导致输电线路跳闸的原因还有绝缘材料老化、鸟害、小动物短路等。

（2）线路故障的种类。

1）按故障相别划分。线路故障有单相接地故障、相间短路故障、三相短路故障等。发生三相短路故障时，系统保持对称性，系统中将不产生零序电流。发生单相故障时，系统三相不对称，将产生零序电流。当线路两相短时内相继发生单相短路故障时，由于线路重合闸动作特性，通常会判断为相间故障。

2）按故障形态划分。线路故障有短路、断线故障。短路故障是线路最常见也最危险的故障形态，发生短路故障时，根据短路点的接地电阻大小以及距离故障点的远近，系统的电压将会有不同程度的降低。在大电流接地系统中，短路故障发生时，故障相将会流过很大的故障电流，通常故障电流会到负荷电流的十几甚至几十倍。故障电流在故障点会引起电弧危及设备和人身安全，还可能使系统中的设备因为过电流而受损。

3）按故障性质划分。可分为瞬间故障和永久故障等。线路故障大多数为瞬间故障，发生瞬间故障后，线路重合闸动作，断路器重合成功，不会造成线路停电。

（3）35kV 及以下非纯电缆线路事故处理一般原则。

1）线路跳闸后，现场运维人员必须对故障跳闸线路的有关设备进行外部检查，确认是否可以正常送电。

2）遮断容量不足或需要就地操作的断路器，在未查出故障并加以消除前不得进行试送。

3）35kV 及以下的线路断路器跳闸，重合不成，原则上不得强送。

（4）强送电前要求。

1）强送电的断路器要完好，且有完备的继电保护。

2）正确选择强送端进行强送。

3）对可分段线路是否分段试送。

4）断路器跳闸次数不超过允许次数。当线路断路器跳闸次数已规定和遮断容量不足的断路器跳闸后，不得进行强送电。

5）线路及其所供下级变电站无小机组并列。

6）除上述考虑之外，还应参照线路送电注意事项进行。

（5）35kV 及以下馈供线路事故处理原则。

1）有单电源重要用户的线路故障跳闸重合不成，经请示领导意后，允许强送一次。

2）无人值班变电站，当重合闸装置原处于投入状态，无法得保护装置动作信息时，不得强送。

3）无人值班变电站，如有保电任务（或其他紧急情况）线路障跳闸重合不成，配调值班调控员可不经检查断路器设备立即试送电一次。

4）当线路可以分段送电时，应逐段试送。

5）线路单相接地后跳闸，重合闸失败的，不再强送，可以分段试送。

（6）全电缆线路事故处理原则。

1）不经巡视不允许对故障线路强送电。

2）经巡视，找到故障点的，在隔离故障点后，可对停电线路送电。

3）经巡视，未找到故障点的，视情况可采用逐段试送的办法找故障。

4）特殊情况经领导批准后可试送一次。

（7）带电作业的线路故障跳闸后，申请带电作业的单位迅速向值班调控员汇报，值班调控员只有在得到工作负责人的同意后方可进行强送电。工作负责人在现场不论何种原因，发现路停电后，应迅速与调度联系，说明能否强送电。

（8）线路事故跳闸后，不论重合或强送成功与否，值调控员均应通知运行单位巡线，在发布巡线指令时应说明：

1）线路状态（线路是否带电；若线路无电是否已经做好安全措施）。

2）故障时线路保护及安全自动装置动作情况、故障录波器测量数据等情况。

3）找到故障点后是否可以不经联系立即开始处理。

（9）线路上有自发电（指有调度关系的小电厂）的线路断路器跳闸，必须判明线路无电后才能由系统侧试送一次，试送成功，对侧断路器进行同期并列。

案例分析

案例一：线路速断保护动作，断路器拒动案例分析

如图 5-18 所示，无锡变 10kV 为串供方式，无锡变的无锡 115 线与无锡一变的无锡 116 线在通过柱上开关合环的同时无锡 115 线发生相间永久故障，无锡 115 开关本身故障导致拒动，系统内保护均正常启用并正确动作。（操作时 115 开关重合闸已先停用）

1. 故障现象

合环时 115 线路相间故障，无锡一变 10kV 无锡 116 开关速断保护（或者限时速断保护）动作跳闸，重合不成。无锡变 10kV 无锡 115 开关速断保护动作跳闸，开关拒动，故障未切除。无锡变 1 号主变压器 10kV 侧后备保护Ⅰ段动作跳 110 开关，故障切除。

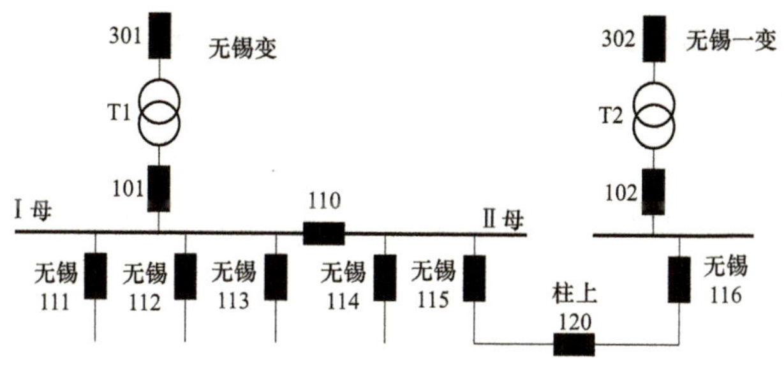

图 5-18 系统接线图

该故障导致无锡变 10kV Ⅱ段母线失电（含无锡 114、115 线），无锡一变无锡 116 线失电。

2. 处理过程

（1）通知操作班到无锡变及无锡一变进行检查。

（2）发令现场操作人员拉开柱上 120 开关。

（3）发令无锡一变合上 10kV 无锡 116 开关（强送），如成功则通知巡线及用户检查（无锡 115 线）；如不成则通知无锡 116 线巡线及用户检查。

（4）无锡变到现场后检查无锡 115 开关拒动，发令改至冷备用，发令合上 10kV 分段 110 开关。

（5）如前面 116 线是强送成功的、115 开关隔离后、115 线巡线无异常后 120 开关才允许试送。

（6）根据申请人要求将 10kV 无锡 115 开关改为检修，无锡 115 线或 116 线巡线后故障处理，处理结束后恢复正常。

案例二：线路永久性接地故障案例分析

110kV 西南 782 线路永久性接地故障，如图 5-19 所示（盐厂 110kV 盐西 737 开关保护全线）。

1. 事故动作情况

（1）西郊变汇报 110kV 西南 782 开关接地距离Ⅰ段、零序Ⅰ段保护动作跳 110kV 西南 782 开关，其无压重合闸正常停用。

（2）盐厂汇报 110kV 盐西 737 开关接地距离Ⅰ段、零序Ⅰ段保护动作跳 110kV 盐西 737 开关，重合成功。

2. 事故处理经过

（1）通知城中监控派人去城南变、西郊变。

（2）通知输变电运行工区 110kV 西南 782 线路带电巡线。

（3）操作人员到城南变，口令：将 110kV 备用电源自投装置停用；将 110kV

西南 782 开关由热备用转冷备用。（因西郊变 110kV 西南 782 开关无线路避雷器，故线路两侧转冷备用）

（4）操作人员到西郊变，口令：将 110kV 西南 782 开关由热备用转冷备用。

（5）待查出故障点后将线路转检修，许可相关人员工作。

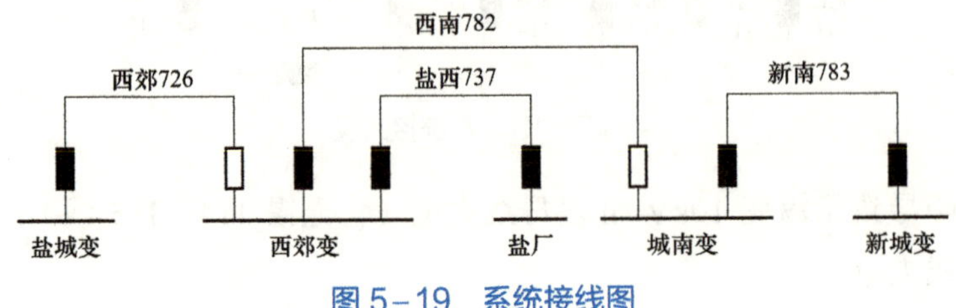

图 5-19 系统接线图

习 题

1. 线路故障的主要原因有哪些？
2. 按故障性质划分，线路故障有哪些种类？
3. 线路强送电前应考虑哪些因素？

第六章

新设备接入配电网运行管理

第一节　配电网新设备启动原则

学习目标

1. 了解调度实施方案包含的内容
2. 熟练掌握断路器、变压器、线路、母线等设备的启动原则

知识点

（1）新设备启动应严格按照批准的调度实施方案执行，调度实施方案的内容包括：启动范围、调试项目、启动条件、预定启动时间、启动步骤、继电保护要求、调试系统示意图等。

（2）设备运行维护单位应保证新设备的相位与系统一致。有可能形成环路时，启动过程中必须核对相位；不可能形成环路时，启动过程中可以只核对相序。厂、站内设备相位的正确性由设备运行维护单位负责。

（3）在新设备启动过程中，相关运行维护单位和配调应严格按照已批准的调度实施方案执行并做好事故预想。现场和其他部门不得擅自变更已批准的调度实施方案；如遇特殊情况需变更时，必须经配调同意。

（4）在新设备启动过程中，调试系统保护应有足够的灵敏度，允许失去选择性，严禁无保护运行。

（5）断路器启动原则。

1）用外来电源（无条件时可用本侧电源）对断路器冲击一次，冲击侧应有可靠的一级保护，新断路器非冲击侧与系统应有明显断开点。

2）必要时对断路器相关保护做带负荷试验。

3）电容器的断路器冲击前应将电容器与断路器断开。

4）6～35kV 设备（不含线路和变压器）若投运前已进行相关的耐压试验正常且电网条件不允许时，可不经冲击直接送电。

（6）线路启动原则。

1）35kV 及以下线路需全电压冲击一次，采用可靠的一级保护。

2）冲击正常后必要时做相关定、核相试验。

（7）母线启动原则。

1）用外来电源（无条件时可用本侧电源）对母线冲击一次，冲击侧应有可靠的一级保护。

2）冲击正常后新母线电压互感器二次侧需做核相试验。

3）母线扩建，可采用带有电流保护的母联开关对新母线进行冲击。

（8）变压器启动原则。

1）35kV 电压等级变压器可用高压侧电源对新变压器冲击五次，冲击侧电源宜选用外来电源，采用两只断路器串供，冲击侧应有可靠的两级保护。

2）冲击过程中，新变压器所有保护均启用，方向元件短接退出。

3）冲击新变压器时，保护定值应考虑变压器励磁涌流的影响。

4）冲击正常后，新变压器低压侧必须核相，变压器保护需做带负荷试验。

（9）电流互感器启动原则。

1）优先考虑用外来电源对新电流互感器冲击一次，冲击侧应有可靠的一级保护，新电流互感器非冲击侧与系统应有明显断开点。

2）若用本侧母联断路器对新电流互感器冲击一次时，应启用母联保护。

3）冲击正常后，相关保护需做带负荷试验。

（10）电压互感器启动原则。

1）优先考虑用外来电源对新电压互感器冲击一次，冲击侧应有可靠的一级保护。

2）若用本侧母联断路器对新电压互感器冲击一次时，应启用母联保护。

3）冲击正常后，新电压互感器二次侧必须核相。

习 题

1. 调度实施方案主要包括哪些内容？
2. 在什么情况下需核对相位？在什么情况下需核对相序？
3. 变压器启动的过程中需做哪些试验？
4. 电流互感器与电压互感器启动原则有何异同点？

第二节 调控验收及启动

学习目标

掌握新设备在投入运行前调控专业需做好的验收准备工作

知识点

1. 调控验收

调控人员负责对运维单位提供的信息表进行审核，对于审核发现的问题，应与提供信息表的单位进行确认。信息表通过审核后提交给自动化人员进行数据库维护、画面制作、数据链接等生产准备工作。

（1）验收前由变电运行值班人员会同检修人员做好相关安全措施。

（2）验收时应按照信息表内容逐条进行验收，并做好记录。

（3）验收过程中发现问题，应联系主站端自动化人员、现场配合人员检查。

（4）验收过程中如需修改信息表，应经参与验收的各方共同确认。

（5）值班调控员还应对监控画面和主站系统功能进行验收，包括接线图画面、光字牌画面、数据链接关系、信号分类是否正确，事故推图等是否正常，发现问题联系主站端自动化人员处理。

（6）验收过程中运维单位应对站端信息的正确性负责，调控人员应对监控端信息的正确性负责。

（7）验收完毕后，由值班调控员、配合验收人员共同对验收情况及遗留问题进行确认，值班调控员完成验收报告，包括验收时间、验收内容、验收人员姓名、验收结论、遗留问题及整改意见等。

2. 启动要求

（1）调控验收合格后，新设备方可启动。

（2）新设备启动结束，由运维人员汇报值班调控员，双方核对新设备运行情况正常、信号一致后，值班调控员正式承担新设备调控职责。

习 题

1. 调控验收报告应包括哪些内容？
2. 在新设备投入运行前，调控专业应哪些准备工作？

第三节 启动方案编写

学习目标

熟练掌握配电网新设备的启动方案的编制

220kV 紫苑变启动调度实施方案

版本号〔2021.08〕

批准：

审核：

初审：

编写：

2021 年 08 月

一、启动

（一）建设规模

本期新建220kV紫苑变电站一座；220kV系统为双母线接线，专用母联开关，220kV线路两条；220kV主变压器一台；110kV系统为双母线接线，专用母联开关，110kV线路两条；10kV系统为双母线接线，10kV线路两条。

（二）启动约定

由于本次新建变电站为高仿真智能站，与外电网没有电气连接，为了模拟启动，对外部电网作出以下约定：

（1）因220kV苏州变移址改造，原220kV五阳变与苏州变之间双联络线路开断环入220kV紫苑变，形成2598、2599线路。

（2）220kV五阳变2598、2599间隔为老间隔，220kV母差保护未动，原线路两侧均配置双套保护，两套为距离、方向零序、分相电流差动保护。220kV母联装设独立配置的长充电保护（过电流保护）。

（3）220kV五阳变：新建110kV紫金781间隔一、二次设备。

（4）110kV光明变：所有一次设备已冲击带电过，2号主变压器需做主变压器差动保护带负荷试验。

（三）配套网络图

配套网络图如图6-1所示。

二、设备启动方案（地调部分）

（第一阶段）

（一）启动范围

（1）五阳变紫金781间隔。

（2）110kV紫金781/782线路。

（3）紫苑变1号主变压器及各侧开关。

（4）紫苑变110kV正副母线及母线设备；母联710、紫金781/782间隔。

（5）紫苑变10kVⅠ、Ⅱ段母线及母线设备；10kV 1号接地变压器、1号电抗器、1号电容器间隔。

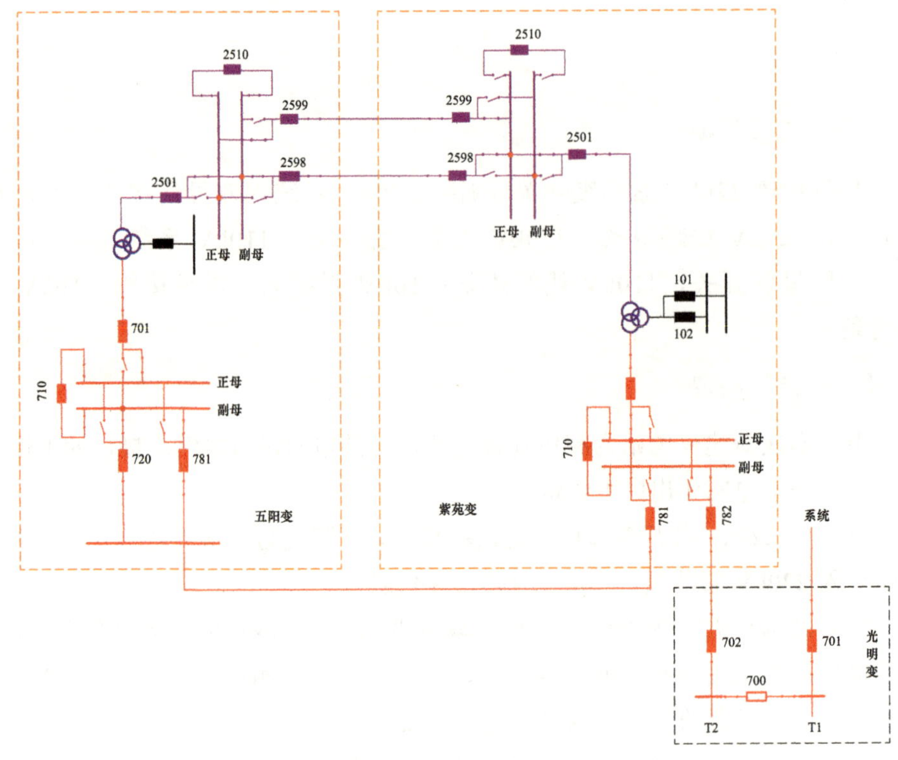

图 6-1 配套网络图

（二）调试项目

（1）五阳变 781 间隔内一次设备冲击，其距离、方向零序保护及 110kV 母差保护带负荷试验。

（2）紫金 781/782 线路冲击三次、核相。

（3）光明变 2 号主变压器差动保护带负荷试验。

（4）紫苑变 110kV 正副母及其附属设备冲击一次。

（5）紫苑变紫金 781/782、母联 710 间隔内一次设备冲击，紫金 781/782 距离、方向零序及 110kV 母差保护（781、782、710）带负荷试验。

（6）紫苑变：110kV 正、副母线压变二次定、核相。

（7）紫苑变 1 号主变压器从中压侧冲击四次。

（8）紫苑变 10kV Ⅰ、Ⅱ段母线及其附属设备冲击一次，101、102、111、121、10kV 1 号接地变压器、1 号电抗器、1 号电容器间隔内一次设备冲击。

（9）紫苑变 10kV Ⅰ、Ⅱ段母线电压互感器二次定、核相。

备注：紫苑变 10kV111、121 线路设备冲击及定、核相、保护带负荷试验工作由配调负责，详见配调启动方案。

（三）预定启动时间

2021 年 8 月 T 日

（四）启动条件

（1）五阳变 781 间隔内一、二次设备施工结束，验收合格，设备可以带电，其母差 TA 短接退出 110kV 母差回路，设备投运报告报调度。

（2）紫金 781/782 线搭接工作结束，全线贯通，现场与监控均验收合格，具备投运条件，设备投运报告报调度，且在冷备用状态。

（3）紫金 781/782 线路参数测试结束，有关数据已电传调度保护处，正式报告已报调控处，并在 3 个工作日内按规定完成 PMS、OMS 本次启动有关设备参数维护。

（4）紫苑变 1 号主变压器及三侧开关、110kV 和 10kV 所有一、二次设备施工结束，现场与监控均验收合格，设备可以送电，设备投运报告报调度，且所有设备均在冷备用状态。

（5）本次启动范围内有关远动装置具备启动条件。

（6）苏州调度已做好紫苑变 110kV 副母线空出时的事故预案。

（7）苏州地调值班员核对与本次启动有关的厂站接线图、分区接线图已调整完成。

（8）启动范围内所有设备均为冷备用状态。

（五）启动步骤

（1）方式调整：五阳变：空出 110kV 副母线（110kV 所有设备均调至正母线，701 开关热备用于 110kV 正母线；710 开关母联运行，保护启用，720 开关副旁母充电，保护启用、重合闸停用）。

（2）紫苑变：核对执行××、××号定值单，启用紫金 781、782 开关保护（重合闸停用）。

（3）紫苑变：启用 710 开关电流保护。

（4）紫苑变：核对执行××、××号定值单；1 号主变压器 220kV 侧挡位暂放 3 挡（220kV），110kV 侧挡位暂放“××”挡（115kV）。启用 1 号主变压器保护（启用冲击定值：1 号主变压器第一套保护 110kV 过电流Ⅱ段Ⅰ时限时间均由 1.8s 改为 0.6s）。

（5）紫苑变：将 110kV 正母线压变转运行，将紫金 781 开关转运行于 110kV 正母线，紫金 782 开关转运行于 110kV 副母线，母联 710 开关转运行。

（6）云台变：将 720 开关旁代 781 开关热备用于 110kV 副母线（781 开关冷备用状态）。

（7）五阳变：合上旁路 720 开关，对紫金 781、782 线路、紫苑变 110kV 正副母线及母线设备均冲击一次，冲击正常后拉开 720 开关。

（8）五阳变：合上 7813 闸刀、781 开关。

（9）五阳变：合上旁路 720 开关，对紫金 781、782 线路第三次冲击、对 781 开关冲击一次，冲击完毕后开关不拉开。参加正常后，拉开 7813 闸刀、781 开关。

（10）紫苑变：拉开 781 开关，将 701 开关转热备用于 110kV 正母线，合上 781 开关。

（11）紫苑变：合上 701 开关，对 1 号主变压器冲击三次，毕 701 开关拉开位置。

（12）紫苑变：（配调）将 101、102 开关转热备用、10kVⅠ、Ⅱ段母线压变转运行、10kV 1 号接地变压器、1 号电抗器、1 号电容器转运行。

（13）紫苑变：合上 701 开关，对 1 号主变压器第四次冲击，毕 701 开关合上位置。

（14）合上 101、102 开关，分别对 10kVⅠ、Ⅱ段母线电压互感器转运行、10kV 1 号接地变压器、1 号电抗器、1 号电容器冲击一次。

（15）紫苑变：许可 110kV 正副母线压变二次定相核相、10kVⅠ、Ⅱ段母线压变二次定相、核相。

（16）紫苑变：许可配调，进行 10kV 设备冲击工作（不带负荷）冲击正常后，将进线相关核相工作。

（17）上述工作结束后，紫苑变：701、101、102 开关转冷备用。

（18）五阳变恢复正常方式，781 开关冷备用状态，720 开关正母线旁代 781 线路充电（781、782 线路）。

（第二阶段）

（1）省调 220kV 设备启动完毕并调整好运行方式后，省调将紫苑变 220kV 正母线、母联 2510 开关（开关运行、保护停用）调度关系借苏州地调。

（2）紫苑变：启用母联 2510 开关保护；将 1 号主变压器 2501 开关转热备用于 220kV 正母线。

（3）紫苑变：联系省调停用 220kV 第一套、第二套母差保护。

（4）紫苑变：利用 1 号主变压器 2501 开关对主变压器冲击 1 次（主变压器

第 5 次冲击）。

（5）光明变：2 号主变压器负荷转移（7023 闸刀拉开），将 700 开关转冷备用，将 702 开关转运行，毕许可 110kV Ⅰ、Ⅱ段母线电压互感器二次核相。

（6）核相正确后，紫苑变：将 710 开关转冷备用，将 701 开关转副母运行。

（7）紫苑变：许可 110kV 正、副母线压变二次核相，光明变：许可 110kV Ⅰ、Ⅱ段母线电压互感器二次核相。

（8）上述核相正确后，五阳变：拉开 720 开关及 7816 旁路闸刀，空出 110kV 副母线（110kV 所有设备均调至正母线，701 开关热备用于 110kV 正母线；710 开关母联运行，保护启用）。

（9）五阳变：停用 110kV 母差保护，将 781 开关转为副母线运行。

（10）紫苑变：许可 110kV 正、副母线电压互感器二次核相。核相正确后，停用 781、782 开关保护，将 710 开关转运行合环，701 开关转正母热备用。

（11）光明变：停用 2 号主变保护，将 700 开关转为运行合环，恢复两线两变运行。许可 2 号主变压器带负荷试验、110kV 备自投试验。毕正确后启用相应保护及备自投。

（12）五阳变：许可：781 开关线路保护带负荷试验、110kV 母差保护（781 母差 TA 接入），试验正确后，启用 781 开关线路保护，启用 110kV 母差保护。

（13）紫苑变：许可：781、782 开关线路保护带负荷试验、110kV 母差保护（781、782、710 母差 TA 接入），试验正确后，启用 781、782 开关线路，停用 710 开关电流保护。

（14）实施试验正确后，紫苑变：停用 1 号主变压器 A 屏差动、后备保护（将 1 号主变压器保护冲击定值改回）及 B 屏差动保护。

（15）紫苑变：合上 701 开关合环，拉开 781 开关解环。

（16）通知配调：10kV 系统带负荷（电容器或者其他负荷）。

（17）紫苑变：许可：许可 220kV 第一套、第二套母差保护带负荷试验（2501 母差 TA 接入），试验正确后汇报省调启用 220kV 第一套、第二套母差保护。许可 110kV 母差保护带负荷试验（701 母差 TA 接入），试验正确后启用 110kV 母差保护。许可 1 号主变压器 A 屏差动、后备保护带负荷试验，试验正确后启用 1 号主变压器 A 屏差动、后备保护，停用 1 号主变压器 B 屏后备保护，许可 1 号主变压器 B 屏差动、后备保护带负荷试验，试验正确后启用 1 号主变压器 B 屏差动、后备保护。

（18）紫苑变：停用母联 2510 开关保护；将云林变 220kV 正母线（2501

开关运行于正母线）、母联2510开关（开关运行、保护停用）调度关系还省调。

（19）启动后的运行方式：五阳变：恢复正常方式，781开关运行于正母线。紫苑变：运行方式：781开关正母线热备用，701开关运行于正母线，782运行于副母线，710开关母联运行（保护停用）。光明变：两线两变方式，700开关热备用，备自投启用。

（六）冲击、核相、带负荷试验图

781、782线路冲击示意图如图6-2所示。

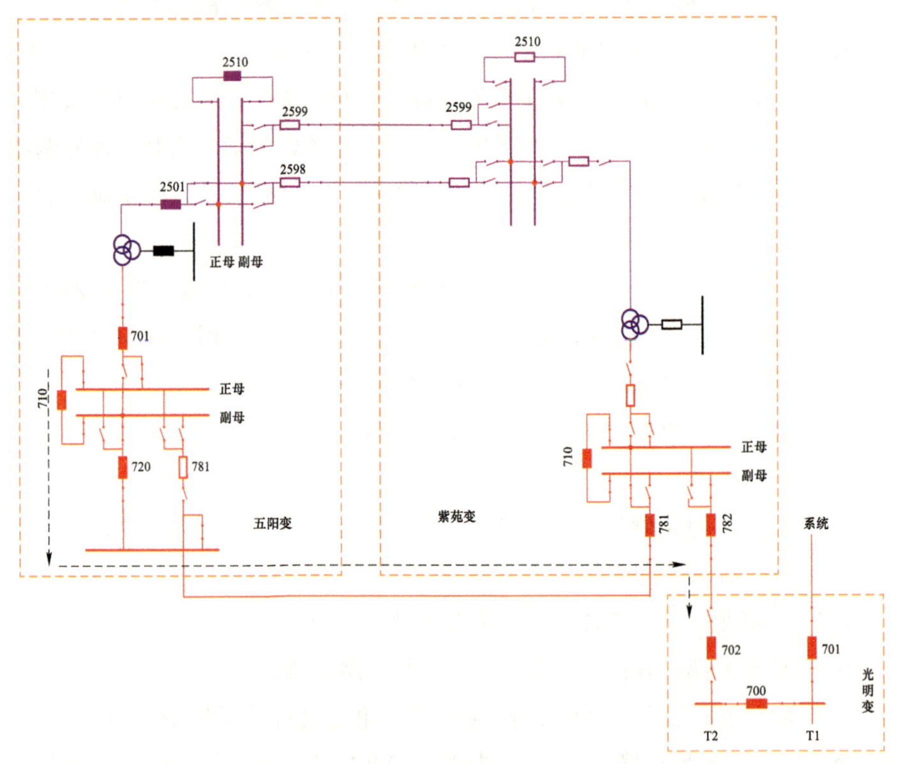

图6-2 781、782线路冲击示意图

781、782线路第三次冲击示意图如图6-3所示。

用中压侧对主变压器冲击四次示意图如图6-4所示。

主变压器带负荷示意图如图6-5所示。

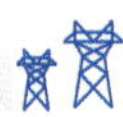

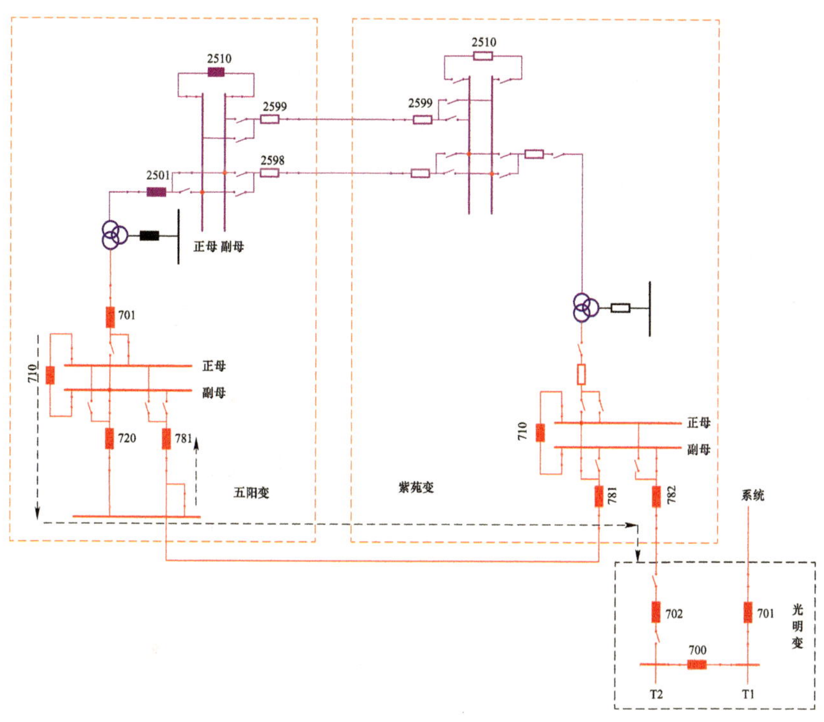

图 6-3　781、782 线路第三次冲击示意图

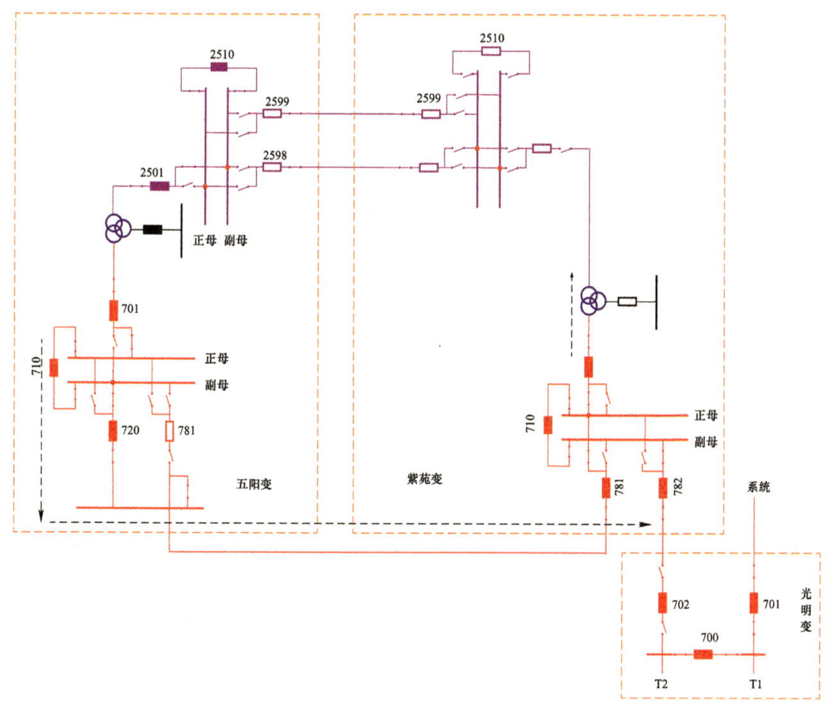

图 6-4　用中压侧对主变压器冲击四次示意图

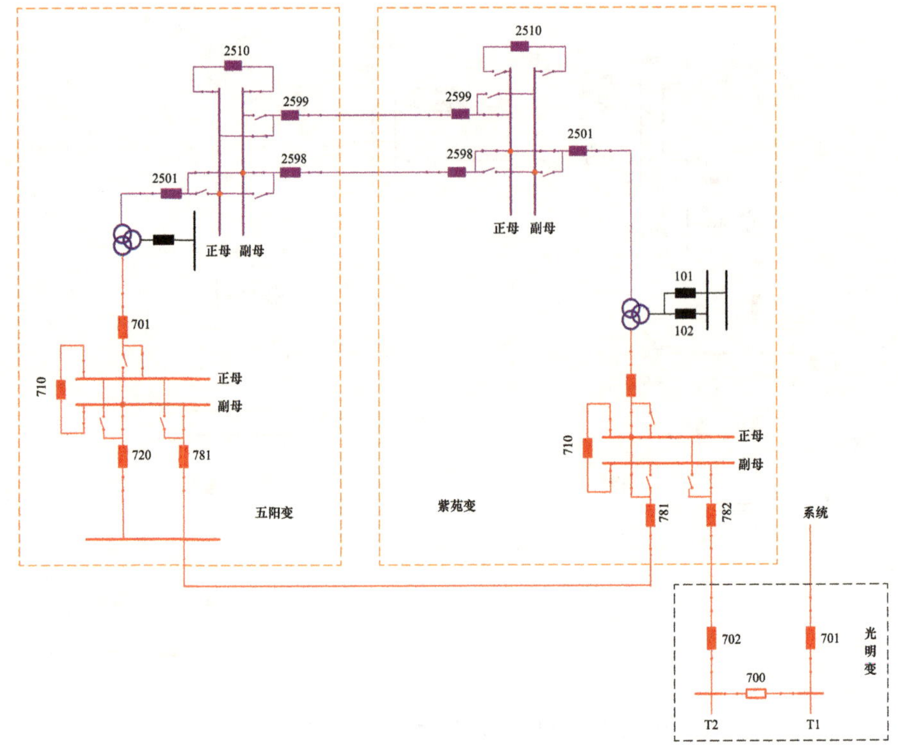

图 6-5　主变压器带负荷示意图

三、设备命名（省调部分）

江苏电力调度控制中心关于紫苑变 220 千伏有关设备及线路命名编号调度关系的通知

苏州供电公司，江苏技能培训中心，经研院，检修分公司，信通分公司：

技能培训中心新建 220 千伏紫苑变输变电工程，苏州地区五阳—紫苑 220 千伏线路搭接工程等即将建成投运，根据江苏电网设备命名原则，结合苏州供电公司意见，将紫苑输变电工程中新建的 220 千伏变电站命名为 220 千伏紫苑变电站（调度简称紫苑变），上述工程中 220 千伏有关设备及线路命名编号调度关系通知如下：

一、命名编号

1. 紫苑变 220 千伏母线为双母线接线，分别命名为 220 千伏正、副母线，母线联络开关命名为 220 千伏母联 2510 开关。

2. 五苏 2598 线开断环入紫苑变后，五阳变至紫苑变 220 千伏线路命名为

紫五2598线，线路两侧开关分别命名为

紫苑变侧紫五2598开关

五阳变侧五紫2598开关

3. 五苏2599线开断环入紫苑变后，五阳变至紫苑变220千伏线路命名为紫五2599线，线路两侧开关分别命名为

紫苑变侧紫五2599开关

五阳变侧五紫2599开关

4. 紫苑变本期一台180兆伏安主变压器命名为1号主变压器，其220千伏侧开关命名为1号主变2501开关。

5. 220千伏闸刀及附属设备由相关公司自行编号，但应与其对应的开关、母线、主变及线路命名编号相对应。

二、调度关系

1. 紫苑变220千伏正、副母线及母联2510开关由省调调度管辖。

2. 紫五2598/2599线路及两侧开关均由省调调度管辖。

3. 紫苑变1号主变由苏州调度管辖，省调调度同意。

4. 紫五2598/2599线路及两侧开关正常委托苏调操作。

三、其他

1. 以上设备命名编号及调度关系从对应新设备启动时起执。

2. 原五苏2598/2599线路及两侧开关命名编号调度关系，在上述有关新设备命名编号正式启用时同时取消。

江苏电力调度控制中心

2021年8月6日

四、设备命名（地县配调部分）

苏州供电公司
关于紫苑变有关设备调度关系的通知

公司相关部门：

技能培训中心新建220千伏紫苑变输变电工程即将建成投运，根据公司电网设备命名原则，将紫苑输变电工程中新建的有关设备及线路命名编号调度关系通知如下：

一、命名编号

1. 紫苑变110千伏母线为双母线接线，分别命名为110千伏正、副母线，母线联络开关命名为 110 千伏母联 2510 开关。

2. 紫苑变至五阳变新建 110 千伏线路命名为紫金 781 线，线路两侧开关分别命名为

紫苑变侧紫金 781 开关　　　　　　五阳变侧金紫 781 开关

3. 紫苑变至光明变新建 110 千伏线路命名为紫光 782 线，线路两侧开关分别命名为

紫苑变侧紫光 782 开关

光明变侧紫光 782 开关

4. 紫苑变本期一台 180 兆伏安主变压器，其 110 千伏侧开关命名为 1 号主变 701 开关，其 10 千伏侧 1 号主变分支 1 开关命名为 1 号主变 101 开关，10 千伏侧 1 号主变分支 2 开关命名为 1 号主变 102 开关。

5. 紫苑变 10 千伏母线为双母线接线，分别命名为 10 千伏Ⅰ、Ⅱ母线。

6. 10 千伏 1 号接地变开关命名为 1 号接地变 1J1 开关，1 号电抗器开关命名为 1 号电抗器 1K1 开关，1 号电容器开关命名为 1 号电容器 1R1 开关。

7. 新建至开发区 10 千伏线路命名为技培 111 线路，紫苑变开关命名为技培 111 开关。

8. 新建至劳动路开闭所 10 千伏线路命名为技培 121 线路，紫苑变开关命名为技培 121 开关。

二、调度关系

1. 紫苑变 1 号主变压器由苏州调度管辖，省调调度同意。

2. 紫苑变 110 千伏正、副母线及母联 710 开关由苏调调度管辖。

3. 紫光 781/782 线路及两侧开关均由苏调调度管辖。

4. 紫苑变 1 号主变 101/102 开关由苏州配调调度管辖，地调调度同意。

5. 紫苑变 10 千伏正、副母线及以下设备由苏州配调调度管辖。

三、其他

1. 以上设备命名编号及调度关系从对应新设备启动时起执。

2. 10 千伏线路联络开关由配调自行负责命名。

苏州供电公司

2021 年 8 月 6 日

附图：220kV紫苑变一次接线图

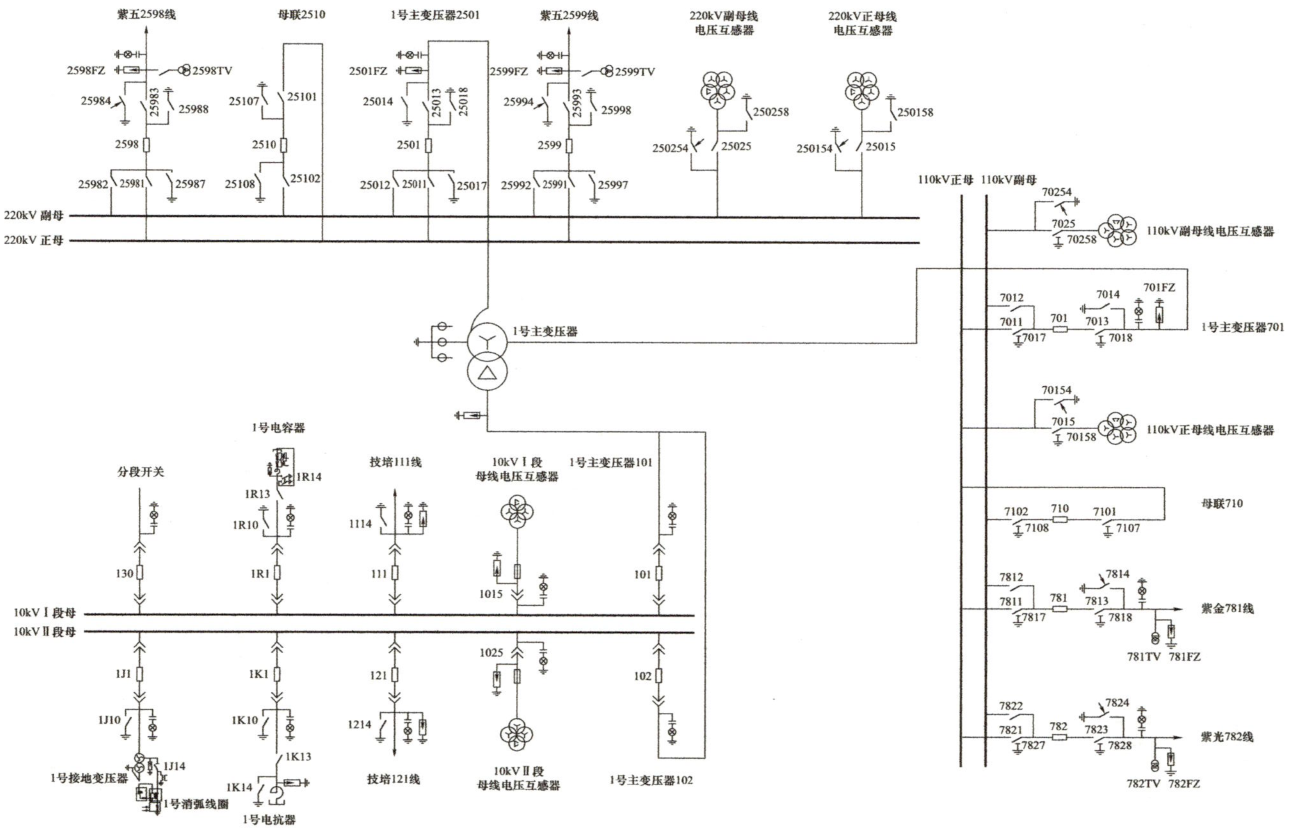

江苏技培中心紫苑220kV变电站电气主接线图

第七章

电网调整

第一节 电力系统频率调整

学习目标

1. 了解电力系统的频率静态特征，掌握负荷及发电出力调整的方法
2. 了解频率异常的危害，掌握频率异常的处理原则
3. 掌握规程相关规定；能够正确处理频率异常

知识点

频率是电网供电质量的最主要指标之一，在稳态运行条件下各个发电机保持同步运行，整个系统的频率是相等的，是一个全系统一致的运行参数。当总有功出力与总有功负荷发生不平衡时，相应的系统频率就要发生变化；电力系统的负荷是时刻变化的，任何一处负荷的变化，都要引起全系统有功功率的不平衡，导致频率的变化。

在遵守国家有关法律、法规和政策的前提下，电力系统运行时，采取一切可行技术手段，及时调节各发电机的出力，保证电力系统频率在正常允许范围内，是调度员的一项重要任务。

一、电网频率

(一) 基本概念

频率是电力系统运行质量和安全情况的最主要标志之一。目前人们对电力系统动态频率的定义仍普遍沿用物理学和电工学对标准正弦交流电频率——即“每秒变化的周期数”的定义，频率是电力系统运行质量和安全情况的最主要标志之一，并列运行的每一台发电机组的转速与系统频率的关系为

$$f = Pn / 60 \tag{7-1}$$

式中 P——发电机组转子极对数；

n——发电机组的转数，r/min；

f——电力系统频率，Hz。

显然，电力系统的频率控制实际上就是调节并网发电机组的转速。

1. 电力系统频率特性

所谓电力系统频率特性，就是指当电力系统电压不变时，电力系统有功功率对频率的相关关系。电力系统频率特性包括负荷频率特性和发电频率特性，又分为频率静态特性和频率动态特性。电力系统频率特性的最大特点是，在一般运行情况下，系统各节点的频率值基本相同。电力系统频率特性是电力系统频率调整装置、动低频减负荷装置、电力系统间联络线交换功率自动控制装置等进行整定的依据。

2. 负荷频率静态特性

不同种类的负荷对频率的变化关系各异，有的与频率无关，有的与频率的一次方、二次方或更高次方成正比。

当系统频率变化时，整个系统的有功负荷也要随着改变，即

$$P_{\mathrm{L}} = F(f) \tag{7-2}$$

这种有功负荷随频率而改变的特性叫做负荷的功率—频率特性，是负荷的静态频率特性，也称作负荷的调节效应。

电力系统中各种有功负荷与频率的关系如下：

(1) 与频率变化无关的负荷，如照明、电弧炉、电阻炉、整流负荷等。

(2) 与频率成正比的负荷，如切削机床、球磨机、往复式水泵、压缩机、卷扬机等。

(3) 与频率的二次方成比例的负荷，如变压器中的涡流损耗，但这种损耗在电网有功损耗中所占比重较小。

（4）与频率的三次方成比例的负荷，如通风机、静水头阻力不大的循环水泵等。

（5）与频率的更高次方成比例的负荷，如静水头阻力很大的给水泵等。

负荷的功率—频率特性一般可表示为

$$P_L = a_0P_{LN} + a_1P_{LN}\left(\frac{f}{f_N}\right) + a_2P_{LN}\left(\frac{f}{f_N}\right)^2 + a_3P_{LN}\left(\frac{f}{f_N}\right)^3 + \cdots + a_nP_{LN}\left(\frac{f}{f_N}\right)^n \tag{7-3}$$

式中　f_N——额定频率，Hz；

P_L——系统频率为 f 时，整个系统的有功负荷，kW；

P_{LN}——系统频率为额定值 f_N 时，整个系统的有功负荷，kW；

a_0、a_1、a_2、…、a_n——上述各类负荷占 P_{LN} 的比例系数。

将式（7−3）除以 P_{LN}，则得标幺值形式，即 $P_{L*}=a_0+a_1f_*+a_2f_*^2+\cdots+a_nf_*^n$

通常与频率变化三次方以上成正比的负荷很少，如忽略其影响，并将式（7−3）对频率微分，得

$$\frac{dP_{L*}}{df_*} = a_1 + 2a_2f_* + 3a_3f_*^2 = K_{L*} \tag{7-4}$$

或写成

$$K_{L*} = \frac{\Delta P_{L*}}{\Delta f_*} = \frac{\Delta P_L\%}{\Delta f_*\%} = \frac{\Delta P_L / P_{LN}}{\Delta f / f_N} \tag{7-5}$$

式中　K_{L*}——负荷的调节效应系数；

$\Delta P_L\%$——系统负荷变化量的百分值；

$\Delta f_*\%$——系统频率变化量的百分值。

负荷频率特性图如图 7−1 所示。

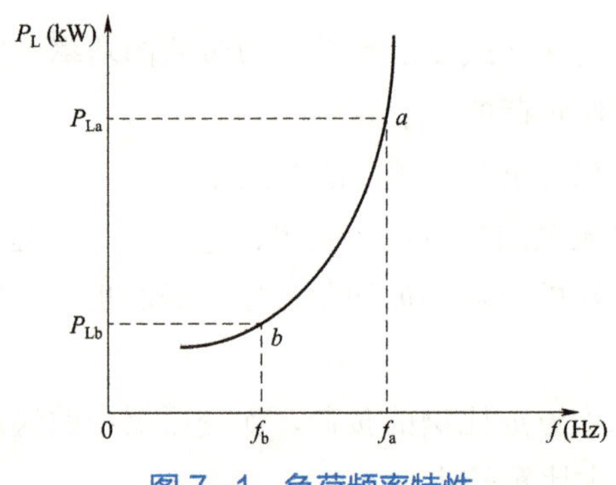

图 7−1　负荷频率特性

说明：

（1）负荷的频率效应起到减轻系统能量不平衡的作用。

（2）称 K_{L*}为负荷的频率调节效应系数。

（3）电力系统允许频率变化的范围很小，为此负荷功率与频率的关系曲线可近似地视为具有不变斜率的直线。这斜率即为 K_{L*}。

（4）K_{L*}表明系统频率变化 1%时，负荷功率变化的百分数。

（5）对于不同的电力系统，K_{L*}值也不相同。一般 $K_{L*}=1\sim3$。即使是同一系统的 K_{L*}，也随季度及昼夜交替导致负荷组成的改变而变化。

3. 发电频率静态特性

发电频率静态特性：系统内的发电机组，当频率变化时其调速系统自动地改变汽轮机的进汽量或水轮机的进水量，从而增减发电机组的出力。发电机组转速的调整是由原动机的调速系统来实现的；通常把由于频率变化而引起发电机组输出功率变化的关系称为发电机组的功率—频率特性或调节特性；发电机组的功率—频率特性取决于调速系统的特性。

发电机频率特性如图 7-2 所示。

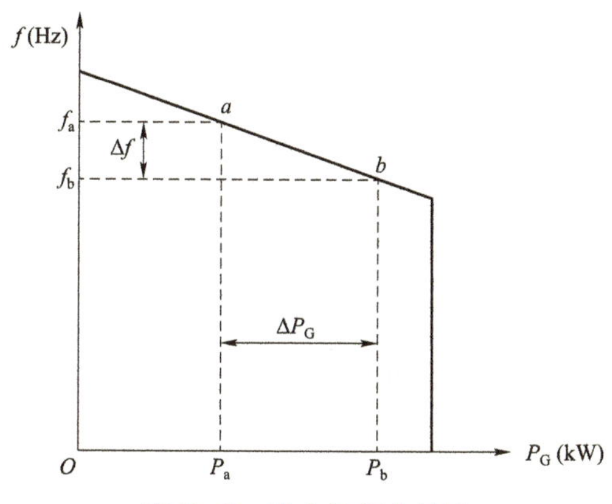

图 7-2　发电机频率特性

同步发电机的频率调差系数 R 为

$$R=-\frac{\Delta f}{\Delta P_G} \tag{7-6}$$

负号表示发电机输出功率的变化和频率的变化符号相反。调差系数 R 的标幺值表示为

$$R_* = -\frac{\Delta f / f_e}{\Delta P_{Ge} / P_{Ge}} = -\frac{\Delta f_*}{\Delta P_{G*}} \tag{7-7}$$

在计算功率与频率的关系时，常采用调差系数的倒数，即

$$K_{G*} = \frac{1}{R} = -\frac{\Delta P_{G*}}{\Delta f_*} \tag{7-8}$$

以发电机组频率静态特性常数表示发电机组出力对频率变化的调节效应，即 K_{G*}为发电机组频率静态特性常数，也称发电机组调速系统频率特性曲线斜率。其倒数为调速系统的调差系数，全电力系统所有发电机组的总调差系数可根据每台机组的数值经过计算得出近似值；ΔP_{G*}%为发电机组有功功率变化量百分值；Δf_*%为系统频率变化量百分值，负号表示当运行频率下降时发电机有功出力增加，而运行频率升高时发电机有功出力减少。

4. 电力系统频率静态特性

电力系统频率静态特性就是负荷频率静态特性和发电频率静态特性的组合，公式为

$$K_F = -\Delta P\% / \Delta f\%$$

ΔP%为电力系统有功功率变化量百分值；Δf%为系统频率变化量百分值；电力系统有足够的备用容量时，发生功率缺额只会引起不大的频率下降；如无备用容量，则系统的频率下降将很大，因为这时的系统频率下降仅决定于负荷的频率静态特性。

5. 频率动态特性

电力系统频率动态特性电力系统的有功功率平衡突然遭到破坏时，系统的频率将从正常的稳定值过渡到另一个稳定值。这种频率变化过程反映了系统的频率动态特性与系统有无备用容量、负荷的频率调节效应系数及电力系统内旋转机械的惯性时间常数等有关。因条件不同，系统频率可能非周期性地逐步下降，也可能经波动衰减到某一稳定值；系统的惯性时间常数越大，系统频率变化过程所经历的时间就越长。

（二）电力系统频率特点

（1）稳态情况下，联网并列运行的电力系统频率全网保持一致。

（2）若要保持频率稳定，在任一时刻，发电与供电供需平衡，因此调频与有功功率调节和负荷调节是不可分开的。

（3）负荷增加时，系统出现了功率缺额，机组的转速下降，整个系统的频率降低；负荷减少时，系统出现了多余功率，机组的转速上升，整个系统的频

率升高。

（4）频率的调整是一个要有整个系统来统筹调度与协调的全局性问题，涉及接入电力系统的所有发电企业和用电企业，绝不允许相关单位“各自为政”。现代化电网一般设有专门的调频发电厂。

（5）频率的调整与电力企业的经济性关系很大，调频与运行费用的关系也十分密切，因此务必使得系统负荷在发电机组之间实现经济分配。

（三）负荷的变动与频率的调整方式

负荷的变动情况可以分成几种不同的分量：

（1）变化周期一般小于 10s 的随机分量，对于此类负荷变化引起的频率偏移，一般利用发电机调速器来调整原动机的输入功率，这称为频率的一次调整。一次调频是指由发电机组调速系统的频率特性所固有的能力，随频率变化而自动进行频率调整。其特点是频率调整速度快，但调整量随发电机组不同而不同，且调整容量有限，一次调频是有差调整。

（2）变化周期为 10s～3min 的脉动分量，对于此类负荷变化引起的频率偏移较大，必须由调频器参与控制和调整，这称为频率的二次调整。二次调频是指当电力系统负荷或者发电出力发生较大变化时，一次调频不能恢复频率至规定范围时采用的调频方式。二次调频又分为手动调频和自动调频。

1）手动调频：在调频发电厂，由运行值班人员根据系统频率的变动（负荷的变化）来调节发电机的出力，使频率保持在规定范围内。手动调频的特点是反应速度慢，在调整幅度较大时，往往不能满足频率质量的要求，同时值班人员操作频繁，劳动强度大。

2）自动调频：这是现代电力系统采用的调频方式，自动调频是通过装在发电厂和调度中心的自动装置随系统频率的变化自动增减发电机的发电出力，保持系统频率在极小范围内波动。自动调频是电力系统调度自动化的组成部分，它具有完成调频、经济调度和系统间联络线交换功率控制等综合功能。自动调频装置在正常时应投入运行。

（四）频率异常的危害

1. 频率异常的危害

当电网频率过高或过低时，由于汽轮机叶片的固有振动频率都是按电网正常频率的条件下调整在合格范围，有可能使汽轮机某几级叶片接近或陷入共振区，造成应力显著增加而导致疲劳断裂。使发电机运行环境变差，频率降低，转速下降，发电机两端的风扇鼓风量减小，冷却条件变坏，发电机温度升高，超过绝缘材料的允许温度，迫使发电机减出力。

低频运行时，发电机转速下降，感应内电动势下降，同时发电机同轴励磁机转速下降，励磁电流减小，使得发电机机端电压下降。另外，电网低频率运行使汽轮机汽耗增加，降低了效率；影响厂用电安全，使给水泵转速减慢，降低了给水压力，严重时引起锅炉缺水；使循环泵转速减慢，减少了循环水量，影响凝汽器真空；还使锅炉的引风机转速减慢，造成锅炉热负荷降低和炉膛燃烧不稳定。上述情况的结果是发电机有功出力下降。频率降低时，异步电机和变压器的励磁电流增大，无功功率损耗增加，使得电力系统无功平衡和电压调节增加困难。工业生产中普遍应用异步电动机，其转速和输出功率均与频率有关，频率变化时，电动机的转速和输出功率随之变化，因而严重影响产品质量。现代工业，国防和科研部门广泛应用各种电子设备，如频率不稳将会影响这些电子设备的测量的准确性。

2. 造成频率异常的主要原因

（1）系统发电机备用容量不足。

（2）大型发电厂联络线故障。

（3）电源（大型发电厂或直流站）故障。

（4）系统解列。

（五）系统的备用容量

1. 运行备用容量

运行备用容量是在保证供应的系统负荷之外的备用容量，是用以满足除了在每小时需要调整的计划系统负荷外的随时变化的负荷波动，以及负荷预计的误差、设备的意外停运和为保本地区负荷等所需的额外有功容量。运行备用容量包括旋转备用和非旋转备用容量两部分。

旋转备用容量是指已经接在母线上，随时准备带上负荷的备用发电容量。

非旋转备用容量是指可以接到母线并在一定时间内带上负荷的备用发电容量。

运行备用容量应该包括以下两部分：

（1）足以提供正常调节极限的置于发电自动控制下的那部分旋转备用容量即“负荷备用容量”。根据运行经验，负荷备用容量规定为最大发电负荷的2%～5%，一般低值用于大系统，高值用于小系统。

（2）能在规定时间内（例如10min内）有效地投入运行的容量，其大小应不小于在一次单一事故中可能失去的发电容量。这个附加的运行备用容量即“事

故备用容量”。事故备用容量规定为最大发电负荷的 10%；对于小系统，同时应不小于网内一台最大机组的容量。这一项运行备用容量中，至少应当有相应部分（国外有的规定为不小于 50%）应是在频率偏离正常时能自动投入工作的旋转备用容量。如果能在要求的规定时间内切除“可切除的负荷”，也可以把它算作非旋转备用容量。

2. 检修备用容量

检修备用容量按运行经验规定为最大发电负荷的 8%～15%。检修备用容量是规划与设计电力系统时必须为生产运行准备的备用容量。8%这个数值主要用于水电重复容量大的系统，其他的系统一般为 10%～15%。

在安排系统的发电容量时，必须随时准备好按要求规定的备用容量。为了使安排的运行公用容量能有效发挥作用，需要不断研究分析如何分配运行备用容量，还需要同时考虑在事故情况下如何有效地利用备用容量、运行备用容量带上负荷所需要的时间、是否受线路传输能力的限制以及当地的保安用电需要等因素。

（六）频率崩溃

1.“频率崩溃”概念介绍

电力系统频率崩溃示意如图 7－3 所示，B 和 A 分别为发电机和负荷的有功频率特性曲线。在某一时刻，发电机和负荷的有功负荷在点 5 达到平衡，系统频率为 f_0。随着有功负荷的增长，由于发电机调速器的作用，发电机和负荷的有功负荷在点 1 达到平衡，系统频率为 f_1。当有功负荷继续增加时（经过点 2 后），由于发电厂的气压、供水量、水头等随频率的变化而下降，所以出力不仅不可能增大，反而是随着频率的下降而下降。即发电机的实际出力特性是延曲

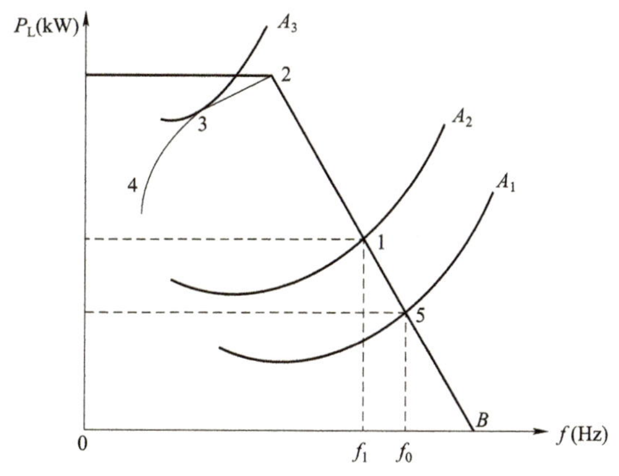

图 7－3 电力系统频率崩溃示意图

线 2—3—4 变化的。当有功负荷的增加使发电机和负荷的有功频率特性曲线相切时（对应点 3），此点，即为临界频率。电力系统运行频率如果等于或低于临界频率，那么，如扰动使系统频率下降，将迫使发电机出力减少，从而使系统频率进一步下降，有功不平衡加剧，形成恶性循环，导致频率不断下降最终到零。这种现象就叫做频率崩溃。

2. 防止频率崩溃的预防措施

（1）电力系统应有足够的、合理分布的负荷备用容量和事故备用容量。

（2）水电机组采用低频自启动装置和抽水蓄能机组装设低频切泵及低频自动发电的装置。

（3）采用重要电源事故联切负荷装置。

（4）装设按频率降低自动减负荷装置，其动作频率的整定应使大型汽轮发电机不致因频率降低而跳闸；同时还要制定紧急事故时手动切除负荷的序位（事故拉电序位表）。

（5）制订保持发电厂厂用电的措施。如当系统频率降到某一数值时，部分机组自动与系统解列，并向与其发电出力相当的负荷供电以保持频率为额定频率。这些机组在频率崩溃后作为起动电源，可以加快电力系统的恢复供电过程。

（6）制订系统事故拉电序位表，在需要时紧急手动切除负荷。

3. 按频率自动减负荷装置

“自动按频率减负荷装置”是防止电力系统频率崩溃的系统安全自动装置。作为电力系统的第三道防线，其正确动作与否将直接影响到能否实现电力系统的安全稳定运行。

为了提高供电质量，保证重要用户供电的可靠性，当系统中出现有功功率缺额引起频率下降时，根据频率下降的程度，自动断开一部分不重要的用户，阻止频率下降，以便使频率迅速恢复到正常值，这种装置叫按频率自动减负荷装置。

按频率自动减负荷装置在发生有功功率缺额切除相应容量的部分负荷后，应使保留运行的系统部分能迅速恢复到额定频率附近继续运行，不发生频率崩溃，也不使事故后系统频率长期悬浮于某一过高或过低数值。

4. 电网自动按频率减负荷分配方案应遵循的原则

（1）电网自动按频率减负荷分配方案应遵循的总体原则是使故障后保留系统的频率能迅速恢复至 49.5～51Hz，不发生频率崩溃，也不使事故后的系统频率长期悬浮于某一过高/过低值。

（2）根据电网按频率减负荷方案所确定的原则，电网自动按频率减负荷分配方案包括六个基本轮和两个附加轮。其中，基本轮分别为 49.00Hz/0.5s、48.75Hz/0.5s、48.50Hz/0.5s、48.25Hz/0.5s、48.00Hz/0.5s、47.5Hz/0.5s；后备轮分别为 49.00Hz/20s、48.50Hz/20s。按频率减负荷总量约占本地区电网下一年度统调预计最高负荷的 30%～35%。

（3）为迅速抑制系统频率的下降深度，应适当提高按频率减负荷第一轮次的切负荷容量，一般控制在全省统调预计最高负荷的 7%左右；以后轮次的分配可较为平均，附加轮控制负荷可适当提高。

（4）电网自动按频率减负荷方案的整定除了应满足整个系统按级、按量的要求外，还应满足各地区局部电网发生严重事故时的要求。

（5）电网自动按频率减负荷方案的整定，应充分考虑到与主网大机组高频/低频保护、地区电网振荡解列装置、局部地区小机组低频、低压解列装置的协调与配合，以避免发生电网事故时机组的无序跳闸，较早脱离电网。

（6）地区电网自动按频率减负荷方案的整定，应充分考虑因新设备投产、设备检修等原因而造成按频率减负荷装置实际控制负荷转移或分流的影响，及时增加新的按频率减负荷装置或调整按频率减负荷装置控制的负荷线路，必要时应考虑一定的按频率减负荷检修备用容量。

（7）自动按频率减负荷装置所切除的负荷不应被备用电源自投装置等再次投入，并应与其他安全自动装置合理配合使用。

（8）自动按频率减负荷装置控制的负荷不应与过负荷及事故紧急拉路序位表中所控制的负荷重叠。

（9）手动按频率减负荷（各地区编制的事故拉限电序位表）是自动按频率减负荷的必要补充，两者是保证电网安全运行、防止频率崩溃的重要措施，是构成电网安全稳定运行第三道防线的重要部分。

二、电力系统频率调整

电力系统频率取决于发电机的频率效应和负荷的频率效应。电力系统运行时，调度员要充分利用技术措施和管理手段，及时调节各发电机的出力和负荷，以保持频率的偏移在规程允许（50±0.2Hz）的范围之内。

（一）发电厂的出力调整

1. 电厂出力的调整方法

为了保障电力系统安全稳定运行，保证电能质量，发电机组必须调整出力。包括一次调频、调峰、自动发电控制（AGC）、旋转备用。

（1）一次调频是指当电力系统频率偏离目标时，发电机组通过调速系统的自动反应，调整有功出力减少频率偏差所提供的服务。

（2）调峰是指发电机组在规定的最小技术出力到额定容量范围内，为了跟踪负荷的峰谷变化而有计划的、按照一定调节速度进行的发电机组出力调整所提供的服务。

（3）自动发电控制是指发电机组在规定的出力调整范围内，跟踪电力调度机构下发的指令，按照一定调节速率实时调整发电出力，满足电力系统频率和联络线功率控制要求的服务。

（4）旋转备用是指为了保证可靠供电，电力调度机构指定的发电机组在尖峰时段通过预留一定发电容量所提供的服务，必须在 10min 内能够调用。尖峰时段由电力调度机构根据各省（市）的负荷特性确定。

2. 电网调峰的主要手段

（1）抽水蓄能电厂改发电机状态为电动机状态，调峰能力接近 200%。

（2）水电机组减负荷调峰或停机，调峰依最小出力（考虑震动区）接近 100%。

（3）燃油（气）机组减负荷，调峰能力在 50%以上。

（4）燃煤机组减负荷、启停调峰、少蒸汽运行、滑参数运行，调峰能力分别为 50%（若投油或加装助燃器可增至 60%）、100%、100%、40%。

（5）核电机组减负荷调峰。

（6）通过对用户侧负荷管理的方法，削峰填谷调峰。

（二）调整负荷

1. 管理措施

通过政府的法律、标准、政策等，规范电力消费和电力市场，推动错峰削峰调整负荷等工作。

（1）调整日负荷。

1）调整生产班次，三班制生产企业将用电负荷最大或较大的班或工序安排到深夜；两班制企业可安排轮流倒班，将部分负荷转移到深夜用电；单班制企业可在早峰后上班。

2）错开上下班时间，避免同时上下班造成的用电负荷骤增骤减的状况，同时达到削减早高峰负荷的目的。

3）增加深夜生产班次。

4）错开中午休息和就餐时间。

5）对非 24 小时生产的大用电设备，如水泵、蓄能设备、水泥磨机、电炉和热处理设备等，安排在低谷时段使用。

6）尽量将日常检修安排在负荷高峰时段。

（2）调整周负荷。

1）按行业、按地段或按供电线路采用周轮休，根据不同的用电特点，把一周内的休息日错开，保证周负荷的基本平衡。

2）对大型企业内部可实行内部分厂（车间）轮休制。

（3）调整年负荷。

1）根据年负荷曲线，在用电形势缓和的季节争取多用电，尽量避免设备的检修。

2）将企业的设备大修尽可能安排在高峰负荷期间。

3）不需全年开工的企业，可避开冬、夏高峰用电。

4）丰水期要鼓励企业多安排生产用电，避免弃水。同时对于有一定库容的水电站要鼓励蓄水，以待枯水期发电。

2. 经济措施。

利用价格、税收、补贴等经济机制，激励用户主动参与 DSM 管理。包括电价优惠、低息贷款、折让销售、借贷、免费安装、特别鼓励等。

（1）分时电价。利用峰谷分时电价、季节性电价、避免电价调整负荷，充分发挥价格的经济杠杆作用，引导和激励用户自行调整用电方式，错峰削峰，移峰填谷，改善用电负荷特性。

峰谷分时电价是为反映峰、平、谷时段的不同供电成本而制定的电价制度。以经济手段激励用户少用高价的高峰电，多用便宜的低谷电，达到移峰填谷提高负荷率的目的。目前我国峰谷电价的实施范围主要是大工业用户和使用蓄热电锅炉及蓄冷空调的用户，居民分时电价目前在上海、浙江、北京等少数经济发达地区部分实行，我国将扩大峰谷分时电价执行范围，拉大峰谷电价差，峰谷电价比可在 2～5 倍选择。

（2）避峰电价。避峰电价（或可中断电价）是指电力公司对某些可实施避峰用电的用户实行的优惠电价，当系统负荷高峰时，由于电力供应不足，电力公司可以按照预先签订的避峰合同，暂时中断部分负荷，从而减少高峰时段电力需求。我国将对具备条件的地区和用户逐步试行避峰电价，合理调整电力需求。

（3）季节性电价。季节性电价是指反映不同季节供电成本的一种电价制度，主要目的在于抑制夏、冬用电高峰季节负荷的过快增长，以减缓电力设备投资，降低供电成本，我国将在电力紧缺、用电负荷随季节变化较大的地区逐步试行季节性电价，在现行电价水平的10%以内实行电价上下浮动。

3. 技术措施

改进生产工艺、材料、设备及其技术，以这些技术措施实现错峰削峰调整负荷，达到控制高峰电力需求的目的。

（1）负荷监控。电力负荷管理系统是指能够监测、控制、管理本地区用户用电负荷的双向无线电力负荷管理系统（简称负荷管理系统）。通过负荷管理系统可以实现用电负荷监控到户，做到限电不拉路，是电网错峰、削峰的重要技术手段。随着我国开始逐步执行避峰电价，电力负荷管理系统也是实施可中断电力负荷的重要技术措施。

（2）电力蓄热技术。电力蓄热技术（如蓄热型电锅炉、蓄热型电热水器）是将电网低谷时段的电能转换为热能，以水或相变材料为储热媒体，把热能储存在储热罐内，待电网高峰负荷时，电加热装置停用，将储热罐内的热量通过换热器、温度控制阀释放出来，供空调采暖和生活热水使用。电力蓄热技术不仅是移峰填谷的有效手段，而且可以起到减少用户电费支出和保护环境的作用。

（3）蓄冷空调技术。中央空调采用蓄冷技术，它利用深夜低谷时段的电力制冷，以冰或水的形势储存冷量，在用电高峰时段释放冷量以满足供冷的需求，从而避免竞争用高峰电力。

（4）绿色照明。采用绿色照明技术，淘汰低效电光源灯具，使用高效节能型家用电器，可以大大削减晚高峰负荷。如使用节能灯等措施的示范工程投入约 135 万元，削峰 1670kW，用户减少电费支出 263 万元，半年收回投资。

4. 引导措施

对用户消费的行为进行合理的引导，使其有助于调整负荷和合理消费。包括普及负荷管理知识，传播错峰信息，开展咨询服务，开办技术讲座，举办产品展示等。

三、频率异常的处理原则

（一）频率异常处理要点

1. 处理系统低频率事故的主要方法

调出旋转备用；迅速启动备用机组；联网系统的事故支援；必要时切除负荷（按事先制定的事故拉电序位表执行）。

当系统频率降至 49.8Hz 以下时，（省调）值班调度员应立即通知各发电厂

 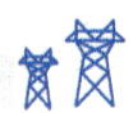

增加出力（包括启动备用机组）直至达到允许过负荷值。同时应按下述原则进行处理：

（1）49.8～49.0Hz 时：值班调度员应根据上级调值班调度员的调度指令或 ACE 偏差情况立即进行限电、拉路，尽快（不得超过 30min）使 ACE 偏差大于零直至频率恢复至 49.8Hz 以上。若本地区电网与其他电网解列运行，则由本地区值班调度员自行采取恢复频率措施，并在 30min 以内使频率恢复至 49.8Hz 以上。

（2）49.0Hz 以下时：值班调度员应立即对各地区按“事故拉（限）电序位表”进行拉路。使频率在 15min 以内恢复至 49.0Hz 以上。

（3）48.5Hz 及以下时：有“事故拉（限）电序位表”的厂站运行值班人员应立即按“事故拉（限）电序位表”自行进行拉路，变电所值班人员在接到值班调度员的拉路指令后，应立即进行拉路，使频率在 15min 以内恢复到 49.0Hz 以上。

（4）频率在 48.0Hz 及以下时，各级值班调度员及发电厂、变电站的运行值班人员可不受“事故拉（限）电序位表”的限制，自行拉停馈供线路或变压器，使系统频率在 15min 内恢复到 49.0Hz 以上。

（5）在系统低频率运行时，各发电厂、变电站值班人员应检查按频率自动减负荷装置的动作情况。如到规定频率应动而未动作时，可立即自行手动拉开该断路器，同时报告有关调度；恢复送电时应得到相关值班调度员的同意。

2. 处理系统高频率运行的主要方法

（1）一般原则：

1）调整电源出力：对非弃水运行的水电机组优先减出力，直至停机备用。对火电机组减出力至允许最小技术出力。

2）启动抽水蓄能机组抽水运行。

3）对弃水运行的水电机组减出力直至停机。

4）火电机组停机备用。

（2）当系统频率升至 50.2Hz 以上时，值班调度员应立即通知各发电厂降低出力直至停用部分机组。同时应按下述原则进行处理：

1）当频率为 50.2～50.5Hz 时：值班调度员应根据上级值班调度员的调度指令或 ACE 偏差情况调整出力，尽快（不得超过 30min）使 ACE 偏差小于零直至频率降至 50.2Hz 以下。若本地区电网与其他电网解列运行，则由本地区值班调度员自行采取恢复频率措施，并在 30min 以内使频率降至 50.2Hz 以下。

2）当频率为 50.5～51.0Hz 时：各发电厂应立即自行降低出力，15min 内使频率恢复到 50.5Hz 以下或在 15min 内降至允许最低技术出力。当发电厂出力降到允许最低技术出力时必须向有关值班调度员汇报。

3）当频率为 51.0Hz 以上时，值班调度员应立即发布停机、停炉指令，务必在 15min 内使频率降至 51.0Hz 以下。

（二）注意事项

（1）当电力系统频率突然大幅度的下降，调度员应该引起高度警觉。这说明发生了电源事故（包括发电厂内部或电源线路事故）或系统解列事故，电源与负荷不能保持平衡造成的。一般从频率开始下降，至电源与负荷重新维持平衡，频率稳定于新的数值的全过程不过几秒至几十秒，时间非常短暂。

（2）在系统低频率运行时，各发电厂、变电站值班人员应检查按频率自动减负荷装置的动作情况。如到规定频率应动而未动作时，可立即自行手动拉开该断路器，同时报告有关调度；恢复送电时应得到省调值班调度员的同意。

（3）当频率下降到 48.5Hz 及以下时：有“事故拉（限）电序位表”的厂站运行值班人员应立即按“事故拉（限）电序位表”自行进行拉路，变电站值班人员在接到省调值班调度员的拉路指令后，应立即进行拉路，使频率在 15min 以内恢复到 49.0Hz 以上。

（4）当频率下降到 48.0Hz 及以下时，各级值班调度员及发电厂、变电站的运行值班人员可不受“事故拉（限）电序位表”的限制，自行拉停馈供线路或变压器，使系统频率在 15min 内恢复到 49.0Hz 以上。

四、国家标准与规程规定

《国家电网公司电力生产事故调查规程规定》有关规定：

（1）装机容量为 300 万 kW 及以上电网，频率偏差超过（50±0.2）Hz，总持续时间超过 30min；或超出（50±0.5）Hz，总持续时间超过 15min。为一般电网事故。

（2）装机容量为 300 万 kW 以下电网，频率偏差超过（50±0.5）Hz，总持续时间超过 30min；或超出（50±1）Hz，总持续时间超过 15min。为一般电网事故。

（3）装机容量为 300 万 kW 及以上电网，频率偏差超过（50±0.2）Hz，总持续时间超过 20min；或超出（50±0.5）Hz，总持续时间超过 10min。为电网一类障碍。

（4）装机容量为 300 万 kW 以下电网，频率偏差超过（50±0.5）Hz，总持续时间超过 20min；或超出（50±1）Hz，总持续时间超过 10min。为电网一类障碍。

（5）频率异常：当装机容量为 300 万 kW 及以上电网，频率偏差超过（50±0.2）Hz；装机容量为 300 万 kW 以下电网，频率偏差超过（50±0.5）Hz 时，称为频率异常。

案例分析

华东电网 20 世纪 80 年代，由于国民经济高速发展，系统发电厂建设滞后，系统装机容量与负荷缺额较大，发电厂锅炉及发电机故障较多，造成长时期的拉闸限电和事故拉电，系统频率有时在 49.1Hz 附近且较长时间运行（当时系统频率允许偏差为 49.5～50.5Hz，调度系统每天在控制负荷方面的大量精力，每天限电负荷占最大负荷 30%～40%，有时甚至在 50%以上。

20 世纪 90 年代，华东电网用电负荷进入第二轮增长高峰期，由于大型发电厂的相继建成投运，通过计划用电等负荷调控手段，每天限电负荷占最大负荷 10%～20%，虽然限电负荷绝对值有所增加，但事故拉路现象大为减少，系统频率能够维持在 49.8Hz 以上运行。

2000 年以后，2003～2006 年江苏电网主要在苏南地区出现限电情况，其原因主要是苏南地区电源容量不足，500kV 主网建设滞后，主要联络线（过江线）过载。整个电网基本未出现频率异常。由于负荷端采用了负荷控制装置和通过地方政府组织企业轮供轮休，很少出现超用拉路现象。

2008 年年初，由于发电厂燃煤存量不足，江苏电网与地方政府积极主动采用限制高耗能企业用电和一般企业有序用电，在燃煤和燃气严重不足的情况下，据统计未出现拉电现象。

所以控制频率异常的措施主要在预防，只要系统预防措施合理得当，备用容量及分布合理足够（新版事故调查规程对备用容量进行了规定和考核），就能把系统频率控制在合格范围内运行。

案例一：亚能热电厂联络线故障

亚能热电厂故障前运行方式为：50MW×2 双机运行，1 号机出力 35MW、2 号机出力 45MW 共 80MW 单线与系统并网，联络线潮流 30+j15（MVA），馈供清热线（清明山变）负荷 50MW 左右。

故障原因：联络线遭雷击跳闸，重合闸不成功（电厂侧重合闸停用）。

热电厂：因出现高频率，稳控装置动作，2 号机跳闸；2 号机跳闸后 1 号机低周低压解列保护动作跳闸，厂用电全部失去。

清明山变：① 低周减载装置低周切荷 6MW，其中一回线供亚能热电备用厂用电；② 全所失电后自投备用电源成功。

评析：虽然发电厂稳控装置齐全，但出力安排不合理，造成与系统解列，2 号机跳闸后，1 号机出现低周运行跳闸。备用厂用电电源未与相关调度联系告知，造成被低周减载装置低周切荷。

案例二：系统频率过高或者过低的处理

系统网络如图 7-4 所示，A 系统为受端系统，请分析：

（1）系统发电机故障跳闸后低周处理方案。

（2）系统频率过高处理。

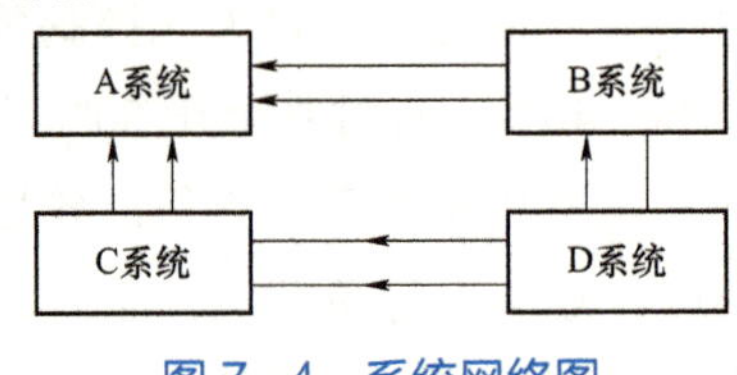

图 7-4　系统网络图

分析：A 系统是受端系统（发电容量小于负荷容量）；D 系统是纯送端系统；发生低周时首先经一次调频，一次调频后进行二次调频，一般情况下首先调出引起低周的故障系统旋转备用，启用动备用机组；联网系统的事故支援，但须防止联络线超稳定限额（原则上两系统的联络线潮流正常情况下应尽量小，以保证系统的经济运行）。

（1）当 A 系统发电机故障引起低周时：

1）首先调出 A 系统旋转备用。

2）然后调出 C、B 系统旋转备用（联网系统的事故支援）。

3）最后调出 D 系统旋转备用（联网系统的事故支援）。

4）C、B、D 系统的旋转备用调出，必须保证联络线不超稳定限额，如果周波达不到规定允许范围，则对 A 系统进行限电（将 A 系统负荷转移到其他系统或按事先制订的事故拉电序位表执行）。

5）A 系统迅速启动备用机组；B、C 系统启动备用机组（联网系统的事故支援）；D 系统启动备用机组（联网系统的事故支援）。

6）A 系统启动限电预案（如果 C、B、D 属于同一个调度管辖，则按事故预案执行）。

（2）当 B 系统发电机故障引起低周时：

1）首先调出 B 系统旋转备用。

2）然后调出 A、D 系统旋转备用（联网系统的事故支援）。

3）最后调出 C 系统旋转备用（联网系统的事故支援）。

4）A、D、C 系统的旋转备用调出，必须保证联络线不超稳定限额，如果周波达不到规定允许范围，则对 B 系统进行限电（将 B 系统负荷转移到其他系统或按事先制定的事故拉电序位表执行）。

5）B 系统迅速启动备用机组；A、C 系统启动备用机组（联网系统的事故支援）；D 系统启动备用机组（联网系统的事故支援）。

6）B 启动限电预案（如果 A、C、D 属于同一个调度管辖，则按事故预案执行）。

（3）处理系统高频率运行的主要方法有：

1）调整电源出力：对非弃水运行的水电机组优先减出力，直至停机备用。对火电机组减出力至允许最小技术出力。

2）启动抽水蓄能机组抽水运行。

3）对弃水运行的水电机组减出力直至停机。

4）火电机组停机备用。

5）为保证系统运行的经济性，优先对 D 系统非弃水运行的水电机组优先减出力，直至停机备用。其次为 B、C 系统，最后是 A 系统。

6）同相优先对 D 系统电机组减出力至允许最小技术出力；其次为 B、C 系统，最后是 A 系统。

7）对弃水运行的水电机组减出力直至停机；顺序同上。

8）火电机组停机备用。顺序同上。

习　题

1. 综合案例分析。

某地区 110kV 系统如图 7－5 所示：A 电厂一台机组现满负荷运行，该机组超速保护动作值为 3300r/min。该地区负荷的静态调节效应系数 3，不考虑发电机调速系统作用。该地区安全自动装置配置为：

A 电厂	B 变电站
第一轮 49Hz/0.5S，2.5MW	第一轮 49Hz/0.5S，4MW
第二轮 48.25Hz/0.5S，2MW	第二轮 48.25Hz/0.5S，7MW
第三轮 47.5Hz/0.5S，2.5MW	第三轮 47.5Hz/0.5S，4MW

A 电厂 765 开关设有低频低压解列保护（动作条件为：f<48Hz/0.5S，U<70%U_e/5S），当 B 变电站 T1 主变压器发生故障，问：

（1）故障后的后果是什么？

（2）请分析造成此后果的原因。

（3）该如何对该地区运行方式及安全自动装置做优化调整。

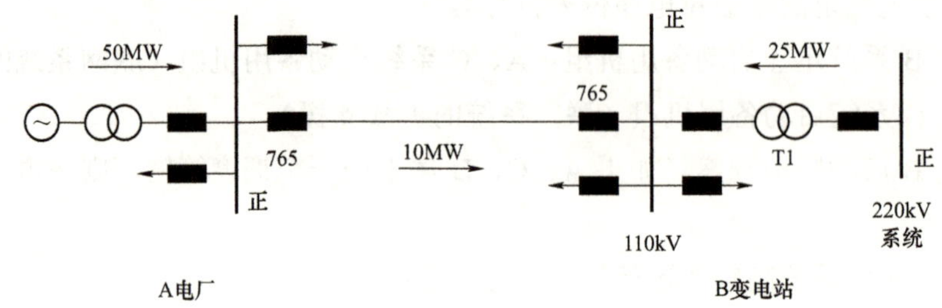

图 7-5 综合案例系统接线图

2. 某电力系统中，与频率无关的负荷占 30%，与频率一次方成比例的负荷占 40%，与频率二次方成比例的负荷占 10%，与频率三次方成比例的负荷占 20%。求系统频率由 50Hz 下降到 47Hz 时，负荷功率变化的百分数及其相应的值。

3. 某电力系统总有功负荷为 3200MW（包括电网的有功损耗），系统的频率为 50Hz，若 K_{L*}=5.1，求负荷频率调节效应系数 K_L 值。

第二节 电力系统电压调整

学习目标

1. 掌握电压及功率因数调控的原则
2. 掌握电压及功率因数调控的异常处理
3. 掌握规程相关规定
4. 掌握电压异常的原因及危害；正确处理电压异常

知识点

电压是电能质量的重要指标之一。电压质量对电网稳定及电力设备安全运行、线路损失、工农业安全生产、产品质量、用电单耗和人民生活用电都有直接影响。电力系统的运行电压水平取决于无功功率平衡。电力系统的电压调整是调度运行人员的主要任务之一，它与频率调整具有同样的重要性。

一、电压的相关知识

（一）基本概念

保证用户的电压接近额定值是电力系统运行调整的基本任务之一。电力系统无功不足就会导致电压下降，无功充足时就会导致电压上升。作为电网调度员日常工作之一，就是切实改善电网电压和用户端受电电压，通过合理的调节手段维持系统各级电压水平在合格范围之内，并能够根据系统安全、经济运行、负荷变化和发电方式变化及有关规程等要求规定，使得高峰、低谷时的正常电压数值和允许的电压偏移在合格范围内，并进行监测。

1. 额定电压与标准电压

所谓"额定电压"，是指其长时间运行时所能承受的正常工作电压。

我国电力系统各级电压的标准电压（额定电压）是：

交流系统：1000kV；750kV；330kV；220kV；110kV；（63kV）；35kV；10kV；6kV；3kV；0.38kV；0.22kV。其中 0.22kV 为单相交流值，其他均为三相交流值（线电压）。

直流系统：±1100kV；±800kV；±500kV。

2. 电压监测点与电压中枢点

我们把监测电力系统电压值和考核电力系统电压质量的电压节点叫电压监测点。把电力系统中重要的电压支撑点称为电压中枢点。电压支撑点一定是电压监测点，而电压监测点不一定是电压支撑点。一般只要电压支撑点和电压监测点的电压质量符合要求，其他各点的电压质量也能基本满足要求。各变电站母线电压必须在调度运行规定的电压曲线范围内运行。

中枢点设置的数量不应少于全网 220kV 及以上电压等级变电站总数的 70%。电压中枢点的选择原则：

（1）区域性电厂的高压母线（母线有多回出线时）。

（2）母线短路容量较大的 220kV 变电站母线。

（3）有大量地方负荷的发电厂母线。

电压监视点的选择原则：根据《电力系统电压和无功电力管理条例》有关规定，所有变电站和带地区供电负荷的发电厂 10（6）kV 母线是中压配电网的电压监测点。其电压应根据保证中、低压用户受电端电压合格的要求，规定其高峰、低谷电压值和允许的电压偏移范围并进行监测。

根据《国家电网公司电力生产事故调查规程》：

电压监视和控制点电压偏差超出电网调度的规定值±5%，且延续时间超过1h；或偏差超出±10%，且延续时间超过30min，为电压异常。

电压监视和控制点电压偏差超出电网调度的规定值±5%，且延续时间超过2h；或偏差超出±10%，且延续时间超过1h，为电压事故。

3. 电压崩溃

当电压大幅度下降到达极限电压时，系统微小的变化将引起静态稳定的破坏，将会发生系统电压不断下降的现象，即发生所谓的电压崩溃，导致系统的解列甚至系统的一部分或者全部瓦解，也有的因发电机甩掉负荷而导致系统的振荡。

系统内电压陡降的原因常常是：在无功电源不足的系统里（整个系统或局部系统），负荷（尤其是无功负荷）缓慢或急骤增加时；无功电源的突然切除，电压降低到发生电压崩溃之前常需要一段时间，即使是故障引起的电压下降，由于发电机自动励磁调节装置和强行励磁装置的作用也常能有一小段时间。因而如能采用迅速而正确地自动措施，常可以防止事故的扩大。

4. 供电电压允许偏差

供电电压允许偏差：某一时段内，电压缓慢变化而偏离额定值的程度，即：实际电压（U）与额定（U_N）之差（ΔU）与额定电压之比的百分数（$\Delta U\%$）表示，公式为：$\Delta U\% = \frac{U - U_N}{U_N} \times 100\%$。

（二）电压合格范围

根据有关规定，各个电压等级的合格范围如下：

（1）500/330kV 母线：正常运行方式时，最高运行电压不得超过系统额定电压的+110%：最低运行电压不应影响电力系统同步稳定、电压稳定、厂用电的正常使用及下一级电压的调节。向空载线路充电，在暂态过程衰减后线路末端电压不应超过系统额定电压的1.15倍，持续时间不应大于20min。

（2）发电厂和变电站的220kV 母线：正常运行方式时，电压允许偏差为系统额定电压的0～+10%；事故运行方式时为系统额定电压的−5%～+10%。

（3）发电厂和变电站的110～35kV 母线：正常运行方式时，为相应系统额定电压的−3%～+7%；事故后为系统额定电压的±10%。

（4）发电厂和变电站的10（6）kV母线：应使所带线路的全部高压用户和经配电变压器供电的低压用户的电压，均符合用户受电端的电压允许偏差值。

（三）电力系统调压方式

从电压的调整方式来说，主要有逆调压方式、恒调压方式、顺调压方式三种方式。江苏电网按逆调压的原则对电网电压进行控制和调整。

（1）逆调压方式：如中枢点供电至各负荷点的线路较长，各负荷的变化规律大致相同，且各负荷的变动较大（即峰谷差较大）。则在最大负荷时要提高中枢点电压以抵偿线路上因最大负荷增大而增大的电压损耗。在最小负荷时，则要将中枢点电压降低一些以防止负荷点的电压过高。这种调压方式称为逆调压方式。

（2）恒调压方式：如果负荷变动较小，线路电压损耗也较小，这种情况只要把中枢点电压保持在较线路额定电压高（2%～5%）的数值，不必随负荷变化来调整中枢点的电压仍可保持负荷点的电压质量，这种调压方式称为恒调压方式。

（3）顺调压方式：对供电线路不长，如果负荷变动较小，线路电压损耗也较小，又缺乏无功调整手段时，在最大负荷时允许中枢点电压低一些（不得低压线路额定电压的102.5%），在最小负荷时允许中枢点电压高一些（不得高于线路额定电压的107.5%），这种调压方式称为顺调压方式，一般是避免采用的。

（四）无功功率的补偿与原则

根据《电力系统技术导则》和有关规定，电网无功补偿的原则是电网无功补偿应基本上按分层分区和就地平衡原则考虑，并应能随负荷或电压进行调整，保证系统各枢纽点的电压在正常和事故后均能满足规定的要求，避免经长距离线路或多级变压器传送无功功率。

分层平衡的重点是220kV及以上传送大量有功功率的电力网络；而分区就地平衡的重点，则主要在110kV及以下的各级供电电压网络。目的都是为了不经过大的感抗（长距离线路和多级变压器）传送大量无功功率，以降低无功损耗和有功损耗，实现经济运行，同时提高系统各中枢点和到用户的电压质量。

在无功补偿时，应该全面规划，合理布局，分级补偿，就地平衡：

（1）总体平衡与局部平衡相结合。既要满足全网的总无功平衡，又要满足分线、分站的无功平衡。

（2）集中补偿与分散补偿相结合。以分散补偿为主，这就要求在负荷集中的地方进行补偿，既要在变电站进行大容量集中补偿，又要在配电线路、配电变压器和用电设备处进行分散补偿，目的是做到无功就地平衡，减少其长距离输送。

（3）高压补偿与低压补偿相结合。以低压补偿为主，这和分散补偿相辅相成。

（4）降损与调压相结合，以降损为主，兼顾调压。这是针对线路长、分支多、负荷分散、功率因数低的线路，这种线路最显著的特点是：负荷率低，线路损失大，若对此线路补偿，可明显提高线路的供电能力。

（5）供电部门的无功补偿与用户补偿相结合。因为系统无功消耗大约60%在配电变压器中，其余的消耗在用户的用电设备中，若两者不能很好地配合，可能造成轻载或空载时过补偿，满负荷时欠补偿，使补偿失去了它的实际意义，得不到理想的效果。

（五）电压与无功功率之间的关系

近年来，随着大容量电动机和其他感性负载的使用，电力系统的无功问题有三个新的特点：一是无功功率需求量有较大的增加；二是无功功率的波动较大；三是无功问题常常伴随谐波问题出现。传统的无功问题给电力系统带来的直接后果是系统电压的降低。现在的无功问题不仅是带来电压降低的问题，而且还会影响到电压稳定问题。国际上近年出现的几次大面积停电事故，要么是无功问题直接引起电压崩溃，要么是在停电中伴随着电压崩溃问题。现在电力系统中的电压与无功问题变得更加严重与复杂，大体上有以下几点：

（1）在稳态情况下一个并列运行的电力系统中，任何一点的频率都是一样的，而电压与无功功率却不是这样的。当无功功率平衡时，整个电力系统的电压从整体上看是会正常的，是可以达到额定值的，即便是如此，也是指整体上而已，实际上有些节点处的电压并不一定合格，如果无功不是处于平衡状态时，那么情况就更复杂了，当无功功率大于无功负荷时，电压普遍会高一些，但也会有个别地方可能低一些，反之，也是如此。

（2）系统需要的无功功率远远大于发电机所能提供的无功功率，这是由于现代超高压电网包括各级变压器和架空线路在传送电能时需要消耗大量的无功，称为“无功损耗”，一般来说，这些无功损耗与整个电网中的无功负荷的大小是差不多的。

（3）无功功率不宜远距离输送，当输送功率与传送距离达到一定极限时，其传送功率成为不可能，这是由于超高压等级的变压器、线路电抗较大，其无功损耗相应也很大，所输送的无功功率均损耗在变压器及线路上了。另外，传

送大量的无功功率时，线路电压损失也相当大，同样会造成无法传送的结果。

合理的就地无功补偿对调整系统电压、降低线损有十分重要的作用。

（六）电力系统过电压

1. 电力系统过电压的分类

电力系统过电压的分类：大气过电压、工频过电压、操作过电压、谐振过电压四大类型。

（1）大气过电压是由大气中的雷云对地面放电而引起的。分直击雷过电压和感应雷过电压两种。雷电过电压的持续时间约为几十微秒，具有脉冲的特性，所以常称为雷电冲击波。过电压幅值可达上百万伏，会破坏电气设备绝缘，引起短路接地故障。所以电力系统中往往需要装设避雷器，避雷针对电气设备进行保护。

（2）工频过电压是由于电网运行方式的突然改变，引起某些电网工频电压的升高，或者电网的某些故障、操作常常引起持续较长时间的工频电压升高。工频电压升高主要包括突然甩负荷引起的工频电压升高，空载线路末端的电压升高以及系统不对称短路时的电压升高。突然甩负荷引起的工频电压升高，母线及输电线上的电压，由于突然甩负荷，可达额定值的 1.2～1.3 倍。当线路电容较大时，此值可能更高。这种电压上升时间约为几分之一秒，但实际上受机组调压器、调速器以及变压器、发电机磁饱和的限制。

（3）操作过电压是由于开关操作引起系统参数变化的电磁振荡暂态过程，是产生操作过电压的基本原因。这类过电压，时间短、幅值高，是考虑绝缘配合的主要因素。操作过电压与系统接线、中性点接地方式、开关的性能有密切关系。常见的操作过电压有：切除空载线路引起的过电压，空载线路合闸时的过电压，电弧接地过电压和切除空载变压器的过电压等。

（4）谐振过电压是由电力系统中具有许多铁芯电感元件，例如发电机、变压器、电压互感器、消弧线圈和并联补偿电抗器等等。这些元件大部分为非线性元件，它和系统中的电容元件组成许多复杂的振荡回路，如果满足一定的条件，就可能激发起持续时间较长的谐振过电压。

说明：空载线路末端的电压升高是指线路充电时，由于长线路的电容效应，线路末端电压将会升高。当可能产生的过电压超过允许值的时候，要采取相应措施。特别对 500kV 线路，连同电抗器一起充电，是限制其末端电压升高的有效手段；不对称短路时的电压升高，是指在发生不对称短路时，非故障相的电压升高。

2. 限制工频过电压的主要措施

电力系统限制工频过电压的措施主要有。

（1）利用并联高压电抗器补偿空载线路的电容效应。

（2）利用静止无功补偿器 SVC 补偿空载线路电容效应。

（3）变压器中性点直接接地可降低由于不对称接地故障引起的工频电压升高。

（4）发电机配置性能良好的励磁调节器或调压装置，使发电机突然甩负荷时能抑制容性电流对发电机的助磁电枢反应，从而防止过电压的产生和发展。

（5）发电机配置反应灵敏的调速系统，使得突然甩负荷时能有效限制发电机转速上升造成的工频过电压。

3. 限制操作过电压的主要措施

（1）选用灭弧能力强的高压开关。

（2）提高开关动作的同期性。

（3）开关断口加装并联电阻。

（4）采用性能良好的避雷器，如氧化锌避雷器。

（5）使电网的中性点直接接地运行。

（七）系统的无功电源介绍

1. 同步发电机

同步发电机目前是电力系统唯一的有功功率电源，它又是基本的无功功率电源。它只有在额定电压、额定电流、额定功率因数下运行时，视在功率才能到达额定值，发电机容量才能得到最充分的利用。当电力系统中有一定备用有功电源时，可以将离负荷中心近的发电机低于额定功率因数运行，适当降低有功功率输出而多发一些无功功率，这样有利于提高电力系统电压水平。

2. 同步调相机及同步电动机

同步调相机是特殊运行状态下的同步电动机，可视为不带有功负荷的同步发电机或是不带机械负荷的同步电动机。因此充分利用用户所拥有的同步电动机的作用，使其过激运行，对提高电力系统的电压水平也是有利的。

3. 静电电容器

静电电容器从电力系统吸收容性的无功功率，也就是说可以向电力系统提供感性的无功功率，因此可视为无功功率电源。电容器的容量可大可小，既可集中使用，又可分散使用，并且可以分相补偿，随时投入、切除部分或全部电容器组，运行灵活。电容器的有功损耗小（约占额定容量的 0.3%～0.5%），投资也节省，是系统大规模采用的主要方法之一。

4. 静止无功功率补偿器

静止无功功率补偿器是一种发展很快的无功功率补偿装置。它可以根据负荷的变化，自动调整所吸收的电流，使端电压维持不变，并能快速、平滑的调节无功功率的大小和方向，以满足动态无功功率补偿要求，尤其对冲击性适应性较好。与同步调相机相比较，运行维护简单，功率损耗较小，能够做到分相补偿以适应不平衡的负荷变化。其缺点是最大无功补偿量正比于端电压的平方，在电压很低时，无功补偿量将大大降低。

在国外，大多数静止补偿器用于控制像电弧炉之类的大工业跃变负荷所起的电压闪动，我国武钢采用了这种设备，起到了较好的效果。有的超高压系统设计它装于长距离重负荷超高压线路的中途变电站，以替代大容量同步调相机的电压支持作用，从而提高线路的输送能力。有的用于直流输电系统中换流站的交流侧，以控制交流侧的电压，特别是降低工频的动态过电压。

静止补偿器的最大特点是反应快速，它不是用于正常稳态情况下的无功补偿设备，而是用于如上所述的需要快速反应的调节无功的工具。因而在正常情况下，不能占用静止补偿器的无功补偿容量，所以只有在具有足够的其他一般无功补偿设备的前提下，才能发挥静止补偿器的有作用，从而实现枢纽点电压的快速调节。

5. 高压电抗器

高压电抗器主要应用于 500kV 及 330kV 线路的无功补偿。这是由于一般这些电等级的线路较长，同时每公里的充电功率也大，例如 500kV 线路每百公里的充电功率约 100MW，为了实现无功功率分层基本平衡的要求，当重负荷时，线路的无功损耗应由两侧来补充，而当轻负荷时，多余的充电功率应由两侧来吸收。适应这个要求的较合理的无功补偿方式是对线路的充电功率的大部分基本予以补偿。这是因为超高压长线路的一端，往往都连接着发电厂，为了保证电厂对系统的稳定运行，希望发电机能多发无功功率，以提高它的内电势，因为送电回路的传输极限是与这个内电势成正比的。如果仅让线路充电功率起作用而不考虑采用其他补充方式，则其结果只能有两种：一是发电机大量减发无功功率，影响送电回路的稳定性；另一是大大地提高送端电压，将发电机发出的无功功率强制地赶到受端系统，造成长距离传输无功功率，增加无功与有功损耗。同时过高的送端电压也将危及设备的安全，并将因此而全面提高送端所能遭遇的工频与操作过电压水平。如果既要发电机发出无功功率，又不抬高送端电压，势必降低受端电压水平，这当然对送电回路乃至全系统的稳定条件也很不利。

线路充电无功功率无电抗器予以补偿时，在轻负荷情况下，无功功率将过剩，使发电机难以吸收，使系统电压普遍提高，甚至超出规定值而不能运行。

为了补偿 330～500kV 线路的充电功率，可以采用直接接到线路上的高压电抗器，或接于变压器低压侧的低压电抗器，并根据技术经济比较的结果而定。

采用高压电抗器的优点有：

（1）可以降低线路的操作过电压水平。

（2）可以降低工频过电压倍数。

（3）可以用以补偿单相重合闸时的潜供电流（增加中性点小电抗器）。

（4）一般有功损耗较小。

（5）噪声水平较低；可靠性较高。

采用低压电抗器的优点为切换较方便。

对于较长的 330kV 及以上电压等级的线路，采用直接接于线路的高压电抗器可以获得上述的综合效益。特别在我国 500kV 电网建设初期，单相重合闸是极为重要的安全技术措施，保证单相重合闸成功有极为重要的意义。

二、电力系统的电压的调整

（一）电压调整概述

从电压的调整方法来说，主要有如下方式进行电压调整。当系统电压异常时，必须根据系统的具体情况，在不同的厂站、不同的地点、不同的电压等级、不同的层次，采用不同的方法调整电压。

常用电压调整方法一般有以下几种：

（1）通过增减系统的无功功率进行调压。如发电机调压、发电机改调相机、发电机进相运行调压、调相机、并联电容器、并联电抗器调压等。此方法适用于系统缺少无功功率或者有多余的无功功率。

（2）通过改变有功功率和无功功率的分布进行调压，如调压变压器、改变变压器分接头调压；即通过改变变压器的变比，即可改变副边的输出电压，是在生产实际中广泛采用的一种方便易行的调压方式。此方法适用于系统无功功率基本平衡的场合，在无功容量不足时，不可能完成抬高下级电压的作用。

（3）改变网络参数进行调压，如串联电容器、投停并列运行变压器、投停空载或轻载高压线路调压。适用于负荷比较轻的场合。

（4）特殊情况下有时采用调整用电负荷或限电的方法调整电压。此方法适用于系统极度缺少无功功率的场合，是防止系统电压崩溃的有效措施之一。

“无功补偿”是保证电压合格的重要因素，无功补偿又为容性补偿（例如并联电容器补偿）和感性补偿（例如并联电抗器补偿），缺容性无功，电压偏低，缺感性无功，则会出现电压偏高。采取适当的补偿方法才能保证系统电压的合格率。

（二）各种调压方法综述

发电机：不需增加投资，但远距离传输无功要增加电网损耗，且受有功需求限制。

调相机：调节容量大，能平滑调节，可输出无功也可吸收无功，但投资大，运行费用高。

电力电容器：投资小，运行费用低，安装位置灵活，但受电压影响大。

静止补偿器：调节速度快，可发出无功也可吸收无功，提高电能质量，但投资大。

高压架空线路：不需增加投资，但不易控制。

发电机调压，是各种调压手段中首先被考虑的，因为它不需要附加设备，从而不需要附加投资，而是充分利用发电机本身具有的发出或吸收无功功率的能力。但是这种方法往往只能满足电厂附近地区负荷的调压要求，对于远端负荷，还需要采用其他调压措施才能保证其电压质量。合理使用发电机调压常常可以在很大程度上减轻其他调压措施的负担。

在无功功率不足的系统中，首要的问题是增加无功功率补偿设备，而不能只靠调整变压器电压的方法。通常，大量采用并联电容器作为无功补偿设备，其突出的优点是投资低，安装维护方便。只是在有特殊要求的场合下，才需要采用静止补偿器或同步调相机。而静止补偿器是一种性能良好，维护方便的新型补偿装置，在价格相当的条件下，应优先选用。

对于500kV、330kV及部分220kV线路，以及大量使用电缆作为出线的电网，要装设足够的并联电抗器，以防止线路轻载时充电功率过剩引起电网电压过高。

在无功电源充裕的系统中，应该大力推广有载调压变压器，这是在各种运行方式下保证电网电压质量的关键手段之一。随着我国经济的发展和人民生活水平的提高，电网负荷的峰谷差也越来越大，线路、变压器上高峰负荷与低谷负荷产生的电压损耗的差别，已经大到无法仅仅用发电机调压或无功补偿的方法来满足两种运行方式下用户电压的要求了，其结果不是高峰负荷时用户电压太低，就是低谷负荷时电压太高。在这种情况下，输电系统中的一级变压器或多级变压器，采用有载调压是保证用户电压质量最有效的办法。

电压调整是个比较复杂的问题，因为整个系统每一个节点的电压都不相同，运行条件也有差别。因此，电压调整要根据系统具体情况，通过对中枢点电压的调整，综合利用，统筹兼顾，选用合适的方法，才能有较好的调压效果。

（三）电压调整的注意事项

（1）由于系统的负荷是随时变化的，因此电容器必须随负荷变化而实时投切，不应使无功功率倒送系统而增加损耗。在调压过程中，应优先投切电容器，再调节变压器变比。

（2）电力用户应根据其负荷性质采用适当的无功补偿方式和容量，在任何情况下，不应向电网反送无功功率，并保证在电网负荷高峰时不从电网吸收无功功率。

（3）要保证系统电压在合格范围内，就必须加强电网的无功规划、电网建设和无功电压管理，使电网结构、布局、供电半径、潮流分布经济合理。各级电压的电力网和电力用户都要提高自然功率因数，并按无功分层分区和就地平衡以及便于调整电压的原则，安装无功补偿设备和必要的调压装置。

（四）频率调整与电压调整的相互影响

频率的变化，取决于有功功率的平衡，电压的变化，取决于无功功率的平衡；电力系统的频率或电压的变化是相互影响的。当系统频率下降时。无自动励磁调节器的发电机发出的无功功率将减少，用户需要的无功功率将增加，此时如果电力系统无功电源不足，便会在频率下降时使得系统电压下降。所以在频率下降的系统中，电压是很难维持正常水平的。通常在频率下降1%时，电压下降0.8%～2%之间。由于电压下降，用户的有功功率将减少，因此起了阻止频率下降的作用。在无功功率电源充足的情况下，发电机的自动历史调节装置将使得发电机发出无功功率增加，从而防止了电压的下降，也就是说，有自动励磁调节器的发电机的无功出力将因为系统频率的下降而增高。

当系统频率上升时，发电机的无功功率将增加，用户的无功功率将减少，因此系统电压将上升。但由于发电机的自动励磁调节装置的作用，又阻止了电压的上升，所以发电机的无功功率最终因频率上升反而降低了。反之，第二的

变化也会影响系统的有功负荷。当电压升高时，有功负荷增加会使得频率下降；电压降低时，有功负荷下降会使得频率上升。

以上说明系统频率的变化与电压的变化是相互有关的。但必须说明频率调整与电压调整的相互影响在正常参数（额定参数）附近运行时是不大的。所以想用调节频率的办法来改善电压，或者反之，用调节电压的方法来改善系统的频率，作用都不是很大的。但是，在系统故障运行情况下，负荷的频率静态特性和电压静态特性的影响就可能很大。例如，在一个有联络线输入功率很大的系统内，当联络线路跳闸后，若不考虑负荷的电压静态特性对负荷的影响，则受端系统的频率，将因功率缺额很大而严重下降；但是有时频率下降的程度可能是不大的，甚至还会出现少许上升的现象，其原因就在于当联络线跳闸后，受端系统电压严重下降，从而引起了有功负荷也大幅的下降，以至于造成功率过剩的结果。

三、电压异常的处理

（一）电压异常的主要原因

电压异常主要分为电压升高和电压降低，引起电压异常的原因一般有：

（1）系统因各种原因（发电机或无功电源故障）造成无功功率不足。

（2）系统负荷突然增加或低频运行。

（3）系统由于各种原因引起的潮流变化，造成电压损耗增加。

（4）系统因故失去部分负荷或高频率运行。

（二）电压异常处理的一般原则

（1）当系统电压低于额定电压的95%时，有关发电厂、变电站值班人员应充分利用发电机、调相机的过负荷出力来限制电压继续下降。当已达到设备的最大限额时，应立即汇报有关值班调度员采取措施，进行调整。

（2）当系统电压低于额定电压的90%时，省调值班调度员应立即对有关地区拉（限）电，尽速使电压恢复。

（3）当系统电压降至最低运行电压或临界电压时，有“事故拉（限）电序位表”的厂站运行值班人员应立即按“事故拉（限）电序位表”自行进行拉路，省调值班调度员继续对有关地区拉（限）电，使电压迅速恢复到最低运行电压以上。

（4）当电压降低到严重危及发电厂厂用电的安全运行时，各发电厂可按照现场规程规定，将厂用电（全部或部分）与系统解列。发电厂厂用电解列的规定，应书面报省调备案。

（5）低压减载装置设置两轮，江苏省按照 85%U_N、3s 和 80%U_N，3s 设置。

（三）按逆调压的原则对电网电压进行控制和调整

（1）高峰负荷时，应按发电机 P—Q 曲线所规定的限额和变电站无功设备的运行情况增加无功，使母线电压逼近电压曲线上限运行。

（2）低谷负荷时，应按发电机高力率运行能力和变电站无功设备的运行情况减少无功，使母线电压逼近电压曲线下限运行。

（3）轻负荷时，使母线电压在电压曲线上下限之中值运行。

（4）当执行 220kV 及以上电网电压曲线与 110/35kV 电压曲线有矛盾时，可在 220kV 及以上电网母线电压不超出合格范围的前提条件下，尽量满足 110/35kV 母线电压曲线。

（5）当采取上述措施仍达不到电压规定值时，电压控制点运行值班人员应立即报告省调值班调度员，采取进相运行或降低有功、增发无功等其他措施。

（四）母线电压超出规定值时，应采取以下原则进行调整

（1）调整发电机、调相机的无功出力（包括进相运行），开停备用机组。

（2）投切变电站的电容器组或电抗器组。

（3）调整有载调压变压器分接头。

（4）调整变压器运行台数（若负荷允许时）。

（5）在不降低系统安全运行水平的前提下，适当改变送端电压来调整近距离受端的母线电压。

（6）调整电网的接线方式，改变潮流分布（包括转移负荷和拉停线路）。

（7）汇报上级调度协助调整。

（8）当采取上述措施系统电压仍高于额定电压的 110%时，省调值班员可采取紧急停用发电机、调相机等措施。

（五）防止电压崩溃的主要措施

产生电压崩溃的原因为无功功率严重不足。电压降落的持续时间一般较长，从几秒到几十分钟不等，电压崩溃会导致系统大量损失负荷，甚至大面积停电或使系统（局部电网）瓦解。防止电压崩溃的有效措施：

（1）在正常运行中要备有一定的可以瞬时自动调出的无功功率备用容量，如新型无功发生器 ASVG。

（2）高电压、远距离、大容量输电系统，在中途短路容量较小的受电端，

设置静补、调相机等作为电压支撑。

（3）切除电压最低处的负荷。当电压已降至临界值，电机过负荷已超过 15% 时应立即切除负荷以防止稳定破坏。在电压崩溃的系统中，最有效的稳定措施是切除末端负荷。

（六）防止电压崩溃的技术手段

电压下降但尚未到达临界电压时应该用一切方法提高电压，其中首先是动用发电机和调相机的无功备用。必要时应采用短时间电机过负荷的措施以维持电压。这时如果减少发电机励磁，则往往非但不能使发电机过负荷减下来，还会使系统稳定破坏。此时应按下述措施处理：

（1）依照无功分层分区就地平衡的原则，安装足够容量的无功补偿设备，这是做好电压调整、防止电压崩溃的基础。

（2）正确使用有载调压变压器；避免远距离、大容量的无功功率输送。

（3）超高压线路的充电功率不宜作补偿容量使用，防止跳闸后电压大幅度波动。

（4）高电压、远距离、大容量输电系统，在中途短路容量较小的受电端，设置静补、调相机等作为电压支撑。

（5）在必要的地区安装低电压自动减负荷装置，配置低电压自动联切负荷装置。这是做好电压调整、防止电压崩溃的最有效的方法之一。

（6）建立电压安全监视系统，向调度员提供电网中有关地区的电压稳定裕度及应采取的措施等信息。

案例分析

法国 1987 年 1 月 12 日电网大停电事故分析

1987 年 1 月 12 日法国西部超高压电力系统发生的一起重大电压崩溃事故，说明电压崩溃原因及负荷电压特性、变压器有载分接头切换、发电机电压控制及相应的励磁电流限制器在电压崩溃过程中的作用。

1. 事件的过程

1987 年 1 月 12 日，法国电网的电压崩溃可分成以下四个主要阶段：

（1）1 月 12 日上午 10:30，大约在事故发生前的 1h，虽然气温很低，但所记录的电压状态仍然是正常的。从全国来说，峰荷为 58000MW，功率储备为 5900MW。比达尼（Brittany，法国电力系统最西部）地区的电压是令人满意的：

在高尔德迈（Cordemais）的电压为405kV，属于正常运行水平。

（2）上午10:55～11:41之间，高尔德迈发电厂的三台机组因互不相关的原因相继跳闸，只留下一台机组运行。11:28地区调度中心发出命令，开动燃气轮机。

（3）三台发电机组的最后一台跳闸后13s，高尔德迈发电厂剩下的一台运行机组也因过励磁保护动作而跳闸。这突然的发电缺额导致整个比达尼地区的电压骤然下降到380kV。经30s的平稳阶段，电压下降加剧，并扩展到邻近地区，这样在几分钟内失去了9个常规火电机组和核电机组。据记录，上午11:45～11:50之间损失发电容量9000MW。

（4）上午11:50，比达尼的电压稳定在300kV［最远端的拉马丁尔（La Martyre）变电站的400kV级母线电压为180kV］。在地区调度中心命令切除负荷后，电压水平恢复正常。

2. 负荷特性

通过现场记录和仿真计算互相校核，比较准确的研究了电压大幅度下降时的负荷特性。得出有功负荷电压调节效应系数平均值约1.4。无功负荷电压调节效应系数在仿真计算时取。

这个数值考虑了高压和中压的电容器。该系数各地区有很大的分散性。还需指出，负荷与当天气温相当低（负荷中有大量电热负荷）有重要关系。

3. 有载分接头切换装置的动作

法国系统的有载调压变压器，包括超高压225kV/高压63kV或90kV、高压/中压20kV和超高压/中压三类。

第一级分接头切换的时延，对于超高压/高压变压器约为30s，对于超高压/中压和超高压/中压变压器约为60s。以后的分接头切换时延约为10s。

事故过程中有载分接头切换装置的动作情况可用顿劳（Domloup）变电站为例说明。

上午11:41，高尔德迈第4台机组跳闸后，第一次电压跌落，负荷减少（7%）。11:42～11:43，超高压/高压变压器有载分接头切换装置动作使高压系统电压得到恢复，从而使负荷减少由7%降到3.5%。这阶段超高压/中压和高压/中压变压器分接头切换几乎不动作，整个系统保持稳定。在11:44，失去比达尼地区边缘上的其他PV结点后，由于高压/中压变压器有载分接头切换装置不断地动作，实际上加快了起高压、高压和中压系统电压的跌落，并使电压跌落扩大到法国的整个西半部。

通过仿真计算证实，事故过程中将分接头切换装置闭锁在初始位置在各种

情况下都是有利的。但须强调指出，这种效果受负荷动态特性的影响，并且不能持续时间长。必须紧接着采用快速动作的紧急措施，例如切负荷。

4. 发电机电压控制和相关保护装置的作用

从上午 11:41～11:45，超高压系统电压连续降落，发电机无功功率不断增大。上午 11:45，发电机励磁电流达到限制值，不能再多提供控制电压所需的无功电源，因而电压崩溃过程加快。在这个阶段里，许多发电机因过励磁保护继电器动作而跳闸，这种情况表明，在严重暂态条件下，电压调整器的励磁限制和过励磁保护应能很好协调工作。

5. 小结

这次事故的主要过程和特点如下：

阶段 A：在失去高尔德迈的第三台机组后的第一分钟内，负荷特性（电压下降时要求的功率相应下降）使系统能达到一个接近初始状态的运行点。

阶段 B：有载分接头切换装置动作力图保持高压和中压系统的电压以恢复功率需求。系统保持稳定运行，但运行点在恶化。起高压系统电压下降，损耗增加，系统无功功率出力接近极限，系统逼近非线性临界状态。

阶段 C：当交流发电机在到其无功出力极限时，整个系统出现高度非线性，且无法分地区控制电压。有载分接头切换装置使系统不稳定并使事故扩散。大量发电机跳闸，进一步加剧了电压崩溃过程。

这次事故的特点是过程非常迅速，运行人员几乎没有时间作出反应，这次事故充分说明需要更有效的自动化控制措施。

习 题

1. 电压中枢点的选择原则是什么？

2. 某负荷中心 220kV 母线运行电压持续降低，有可能造成电压崩溃，该如何处理？请按电压值分阶段叙述。

3. 当电网出现不正常电压时应如何处理？

4. 影响系统电压的因素是什么？

5. 综合分析题

某 110kV 城区变电站接线图如图 7-6 所示，主变压器为有载调压 8×±1.25%，电容器每组 3Mvar，造成 10kV 母线电压降低至规定值以下，如何进行调整？若采取所列措施后，电压仍在合格范围以下，还有哪些方法可以使用？

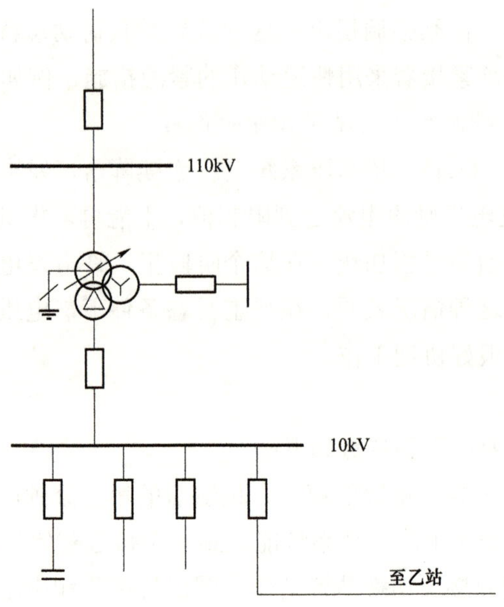

图 7-6 某 110kV 变电站主接线

参 考 文 献

［1］国家电力调度控制中心．配电网调控人员培训手册（第二版）．北京：中国电力出版社．［M］2022.

［2］国家电网有限公司．国家电网有限公司 95598 客户服务业务管理办法．［Z］．2022.

［3］国家电网有限公司．国家电网公司配网抢修指挥工作管理办法．［Z］．2014.

［4］国家电网有限公司．国调中心、国网运检部、国网营销部关于开展配网故障研判及抢修指挥平台（PMS2.0）功能完善的通知．［Z］．2016.

［5］国家电网有限公司．国家电网公司关于印发《配网抢修指挥技术支持系统功能规范》等 11 项技术标准的通知．［Z］．2017.

［6］国家电网有限公司．国调中心关于印发国家电网公司配网故障研判技术原则及技术支持系统功能规范的通知．［Z］．2015.

［7］刘念，刘文霞，刘春明．配电自动化［M］．北京：机械工业出版社，2020.

［8］刘健，倪建立，杜宇．配电网故障区段判断和隔离的统一矩阵算法［J］．《电力系统自动化》，1999，23（1）：31－33.

［9］刘健，张志华，张小庆．继电保护与配电自动化配合的配电网故障处理［J］．《电力系统保护与控制》，2011，39（16）：53－57.

［10］林功平．配电网馈线自动化技术及其应用［J］．电力系统自动化，1998，22（4）：64－68.

［11］国家能源局．DL/T 1883—2018．配电网运行控制技术导则．北京：中国电力出版社，2018.

［12］国家电网公司．Q/GDW 1382—2013 配电自动化技术导则．北京：中国电力出版社，2013.

［13］国家能源局．DL/T 721—2013 配电自动化远方终端．北京：中国电力出版社，2013.

［14］中华人民共和国国家发展和改革委员会．DL/T 516—2006 电力调度自动化系统运行管理规程．北京：中国电力出版社，2006.

［15］国家能源局．DL/T 814—2013 配电自动化系统技术规范．北京：中国电力出版社，2013.

［16］国家能源局．DL/T 1406—2015 配电自动化技术导则．北京：中国电力出版社，2015.

［17］国家电网公司．Q/GDW 513—2010 配电自动化主站系统功能规范．北京：中国电力出版社，2010.

［18］国家能源局．DL/T 5500—2015 配电自动化系统信息采集及分类技术规范．北京：中国电力出版社，2015.

[19] 国家能源局．DL/T 1910—2018 配电网分布式馈线自动化技术规范．北京：中国电力出版社，2018.
[20] 国家电网公司．Q/GDW 11815—2018 配电自动化终端技术规范．北京：中国电力出版社，2018.
[21] 徐颖秦，等．物联网：开启智慧大门的金钥匙［M］．北京：中国电力出版社．2012.
[22] 林为民，等．云计算与物联网技术在电力系统中的应用［M］．北京：中国电力出版社．2012.
[23] 李学龙，龚海刚．大数据系统综述［J］．中国科学，2015，45（1）
[24] 袁智勇，肖泽坤，等．智能电网大数据研究综述［J］．广东电力，2021，34（1）
[25] 张亮，刘百祥，等．区块链技术综述［J］．计算机工程，2019，45（5）
[26] 陈岳，何双伯，等．人工智能技术在电力行业中的应用［J］．河南科技，2021，769（35）
[27] 卫志农，余爽，等．虚拟电厂的概念与发展［J］．电力系统自动化，2013，37（13）
[28] 吴吉义，李文娟，等．移动互联网研究综述［J］．中国科学：信息科学，2015，45（1）
[29] 刘家庆．国家电网公司生产技能人员职业能力培训专用教材（电网调度）［M］．中国电力出版社，2020.
[30] 黄媚．配电网关键设备事故处理分析与研究［M］．华南理工大学出版社，2018.
[31] 国网北京市电力公司电力科学研究院．配电网典型故障案例分析［M］．中国电力出版社，2017.
[32] 左亚芳，尹佐逾凡．变电站一次系统典型异常及故障100例［M］．中国电力出版社有限公司，2018.
[33] 国网江苏省电力公司．江苏电力系统配电网调控规程［M］．2016.